JN189300

数学者的思考トレーニング
複素解析編

上野健爾
Kenji Ueno

数学者的思考トレーニング 複素解析編

$$e^{iz} = \cos z + i \sin z$$

はじめに

本書では『数学者的思考トレーニング 解析編』の続きとして，複素数を使う解析学について述べる．三角関数や指数関数は複素数に定義域を拡げることによって，その性質が一段と明確になる．また，複素数の解析学はコーシーの定理から多くの結果を導くことができ，理論的な展開を明確に見ることができる点でも，数学の考え方，発想法を知る上でたいへん有用な理論である．

本書は複素数の基本的な性質から始めて，複素数の解析学の応用としてテータ関数の理論の一端までを述べる．テータ関数に関しては従来の入門書には記されていない理論も併せて紹介した．具体的に計算でき，かつそれが現代の高度な数学と結びついている話題だからである．

本書で述べたことの多くはさらに現代数学へと発展していっている．そうした分野への入門の役割も持たせるように心がけた．紙幅の関係でフーリエ解析に触れる余裕がなくなってしまったのは残念である．他日を期したい．

本書で少し述べたように複素数は平面幾何学へも応用できる．本書の続編『幾何編』でそのことをさらに詳しく述べる予定である．

国際基督教大学の清水勇二氏には本書の草稿に目を通していただき有益な助言をいただいた．心から感謝する．

2018 年 5 月

上 野 健 爾

本書で使う記号

本書では次の記号を断りなしに用いる．

$\mathbb{Z}$　整数の全体

$\mathbb{Q}$　有理数の全体

$\mathbb{R}$　実数の全体

$\mathbb{C}$　複素数の全体

$[a,b]$　閉区間　$a\leq x\leq b$ である実数 x の全体 $\{x\in\mathbb{R}|a\leq x\leq b\}$

(a,b)　開区間　$a<x<b$ である実数 x の全体 $\{x\in\mathbb{R}|a<x<b\}$

$(a,b]$　$a<x\leq b$ である実数 x の全体 $\{x\in\mathbb{R}|a<x\leq b\}$

$[a,b)$　$a\leq x<b$ である実数 x の全体 $\{x\in\mathbb{R}|a\leq x<b\}$

$[a,\infty)$ または $[a,+\infty)$　$a\leq x$ である実数 x の全体 $\{x\in\mathbb{R}|a\leq x\}$

(a,∞) または $(a,+\infty)$　$a<x$ である実数 x の全体 $\{x\in\mathbb{R}|a<x\}$

$(-\infty,b]$　$x\leq b$ である実数 x の全体 $\{x\in\mathbb{R}|x\leq b\}$

$(-\infty,b)$　$x<b$ である実数 x の全体 $\{x\in\mathbb{R}|x<b\}$

$(-\infty,\infty)$　実数の全体

$\forall$　任意の，すべての($\forall x\in A$ は A に属するすべての x を意味する)

$\exists$　ある，存在する($\exists x\in A$ は A に属するある x，あるいは A に属する x が存在することを意味する)

$\geq$　($\geqq$ と同じ)

$\leq$　($\leqq$ と同じ)

座標が (a,b) の点 P は $P=(a,b)$ と表す(高校数学では $P(a,b)$ と表すが，関数と間違えやすいので，この記法は採用しない)

$\max\{a_1,a_2,\cdots,a_n\}$　$a_1,a_2,\ldots,a_n$ のうちで最大のもの

$\min\{a_1,a_2,\cdots,a_n\}$　$a_1,a_2,\ldots,a_n$ のうちで最小のもの

単射　写像 $f\colon A\to B$ は $a\neq a'$ であれば常に $f(a)\neq f(a')$ のとき単射という

全射　どの $b\in B$ に対しても $f(a)=b$ となる $a\in A$ が存在するとき写像 $f\colon A\to B$ は全射という

全単射　単射かつ全射のとき全単射という

$\prod_{k=1}^{n} a_k=a_1\cdot a_2\cdot\cdots\cdot a_n$

$A\backslash B=\{a\in A|a\notin B\}$　A に属するが B に属さないもの全体のこと

目　次

1　複素関数としての
ガンマ関数とゼータ関数

この章では複素数を使うことによって新しい風景が見える例としてガンマ関数とリーマンのゼータ関数について述べる．ここでの議論は，次章以下で説明する理論を先取りして使うので，理解できないところは読み飛ばしてほしい．次章以下を読んだ後で再度読めば容易に理解できるであろう．

リーマンのゼータ関数は複素数が理論の展開に不可欠な存在であることを示した例である．ガンマ関数はそれ自身興味深い関数であるが，それのみならずゼータ関数を取り扱うために必要不可欠な関数でもある．本章を読むことで複素数の持つ威力を漠然とした形であれ，理解できるであろう．

1.1　複素関数としてのガンマ関数

『数学者的思考トレーニング 解析編』(以下，『解析編』と略す)第4章でガンマ関数について考察した．そこでは実数から0と負の整数を除いたところでガンマ関数が定義できることを示し，ガンマ関数と正弦関数との不思議な関係式も示した．本書ではまず最初にガンマ関数が複素数上の関数として定義域を拡張できることを示し，ゼータ関数との密接な関係を述べることにしよう．

ガンマ関数 $\Gamma(s)$ は $s>0$ のとき

$$\Gamma(s) = \int_0^\infty e^{-x} x^{s-1}\, dx \tag{1.1}$$

で定義された．ガンマ関数の定義域を拡張するときには本来の定義から示される関係式

$$\Gamma(s+1) = s\Gamma(s), \quad s > 0$$

がその基本となった(『解析編』4.3節)．ここではまず定義式(1.1)が$\mathrm{Re}\, s>0$である複素数に対して意味を持つことを示そう．

そのためには複素数値関数に対する定積分を定義する必要がある．閉区間$[a,b]$で定義された複素数値関数$F(x)$に対して

$$F(x)=G(x)+iH(x),\quad G(x)=\mathrm{Re}\, F(x),\quad H(x)=\mathrm{Im}\, F(x)$$

と実部と虚部に分ける．実部$G(x)$と虚部$H(x)$が実数値関数として区間$[a,b]$で積分可能のとき複素数値関数$F(x)$は区間$[a,b]$で積分可能であるといい，その積分値を

$$\int_a^b F(x)\,dx=\int_a^b G(x)\,dx+i\int_a^b H(x)\,dx$$

と定義する．広義積分に関してはこの積分を利用して定義する．たとえば区間$x>0$で定義された複素数値関数$F(x)$に対して

$$\lim_{\delta\to 0,M\to\infty}\int_\delta^M F(x)\,dx$$

が収束するときに，その収束値を

$$\int_0^\infty F(x)\,dx$$

と定義する．

以上の定義のもとにガンマ関数の定義式(1.1)の積分は$\mathrm{Re}\, s>1$で収束すること，したがって$\Gamma(s)$は$\mathrm{Re}\, s>1$で複素数値関数として定義されることを示そう．そのためには複素数sに対して$x>0$であればx^{s-1}が定義できることを示す必要がある．実数sに対しては

$$x^{s-1}=e^{(s-1)\log x} \tag{1.2}$$

が成り立っているので，この等式(1.2)を使ってsが複素数の場合もx^{s-1}を定義する．自然対数の底eの複素数ベキe^zは『解析編』2.9節で定義した．$z=x+iy$と実部と虚部に分けると

$$e^z=e^x\cdot e^{iy}=e^x(\cos y+i\sin y)$$

であった．

したがって $s=\sigma+it$, $\sigma=\mathrm{Re}\, s$, $t=\mathrm{Im}\, s$ と実部と虚部に分けて記すと

$$x^{s-1}=e^{(s-1)\log x}=e^{(\sigma-1)\log x}(\cos(t\log x)+i\sin(t\log x))$$

と書くことができる．したがって

$$F(x)=e^{-x}x^{s-1}=e^{-x+(\sigma-1)\log x}(\cos(t\log x)+i\sin(t\log x))$$

が(1.1)の右辺の被積分関数である．これより

$$\begin{aligned}G(x)&=\mathrm{Re}\, F(x)=e^{-x+(\sigma-1)\log x}\cos(t\log x),\\ H(x)&=\mathrm{Im}\, F(x)=e^{-x+(\sigma-1)\log x}\sin(t\log x)\end{aligned}$$

であることが分かる．

そこで広義積分

$$\int_0^\infty G(x)\,dx,\quad \int_0^\infty H(x)\,dx$$

が収束することを示そう．そのために小さな数 $\delta>0$ と大きな数 $M>0$ を任意に選んで

$$\int_\delta^M |G(x)|\,dx,\quad \int_\delta^M |H(x)|\,dx$$

を考える($\sigma\geq1$ であれば $x=0$ のところは通常の積分になり，δ を考える必要はない．以下の議論は $0<\sigma<1$ の場合である)．$|\cos(t\log x)|\leq1$, $|\sin(t\log x)|\leq1$ であるので

$$\begin{aligned}\int_\delta^M |G(x)|\,dx&\leq\int_\delta^M e^{-x+(\sigma-1)\log x}\,dx,\\ \int_\delta^M |H(x)|\,dx&\leq\int_\delta^M e^{-x+(\sigma-1)\log x}\,dx\end{aligned}\tag{1.3}$$

が成り立つ．一方，

$$\int_\delta^M e^{-x+(\sigma-1)\log x}\,dx=\int_\delta^M e^{-x}x^{(\sigma-1)}\,dx$$

であることより，『解析編』4.1 節の議論によって $\sigma>0$ であれば

$$\lim_{\delta\to 0}\int_{\delta}^{1} e^{-x}x^{(\sigma-1)}\,dx,\quad \lim_{M\to\infty}\int_{1}^{M} e^{-x}x^{(\sigma-1)}\,dx$$

が存在する．したがって(1.3)より

$$\int_0^{\infty}|G(x)|\,dx,\quad \int_0^{\infty}|H(x)|\,dx$$

は収束することが分かる．これは

$$\left|\int_{\delta}^{1} G(x)\,dx\right| \le \int_{\delta}^{1}|G(x)|\,dx,\quad \left|\int_{1}^{M} G(x)\,dx\right| \le \int_{1}^{M}|G(x)|\,dx,$$
$$\left|\int_{\delta}^{1} H(x)\,dx\right| \le \int_{\delta}^{1}|H(x)|\,dx,\quad \left|\int_{1}^{M} H(x)\,dx\right| \le \int_{1}^{M}|H(x)|\,dx$$

より

$$\int_0^{\infty} G(x)\,dx,\quad \int_0^{\infty} H(x)\,dx$$

が収束することを意味し[*1]，複素数 $\mathrm{Re}\,s>0$ で式(1.1)によりガンマ関数が定義できることが示された．

複素数値関数の定積分は関数の実部と虚部を使って定義されているので，部分積分の議論も適用できる．したがって $\mathrm{Re}\,s=\sigma>0$ のとき，s が実数の場合と同様に

---

*1　数列 $\{a_n\}$ は $\{|a_n|\}$ が収束すれば $\{a_n\}$ も収束する．これと同様に証明することができる．すなわち

$$\lim_{M\to\infty}\int_1^M |G(x)|\,dx$$

が収束することより，任意の $\varepsilon>0$ に対して以下の条件を満たす M_0 が存在する．

任意の $M_0<M<M'$ に対して

$$0 \le \int_1^{M'}|G(x)|\,dx-\int_1^{M}|G(x)|\,dx = \int_M^{M'}|G(x)|\,dx < \varepsilon$$

が成り立つ．これより

$$\left|\int_1^{M'} G(x)\,dx-\int_1^{M} G(x)\,dx\right|$$
$$=\left|\int_M^{M'} G(x)\,dx\right| \le \int_M^{M'}|G(x)|\,dx = \int_1^{M'}|G(x)|\,dx-\int_1^{M}|G(x)|\,dx < \varepsilon$$

が成り立ち $\lim_{M\to\infty}\int_1^M G(x)\,dx$ が収束することが分かる．δ の場合も同様．

$$\begin{aligned}\Gamma(s+1) &= \int_0^\infty e^{-x}x^s\,dx \\ &= \lim_{\delta\to 0,\ M\to\infty}\left[-e^{-x}x^s\right]_\delta^M + s\int_0^\infty e^{-x}x^{s-1}\,dx \\ &= s\int_0^\infty e^{-x}x^{s-1}\,dx = s\Gamma(s)\end{aligned} \tag{1.4}$$

が成り立つことが分かる．ここで s が複素数の場合も

$$\lim_{M\to\infty} e^{-M}M^s = \lim_{M\to\infty} e^{-M+s\log M} = 0$$

が成り立つことを使った．そこでこの等式を

$$\Gamma(s) = \frac{\Gamma(s+1)}{s} \tag{1.5}$$

と書き直すと，右辺は $\mathrm{Re}\, s>-1$ で $s\neq 0$ のときに意味を持つ．そこで $\mathrm{Re}\, s>-1$, $s\neq 0$ のときに(1.5)の右辺を使って $\Gamma(s)$ を定義する．すると $\mathrm{Re}\, s>0$ のときは(1.5)は成立するので，この定義は意味を持つ．等式(1.4)を使うとより一般に正整数 n に対して $\mathrm{Re}\, s>0$ のとき

$$\begin{aligned}\Gamma(s+n) &= (s+n-1)\Gamma(s+n-1) \\ &= (s+n-1)(s+n-2)\Gamma(s+n-2) \\ &= \cdots\cdots \\ &= (s+n-1)(s+n-2)\cdots(s+1)s\Gamma(s)\end{aligned} \tag{1.6}$$

が成り立つ．したがって

$$\Gamma(s) = \frac{\Gamma(s+n)}{(s+n-1)(s+n-2)\cdots(s+1)s} \tag{1.7}$$

を使って $\mathrm{Re}\, s>-n$, $s\neq 0,\ -1,\ -2,\ldots,n-1$ のとき $\Gamma(s)$ を定義することができる．このようにして，0 および負の整数以外のすべての複素数に対してガンマ関数 $\Gamma(s)$ が定義できることが分かる．

さらに s が実数のときに証明した

$$\Gamma(s)\Gamma(1-s) = \frac{\pi}{\sin \pi s} \tag{1.8}$$

やワイエルシュトラスの積公式

$$\frac{1}{\Gamma(s)} = se^{Cs}\prod_{k=1}^{\infty}\left\{\left(1+\frac{s}{k}\right)e^{-\frac{s}{k}}\right\} \tag{1.9}$$

が複素数 s に対しても成り立つことを示すことができる．これは複素数上の関数として拡張したガンマ関数が解析性を持っていることによる．このことは第4章で一般的な原理，一致の定理(定理4.10)を証明することによって明らかになる．

1.2　複素関数としてのゼータ関数

ゼータ関数 $\zeta(s)$ は $s>1$ のときに

$$\zeta(s) = \sum_{k=1}^{\infty}\frac{1}{n^s} \tag{1.10}$$

として定義された．s が複素数の場合も $s=\sigma+it$ とおくと

$$\left|\frac{1}{n^s}\right| = \left|\frac{1}{e^{(\sigma+it)\log n}}\right| = \frac{1}{e^{\sigma\log n}} = \frac{1}{n^\sigma}$$

が成り立つので

$$\sum_{k=1}^{\infty}\left|\frac{1}{n^s}\right| = \sum_{k=1}^{\infty}\frac{1}{n^\sigma}$$

となり $\sigma=\mathrm{Re}\, s>1$ のとき(1.10)の無限級数は絶対収束するので収束する(定理2.7)．したがってゼータ関数 $\zeta(s)$ は $\sigma=\mathrm{Re}\, s>1$ のとき定義できる．

そこで，ゼータ関数とガンマ関数を結びつけよう．正整数 n に対して $X=nx$ とおくことによって

$$\begin{aligned}\int_0^\infty e^{-nx}x^{s-1}\,dx &= \int_0^\infty e^{-X}\left(\frac{X}{n}\right)^{s-1}\frac{dX}{n}\\ &= \frac{1}{n^s}\int_0^\infty e^{-X}X^{s-1}\,dX\\ &= \frac{\Gamma(s)}{n^s}\end{aligned}$$

が成り立ち

$$\sum_{n=1}^{\infty}\int_0^{\infty} e^{-nx}x^{s-1}\,dx = \Gamma(s)\sum_{n=1}^{\infty}\frac{1}{n^s} = \Gamma(s)\zeta(s)$$

を得る．もし，無限和と積分とが交換可能であれば

$$\begin{aligned}\sum_{n=1}^{\infty}\int_0^{\infty} e^{-nx}x^{s-1}\,dx &= \int_0^{\infty}\sum_{n=1}^{\infty} e^{-nx}x^{s-1}\,dx \\ &= \int_0^{\infty}\frac{e^{-x}}{1-e^{-x}}\cdot x^{s-1}\,dx \\ &= \int_0^{\infty}\frac{x^{s-1}}{e^x-1}\,dx\end{aligned}$$

が成り立ち $\mathrm{Re}\,s>1$ で

$$\zeta(s) = \frac{1}{\Gamma(s)}\int_0^{\infty}\frac{x^{s-1}}{e^x-1}\,dx \tag{1.11}$$

が成り立つ．無限和と積分とが交換可能であることは証明することができ*2，したがって等式(1.11)が正しいことが分かる．この公式を使ってゼータ関数の性質を調べるためには対数関数を複素変数まで拡張して考える必要がある．

1.3　複素変数の対数関数

対数関数 $y=\log x$ は高校以来，次の関係式

$$x = e^y$$

によって定義してきた．したがって変数 x は正の実数でしか定義されていなかった．一方，複素数 $z\neq 0$ に対してはその極表示(2.1 節を参照のこと)

$$z = re^{i\theta}, \quad r = |z|, \quad \theta = \arg z$$

をとることができる．この表示式より $z\neq 0$ のとき

$$\log z = \log r + i\theta$$

と定義してよいのではと思われる．しかし，すでに『解析編』2.9 節の定理 2.21 で述べたように指数関数 e^w は

---

*2　一般に関数列 $f_n(x)$ が有界閉区間 $[a,b]$ で $f(x)$ に一様収束すれば

$$\lim_{n\to\infty}\int_a^b f_n(x)\ dx = \int_a^b f(x)\ dx$$

が成り立つ．なぜならば任意の $\varepsilon>0$ に対して $n\geq N$ であれば

$$|f_n(x)-f(x)| < \frac{\varepsilon}{b-a}, \quad \forall x\in[a,b]$$

が成り立つような N が存在する．すると $n\geq N$ のとき

$$\left|\int_a^b (f_n(x)-f(x))\ dx\right| \leq \int_a^b |f_n(x)-f(x)|\ dx < \varepsilon$$

が成り立つからである．そこで $f_n(x)=\sum_{k=1}^{n} e^{-kx}x^{s-1}$ とおく．任意の閉区間 $[a,b]$ (ただし $0<a<b$) で $f_n(x)$ は $f(x)=\dfrac{x^{s-1}}{e^x-1}$ に一様収束する．問題の積分は広義積分であるので 0 の近くと ∞ の近くでさらに収束を調べる必要がある．$(0,\infty)$ では

$$\begin{aligned}|f_n(x)| \leq \sum_{k=1}^{n}\left|e^{-kx}x^{s-1}\right| &= \sum_{k=1}^{n} e^{-kx}x^{\sigma-1} = \frac{(e^{-x}-e^{-(n+1)x})x^{\sigma-1}}{1-e^{-x}}\\ &= \frac{(1-e^{-nx})x^{\sigma-1}}{e^x-1} \leq \frac{x^{\sigma-1}}{e^x-1} = |f(x)|\end{aligned}$$

が成り立つ．これより，すべての n に対して

$$\lim_{a\to 0,a>0}\int_0^a |f_n(x)|\ dx \leq \lim_{a\to 0,a>0}\int_0^a |f(x)|\ dx = 0$$

が成り立つ．同様に

$$\lim_{b\to\infty}\int_b^\infty |f_n(x)|\ dx \leq \lim_{b\to\infty}\int_b^\infty |f(x)|\ dx = 0$$

を示すことができる．これより任意の $\varepsilon>0$ に対して $0<a\leq A$ であれば

$$\int_0^a |f(x)|\ dx < \frac{\varepsilon}{6}$$

が成り立つように A を選ぶことができる．また $B\leq b$ であれば

$$\int_b^\infty |f(x)|\ dx < \frac{\varepsilon}{6}$$

が成り立つような B を選ぶことができる．さらにこの A, B に対して $n\geq N$ であれば

$$\int_A^B |f_n(x)-f(x)|\ dx < \frac{\varepsilon}{3}$$

が成り立つように N を選ぶことができる．すると $n\geq N$ に対して

$$\begin{aligned}&\left|\int_0^\infty (f_n(x)-f(x))\ dx\right|\\ &\leq \left|\int_0^A (f_n(x)-f(x))\ dx\right|+\left|\int_A^B (f_n(x)-f(x))\ dx\right|+\left|\int_B^\infty (f_n(x)-f(x))\ dx\right|\\ &\leq 2\int_0^A |f(x)|\ dx+\frac{\varepsilon}{3}+2\int_B^\infty |f(x)|\ dx < \varepsilon\end{aligned}$$

が成り立つ．これは無限和と積分が可換であることを意味する．

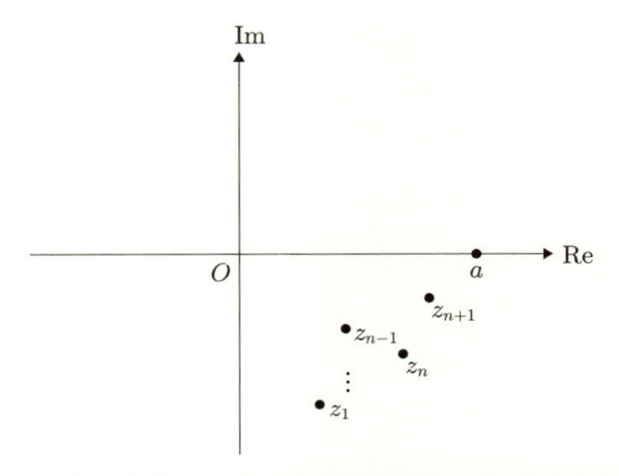

図 1.1　正の実数 a に第 4 象限から近づく複素数列 $\{z_n\}$ を考えると $\log z_n \to \log a + 2\pi i$ $(n\to\infty)$.

$$e^{w+2\pi i} = e^w$$

を満たし，基本周期 $2\pi i$ を持つ周期関数である．これは偏角 $\arg z$ は $2\pi i$ の整数倍の不定性を持つことと関係している．そのため，複素数 z に対して $\log z$ は $2\pi i$ の整数倍の不定性を有している．これは三角関数の逆関数と同様に，周期関数の逆関数が持つ一般的な性質である．複素数 $z\neq 0$ に対して $\log z$ の値を一意的に決めたければ偏角 $\arg z$ のとる値を，たとえば

$$0 \leq \arg z < 2\pi$$

と制限すればよい．これは z が正の実数のとき $\log z$ が実数となるように定義することに他ならない．通常はこのように偏角のとる値を制限して対数関数を定義する(これを対数関数の主値ということがある)が，このとき注意しなければならないことが起こる．正の実数 a に第 4 象限$(\mathrm{Re}\, z>0,\ \mathrm{Im}\, z<0)$から近づく複素数列 $\{z_n\}$ を考える(図 1.1)．

$$z_n = r_n e^{i\theta_n}, \quad \frac{3}{2}\pi < \theta_n < 2\pi$$

であるので

$$\log z_n = \log r_n + i\theta_n$$

であるが，$r_n \to a$, $\theta_n \to 2\pi$ であるので

$$\log z_n \to \log a + 2\pi i, \quad n \to \infty$$

となり，$z_n \to a$ であっても $\log z_n \to \log a$ とは限らないことである．一方，複素数列 $\{w_n\}$ が第 1 象限から a に近づけば $\log w_n \to \log a$ である．このように対数関数の主値を考える場合，正の実軸の近くでは対数関数の振る舞いに気をつける必要がある．

以上の準備のもとに再びゼータ関数を考えよう．

1.4　ゼータ関数の積分表示

$\mathrm{Re}\, s > 1$ のときに成り立つ等式(1.11)を使ってゼータ関数の定義域を $s=1$ を除いた全複素平面に拡張しよう．そのためには等式(1.11)の右辺の被積分関数を

$$F(z) = \frac{(-z)^{s-1}}{e^z - 1} \tag{1.12}$$

と複素変数の関数に変え，複素平面での曲線 γ に沿った積分

$$\int_\gamma \frac{(-z)^{s-1}}{e^z - 1}\, dz \tag{1.13}$$

を考える．複素平面での曲線 γ に沿った積分については次章の 2.7 節で詳述する．

ここでは積分をとる曲線として実軸の正の部分を $+\infty$ から $\delta > 0$ まで進み，次に点 δ から原点を中心とする半径 δ の円周上を進んで点 δ まで戻り，さらに δ から実軸の正の部分を $+\infty$ まで進む曲線 γ を考える(図 1.2)．ここで実軸の正の部分を $+\infty$ から $\delta > 0$ まで進む曲線に関する積分とは

$$\lim_{M \to \infty} \int_M^\delta F_+(x)\, dx \tag{1.14}$$

を意味する．一方，点 δ から実軸の正の部分を $+\infty$ まで進む曲線に関する積分は

図 1.2　積分路 γ は実軸の正の部分を $+\infty$ から $\delta>0$ まで進み，次に点 δ から原点を中心とする半径 δ の円周上を進んで点 δ まで戻り，さらに δ から実軸の正の部分を $+\infty$ まで進む．

$$\lim_{N\to\infty}\int_{\delta}^{N} F_-(x)\,dx \tag{1.15}$$

を意味する．被積分関数 $F_+(x)$，$F_-(x)$ は式(1.12)で定義される関数の $z=x$ での値であるが，正確には

$$F_+(x) = \lim_{z\to x,\ \mathrm{Im}\,z>0} F(z),$$

$$F_-(x) = \lim_{z\to x,\ \mathrm{Im}\,z<0} F(z)$$

と定義する必要がある．$F_+(x)$ は x に第 1 象限から近づいたときの $F(z)$ の極限値，$F_-(x)$ は x に第 4 象限から近づいたときの $F(z)$ の極限値である．両者は一致するように思われるが，実は $(-z)^{s-1}$ の性質によって式(1.14)の $F_+(x)$ と(1.15)の $F_-(x)$ は値が異なっていることを後に述べる．

次に原点を中心とする半径 δ の円周上を反時計回りに進む曲線に関する積分は

$$\int_{|z|=\delta} F(z)\,dz \tag{1.16}$$

と記号的に記すが，それは次のように定義される．原点を中心とする半径 δ の円周上を反時計回りに進む曲線は

$$z = \delta(\cos\theta + i\sin\theta) = \delta e^{i\theta}, \quad 0 \le \theta \le 2\pi$$

とパラメータ θ を使って表示される．このとき

$$\begin{aligned}\frac{dz}{d\theta} &= \frac{d}{d\theta}(\delta\cos\theta) + i\frac{d}{d\theta}(\delta\sin\theta) = -\delta\sin\theta + i\delta\cos\theta \\ &= i\delta(\cos\theta + i\sin\theta) = i\delta e^{i\theta}\end{aligned}$$

と書くことができる．そこで

$$\int_{|z|=\delta} F(z)\,dz = \int_0^{2\pi} F(\delta e^{i\theta})\frac{dz}{d\theta}d\theta \tag{1.17}$$

と定義する．$dz/d\theta$ の計算結果を使うと

$$\int_{|z|=\delta} F(z)\,dz = \int_0^{2\pi} F(\delta e^{i\theta}) i\delta e^{i\theta} d\theta \tag{1.18}$$

と書くことができる．したがって曲線 γ に沿った $F(z)$ の積分は

$$\int_\gamma F(z)\,dz = \lim_{M\to\infty}\int_M^\delta F_+(x)\,dx + \int_0^{2\pi} F(\delta e^{i\theta})i\delta e^{i\theta}d\theta + \lim_{N\to\infty}\int_\delta^N F_-(x)\,dx \tag{1.19}$$

と書くことができる．以上によって積分(1.13)を定義することができた．

実はここで次の重要な事実が成り立つ．

(1)　積分(1.13)はあらゆる複素数値 s に関して収束する．

(2)　δ が十分に小さければ積分(1.13)は δ のとり方によらず値は一定である．

主張(2)は後に述べるコーシーの定理(定理4.3)からの直接の帰結である(4.1節の式(4.5)直前の議論を参照のこと)．

主張(1)を証明しよう．そのためにまず

$$(-z)^{s-1} = e^{(s-1)\log(-z)}$$

を明確にしておく必要がある．ここで $\log(-z)$ は z が負の実数のときに実数値をとるように決めておく．x が負の数であれば

$$x = |x|e^{\pi i}$$

と表すことができるので z が負の実数のとき $-z$ の偏角が0であるようにするには

$$-z = |z|e^{i(\arg z - \pi)}, \quad 0 \le \arg z < 2\pi$$

とおく必要がある．したがって

$$(-z)^{s-1} = e^{(s-1)\log(-z)} = e^{(s-1)\{\log|z| + i(\arg z - \pi)\}}$$

となり，$x>0$ のとき

$$F_+(x) = \lim_{z\to x, \mathrm{Im}\, z>0} F(z) = \lim_{z\to x,\ \arg z\to 0+} \frac{e^{(s-1)\{\log|z|+i(\arg z-\pi)\}}}{e^z-1} = \frac{e^{(s-1)(\log x-i\pi)}}{e^x-1} \tag{1.20}$$

が成り立つ[*3]．同様に

$$F_-(x) = \lim_{z\to x, \mathrm{Im}\, z<0} F(z) = \lim_{z\to x,\ \arg z\to 2\pi-} \frac{e^{(s-1)\{\log|z|+i(\arg z-\pi)\}}}{e^z-1} = \frac{e^{(s-1)(\log x+i\pi)}}{e^x-1} \tag{1.21}$$

が成り立つ．主張(1)を証明するためには

$$\lim_{N\to\infty} \int_N^\delta F_+(x)\, dx \tag{1.22}$$

$$\lim_{M\to\infty} \int_\delta^M F_-(x)\, dx \tag{1.23}$$

が収束することを示す必要がある．複素変数 s の実部を σ，虚部を t とおく．

$$s = \sigma+it, \quad \sigma = \mathrm{Re}\, s, \quad t = \mathrm{Im}\, s$$

とすると

$$|F_+(x)| = \left| \frac{e^{(\sigma-1+it)(\log x-i\pi)}}{e^x-1} \right| = \frac{e^{(\sigma-1)\log x+t\pi}}{e^x-1} = \frac{e^{t\pi}x^{\sigma-1}}{e^x-1}$$

が成り立つ．したがって

$$\lim_{N\to\infty} \int_\delta^N |F_+(x)|\, dx \tag{1.24}$$

があらゆる複素数 s に対して収束することが言えれば(1.22)も収束することが

＊3　$\arg z\to 0+$ は条件 $\arg z>0$ のもとで $\arg z\to 0$ をとることを意味する．下の式の $\arg z\to 2\pi-$ も同様に条件 $\arg z<2\pi$ のもとで $\arg z\to 2\pi$ をとることを意味する．

分かる[*4]．そこで任意に正整数 m を選びさらに任意に実数 $\sigma_0<m$ と $t_0<t_1$ を選ぶと

$$\sigma_0 \le \sigma \le m+1, \quad t_0 \le t \le t_1$$

の範囲の複素数 $s=\sigma+it$ に対して積分(1.24)は一様に収束することを示そう．

$|F_+(x)|$ は $x>0$ で連続関数であるので

$$\int_\delta^1 |F_+(x)|\,dx$$

は有限の値をとる．δ は固定して考えているので(1.24)の収束を言うためには

$$\lim_{N\to\infty}\int_1^N |F_+(x)|\,dx \tag{1.25}$$

が収束することを言えばよい．

指数関数のテイラー展開

$$e^x = 1+x+\frac{x^2}{2!}+\frac{x^3}{3!}+\cdots+\frac{x^n}{n!}+\cdots$$

を使うと $x>0$ で

$$x^m < (2^m m!)e^{x/2}$$

が成り立つことが分かる．一方，$x>1$ では

$$e^x-1 > e^{x-1}$$

が成り立つので $x>1$ で

$$|F_+(x)| = \frac{e^{t\pi}x^{\sigma-1}}{e^x-1} \le \frac{e^{t_1\pi}x^m}{e^x-1} < \frac{(2^m m!)e^{x/2}e^{t_1\pi}}{e^{x-1}} = (2^m m!)e^{(t_1\pi+1)}e^{-x/2}$$

が成り立つ．したがって

$$\int_1^N |F_+(x)|\,dx \le (2^m m!)e^{(t_1\pi+1)}\int_1^N e^{-x/2}\,dx$$

となるが，

---

*4　脚注*1 を参照のこと．

$$\lim_{N\to\infty}\int_1^N e^{-x/2}\,dx = \lim_{N\to\infty}\left[-2e^{-x/2}\right]_1^N = \lim_{N\to\infty}(2e^{-1/2}-2e^{-N/2}) = \frac{2}{\sqrt{e}}$$

となり，

$$\lim_{N\to\infty}\int_1^N |F_+(x)|\,dx$$

が収束することが分かる．この収束は m と t_1 を使って評価できたので $\sigma_0 \leq \mathrm{Re}\,s \leq m+1$, $t_0 \leq \mathrm{Im}\,s \leq t_1$ の範囲で一様収束である．したがって(1.22)もこの範囲で一様収束する．(1.23)に関しても同様の議論が適用できる．

このようにして積分(1.13)は δ を一つ固定するとすべての複素数 s に対して収束し，しかも $\sigma_0 \leq \mathrm{Re}\,s \leq m+1$, $t_0 \leq \mathrm{Im}\,s \leq t_1$ の範囲で一様収束している．このことから積分(1.13)を s の関数と考えると関数 $F(z)$ は s に関して正則関数であることが言えることを後に示す(定理 4.12)．

以上によって上の主張(1)が証明された．

さらに主張(2)によって積分(1.13)は δ によらないことが分かる．そこで $\mathrm{Re}\,s>1$ であれば積分(1.13)で定義される s の関数がゼータ関数と関係していることを示そう．

問題 1.1

$\mathrm{Re}\,s>1$ であれば

$$\lim_{\delta\to 0}\int_{|z|=\delta}\frac{(-z)^{s-1}}{e^z-1}\,dz = 0$$

が成り立つことを示せ．

指数関数 e^z のテイラー展開を使うと

$$G(z) = \frac{e^z-1}{z} = 1+\frac{z}{2!}+\frac{z^2}{3!}+\cdots+\frac{z^n}{(n+1)!}+\cdots$$

が成り立つ．したがって $G(0)=1$ と定義することによって $G(z)$ は $z=0$ の近くで連続関数を定義する．$G(0)=1$ であるので $H(z)=1/G(z)$ も $z=0$ の近くで連続関数である．したがって十分小さい正の数 δ_0 を一つ選んで固定すると $|z|\leq\delta_0$ で

$$|H(z)| = \left|\frac{z}{e^z-1}\right| < L$$

が成り立つような正の数 L が存在する．一方，

$$\int_{|z|=\delta} \frac{(-z)^{s-1}}{e^z-1}\,dz = i\int_0^{2\pi} \frac{\delta e^{i\theta}}{e^{\delta e^{i\theta}}-1}\cdot e^{(s-1)\{\log\delta+i(\theta-\pi)\}}\,d\theta$$
$$= i\int_0^{2\pi} H(\delta e^{i\theta})e^{(s-1)\{\log\delta+i(\theta-\pi)\}}\,d\theta$$

が成り立つ．ここで $H(z)=\dfrac{z}{e^z-1}$ であった．$\delta\leq\delta_0$ であれば $|H(\delta e^{i\theta})|<L$ が成り立つので

$$\left|\int_{|z|=\delta} \frac{(-z)^{s-1}}{e^z-1}\,dz\right| \leq \int_0^{2\pi} |H(\delta e^{i\theta})|e^{\{(\sigma-1)\log\delta-t(\theta-\pi)\}}\,d\theta$$
$$< L\int_0^{2\pi} e^{\{(\sigma-1)\log\delta-t(\theta-\pi)\}}\,d\theta$$

という評価式が成り立つ．さらに

$$\int_0^{2\pi} e^{\{(\sigma-1)\log\delta-t(\theta-\pi)\}}\,d\theta = \delta^{\sigma-1}e^{t\pi}\int_0^{2\pi} e^{-t\theta}\,d\theta$$

であるが，

$$e^{t\pi}\int_0^{2\pi} e^{-t\theta}\,d\theta$$

は δ に関係しない有限の値となり，$\sigma=\mathrm{Re}\,s>1$ であるので

$$\lim_{\delta\to 0}\delta^{\sigma-1}=0$$

が成り立つ．したがって

$$\lim_{\delta\to 0}\left|\int_{|z|=\delta} \frac{(-z)^{s-1}}{e^z-1}\,dz\right| \leq \lim_{\delta\to 0} L\delta^{\sigma-1}e^{t\pi}\int_0^{2\pi} e^{-t\theta}\,d\theta = 0$$

が成り立つ．

問題 1.2

$\mathrm{Re}\,s>1$ であれば(1.20)，(1.21)で定義される $F_+(x)$，$F_-(x)$ に対して広義積分

$$\int_0^{\infty} F_+(x)\,dx,\quad \int_0^{\infty} F_-(x)\,dx$$

が存在することを示せ．

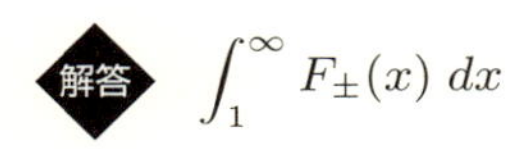

$$\int_1^\infty F_\pm(x)\,dx$$

の収束は上で証明したので，

$$\lim_{\delta\to+0}\int_\delta^1 F_\pm(x)\,dx$$

が収束することを示せばよい．

$$|e^{(s-1)(\log x\mp i\pi)}| = e^{(\sigma-1)\log x\pm t\pi} = e^{\pm t\pi}x^{\sigma-1}$$

であるので

$$\int_\delta^1 |F_\pm(x)|\,dx = e^{\pm t\pi}\int_\delta^1 x^{\sigma-1}\,dx = e^{\pm t\pi}\left[\frac{x^\sigma}{\sigma}\right]_\delta^1 = e^{\pm t\pi}\left(\frac{1}{\sigma}-\frac{\delta^\sigma}{\sigma}\right)$$

となる．したがって

$$\lim_{\delta\to+0}\int_\delta^1 |F_\pm(x)|\,dx = \lim_{\delta\to+0}e^{\pm t\pi}\left(\frac{1}{\sigma}-\frac{\delta^\sigma}{\sigma}\right) = \frac{e^{\pm t\pi}}{\sigma}$$

となるので，広義積分は収束する．

以上，二つの問題の結果と上の主張(2)を使うと $\mathrm{Re}\,s>1$ で

$$\begin{aligned}\int_\gamma \frac{(-z)^{s-1}}{e^z-1}\,dz &= \int_\infty^0 F_+(x)\,dx+\int_0^\infty F_-(x)\,dx\\ &= \int_0^\infty F_-(x)\,dx-\int_0^\infty F_+(x)\,dx\end{aligned}$$

が成り立つことが分かる．さらに(1.20)，(1.21)および(1.11)によって $\mathrm{Re}\,s>1$ のとき

$$\begin{aligned}\int_0^\infty F_+(x)\,dx &= e^{-i(s-1)\pi}\int_0^\infty \frac{x^{s-1}}{e^x-1}\,dx\\ &= e^{-i(s-1)\pi}\Gamma(s)\zeta(s) = -e^{-i\pi s}\Gamma(s)\zeta(s)\end{aligned}$$

$$\begin{aligned}\int_0^\infty F_-(x)\,dx &= e^{i(s-1)\pi}\int_0^\infty \frac{x^{s-1}}{e^x-1}\,dx\\ &= e^{i(s-1)\pi}\Gamma(s)\zeta(s) = -e^{i\pi s}\Gamma(s)\zeta(s)\end{aligned}$$

が成り立つ．したがって

$$\int_\gamma \frac{(-z)^{s-1}}{e^z-1}\,dz = -(e^{i\pi s}-e^{-i\pi s})\Gamma(s)\zeta(s) = -2i\sin(\pi s)\Gamma(s)\zeta(s)$$

が得られる．ここで式(1.8)を使う．この等式は『解析編』で実数の場合にしか証明していないが，後に 4.3 節の定理 4.22 で複素数の場合にも成り立つことを示す．すると

$$\int_\gamma \frac{(-z)^{s-1}}{e^z-1}\,dz = \frac{-2\pi i}{\Gamma(1-s)}\zeta(s)$$

が成り立つことが分かる．

定理 1.1　$\mathrm{Re}\, s>1$ のとき等式

$$\zeta(s) = -\frac{\Gamma(1-s)}{2\pi i}\int_\gamma \frac{(-z)^{s-1}}{e^z-1}\,dz \tag{1.26}$$

が成立する．

この定理はリーマンが初めて示した．ここで重要なことは等式(1.26)の右辺は $s\neq1$ 以外のすべての複素数に対して定義されていることである．ガンマ関数は 0 と負の整数値のところでは定義されていなかったので，形式的には右辺は s が自然数のときに定義できていないように思われるが，左辺は $\mathrm{Re}\, s>1$ のとき定義されているので $s=2,\ 3,\ 4,\ldots$ でも定義できることが分かる．このようにして $s\neq1$ のときは(1.26)の右辺を新たなゼータ関数の定義として採用する．これがリーマンが考えたことであった．すなわち $\mathrm{Re}\, s>1$ で定義したゼータ関数は等式(1.26)を使って $s=1$ 以外のすべての複素数にその定義を拡張することができるのである．

しかし，$\mathrm{Re}\, s>1$ で定義された関数を複素平面上で定義された関数に拡張しようとする際に，拡張の仕方はいろいろあり，上の拡張が優れているという保証はないのではないか．そう考える読者は数学的に素晴らしいセンスの持ち主である．たとえば $s=1$ 以外の複素平面上に $\zeta(s)$ を拡張するには，要するに $s\neq1$ 以外の複素数に値が一つ定まればよいのである．たとえば $\mathrm{Re}\, s>1$ では $\zeta(s)$, $\mathrm{Re}\, s\leq1$ ではすべての値が 0 と定義すればゼータ関数は複素平面上の

関数に拡張される．

そのような拡張は無数に考えられる．しかし，拡張された関数が複素平面で複素解析性を持つことを要請すると拡張の一意性が保証される．これが複素数を取り扱う重要な観点である．私たちが高校で学んだ関数，多項式はもとより三角関数，指数関数，対数関数などは実は複素解析性を備えている．本書のテーマは，この複素解析性の持つ意味を深く追求することである．

1.5　ゼータ関数の関数等式

ゼータ関数が $s=1$ を除いた複素平面上の関数として拡張することができたので，このことを使ってゼータ関数の関数等式を証明しよう．

積分

$$\int_0^\infty e^{-n^2\pi x}x^{s/2-1}\,dx, \quad \mathrm{Re}\,s>1$$

を考えよう．$X=n^2\pi x$ と変数変換することによって，この積分は

$$\frac{1}{n^s\pi^{s/2}}\int_0^\infty e^{-X}X^{s/2-1}\,dX=\frac{1}{n^s}\pi^{-s/2}\Gamma\left(\frac{s}{2}\right)$$

と計算できる．そこで

$$\omega(x)=\sum_{n=1}^\infty e^{-n^2\pi x}$$

とおくと

$$\pi^{-s/2}\Gamma\left(\frac{s}{2}\right)\zeta(s)=\sum_{n=1}^\infty\int_0^\infty e^{-n^2\pi x}x^{s/2-1}\,dx=\int_0^\infty\omega(x)x^{s/2-1}\,dx \tag{1.27}$$

が成り立つ．ここで無限和と積分とが交換可能であることは 1.2 節の場合と同様に証明することができる．

この式に登場する $\omega(x)$ は第 5 章で述べるテータ零値と深く関係している．$\mathrm{Im}\,\tau>0$ である複素数 τ を用いて作られる無限級数

$$\sum_{n=-\infty}^\infty e^{in^2\pi\tau}$$

は収束して τ を変数とする関数になる．この関数をテータ零値と呼ぶ．第 5 章で導入するテータ関数は τ と複素変数 z の関数であり，上記の関数はテータ関数で $z=0$ とおいたものにほかならないのでテータ零値と呼ばれる．ゼータ関数との関係では特に $\tau=ix$, $x>0$ とおいた場合が重要であり，

$$\sum_{n=-\infty}^{\infty} e^{-n^2\pi x} = 1+2\omega(x)$$

が成り立つ．テータ零値に関してはポワソンの和公式から得られる次の定理が重要である．第 5 章ではもっと一般の形でヤコビの虚変換(定理 5.31)として述べるが，ここでは必要最小限の形で述べることにする(5.8 節の式(5.48)を参照のこと)．

定理 1.2　$x>0$ のとき

$$\sum_{n=-\infty}^{\infty} e^{-n^2\pi x} = \frac{1}{\sqrt{x}} \sum_{n=-\infty}^{\infty} e^{-n^2\pi/x}$$

が成り立つ．

この定理を使うと

$$1+2\omega(x) = \frac{1}{\sqrt{x}}\left(1+2\omega\left(\frac{1}{x}\right)\right)$$

が成り立ち，これより

$$\omega(x) = \frac{1}{\sqrt{x}}\omega\left(\frac{1}{x}\right)-\frac{1}{2}+\frac{1}{2\sqrt{x}} \tag{1.28}$$

が成り立つことが分かる．そこでこの等式(1.28)を使って式(1.27)を変形してみよう．

$$\begin{aligned}
&\pi^{-s/2}\Gamma\left(\frac{s}{2}\right)\zeta(s)\\
&= \int_0^\infty x^{s/2-1}\omega(x)\,dx = \int_0^1 x^{s/2-1}\omega(x)\,dx+\int_1^\infty x^{s/2-1}\omega(x)\,dx\\
&= \int_0^1 x^{s/2-1}\left(\frac{1}{\sqrt{x}}\omega\left(\frac{1}{x}\right)-\frac{1}{2}+\frac{1}{2\sqrt{x}}\right)\,dx+\int_1^\infty x^{s/2-1}\omega(x)\,dx
\end{aligned}$$

$$
\begin{aligned}
&= \int_0^1 x^{s/2-1}\left(-\frac{1}{2}+\frac{1}{2\sqrt{x}}\right) dx + \int_0^1 x^{s/2-3/2}\omega\left(\frac{1}{x}\right) dx \\
&\quad + \int_1^\infty x^{s/2-1}\omega(x)\, dx \\
&= \left[-\frac{x^{s/2}}{s}+\frac{x^{(s-1)/2}}{s-1}\right]_0^1 - \int_\infty^1 t^{-s/2-1/2}\omega(t)\, dt + \int_1^\infty x^{s/2-1}\omega(x)\, dx \\
&= -\frac{1}{s}+\frac{1}{s-1}+\int_1^\infty x^{(1-s)/2-1}\omega(x)\, dx + \int_1^\infty x^{s/2-1}\omega(x)\, dx \\
&= -\frac{1}{s}-\frac{1}{1-s}+\int_1^\infty \left(x^{(1-s)/2-1}+x^{s/2-1}\right)\omega(x)\, dx \qquad (1.29)
\end{aligned}
$$

この式変形によって最後の式(1.29)は s と $1-s$ を入れ替えても変わらない．本来，等式(1.27)は $\mathrm{Re}\, s>1$ で成り立つものであったが，式(1.29)に現れる積分はあらゆる s に対して収束する．条件 $\mathrm{Re}\, s>1$ が必要であったのは 0 からの広義積分を考えたからであった．したがって s のかわりに $1-s$ を使って同様の計算を行えば $\mathrm{Re}(1-s)>1$ では

$$
\begin{aligned}
\pi^{-(1-s)/2}\Gamma\left(\frac{1-s}{2}\right)\zeta(1-s) &= -\frac{1}{s}-\frac{1}{1-s} \\
&\quad + \int_1^\infty \left(x^{(1-s)/2-1}+x^{s/2-1}\right)\omega(x)\, dx
\end{aligned}
$$

が成り立つことが分かる．ところで最後の式(1.29)は複素数 s に関する解析関数を定める．ただし，$s=0$, $s=1$ のところでは定義されていないが，後に述べるようにこれらの点では 1 位の極になっている．また $\pi^{-s/2}\Gamma\left(\frac{s}{2}\right)\zeta(s)$ と $\pi^{-(1-s)/2}\Gamma\left(\frac{1-s}{2}\right)\zeta(1-s)$ も s に関する解析関数である．二つの解析関数がある部分で一致すれば定義域全体で一致する(一致の定理)ことによって次の重要な定理が得られたことになる．

定理 1.3　次の関数等式が成立する．

$$
\pi^{-s/2}\Gamma\left(\frac{s}{2}\right)\zeta(s) = \pi^{-(1-s)/2}\Gamma\left(\frac{1-s}{2}\right)\zeta(1-s)
$$

ガンマ関数に関する等式(1.8)を使うことによってこの定理から次の系が得

られる.

系 1.4　次の等式が成り立つ.

$$\zeta(1-s) = 2(2\pi)^{-s}\cos\frac{\pi s}{2}\Gamma(s)\zeta(s)$$
$$\zeta(s) = 2(2\pi)^{s-1}\sin\frac{\pi s}{2}\Gamma(1-s)\zeta(1-s)$$

[証明]　上の定理 1.3 より

$$\zeta(1-s) = \pi^{1/2-s}\frac{\Gamma\left(\frac{s}{2}\right)}{\Gamma\left(\frac{1-s}{2}\right)}\zeta(s)$$

が成り立つ. 一方, 等式(1.8)より

$$\Gamma\left(\frac{1-s}{2}\right)\Gamma\left(\frac{1+s}{2}\right) = \frac{\pi}{\sin\frac{\pi(1-s)}{2}}$$

が得られるので

$$\zeta(1-s) = \pi^{-1/2-s}\Gamma\left(\frac{s}{2}\right)\Gamma\left(\frac{1+s}{2}\right)\sin\frac{\pi(1-s)}{2}\cdot\zeta(s)$$

が成り立つことが分かる. また『解析編』4.2 節の問題 2 (p. 157) で $s>0$ のとき

$$\Gamma\left(\frac{s}{2}\right)\Gamma\left(\frac{s+1}{2}\right) = 2^{1-s}\sqrt{\pi}\Gamma(s) \tag{1.30}$$

が成り立つことを示した. すでに何度も述べたように, 実数の開区間で示された等式(1.30)は一致の定理によって複素数 s に対しても成立する. したがって

$$\begin{aligned}\zeta(1-s) &= \pi^{-1/2-s}\Gamma\left(\frac{s}{2}\right)\Gamma\left(\frac{1+s}{2}\right)\sin\frac{\pi(1-s)}{2}\cdot\zeta(s)\\ &= 2^{1-s}\pi^{-s}\Gamma(s)\cos\frac{\pi s}{2}\cdot\zeta(s)\end{aligned}$$

が成り立ち，最初の等式が示された．2番目の等式は最初の等式の s を $1-s$ に置き換えることによって示される．　**【証明終】**

そこで系1.4の最初の式に着目する．正整数 m に対して $s=2m$ を最初の式に代入すると

$$\begin{aligned}\zeta(1-2m) &= 2(2\pi)^{-2m}\cos m\pi\,\Gamma(2m)\zeta(2m) \\ &= \frac{(-1)^m 2(2m-1)!}{(2\pi)^{2m}}\cdot\zeta(2m)\end{aligned}$$

となる．一方，『解析編』第5章5.3節で

$$\zeta(2m) = \frac{(-1)^{m+1}(2\pi)^{2m}B_{2m}}{2(2m)!}$$

を示した．ここで B_{2m} は関-ベルヌーイ数である．したがって

$$\zeta(1-2m) = -\frac{B_{2m}}{2m}$$

が得られた．このように負の奇数でのゼータ関数の値は関-ベルヌーイ数を使って書くことができる．

では負の偶数での値はどのようになるのであろうか．$s=2m+1$ とおくと $\cos\dfrac{(2m+1)\pi}{2}=0$ であるので，再び系1.4の最初の式を使えば

$$\zeta(-2m) = 0$$

であることが分かる．系1.4の最初の式の右辺を見ると $\cos\dfrac{\pi s}{2}$ は $s=2m+1$ で1位の零点(定義4.1)を持っている．また $\Gamma(2m+1)=(2m)!$ であり $\zeta(2m+1)>0$ であるので，系1.4の最初の式の右辺は $s=2m+1$ で1位の零点を持っていることが分かる．これは $\zeta(s)$ が $s=-2m+1$ で1位の零点を持つことを意味している．

ところで，すでに述べたように定理1.1の式(1.26)の右辺によってゼータ関数 $\zeta(s)$ は $s\neq1$ 以外のすべての複素数に対して定義されているが，これは本書の第2章定義2.3の意味での正則関数になっている．またガンマ関数 $\Gamma(s)$ は定義域の拡張の議論(1.1節)から $s=0$ で1位の極(定義4.2)を持つことが分かる．このようにして系1.4の最初の等式を考えることによって，ゼータ関数は

複素平面上で定義され，$s=1$ で 1 位の極を持ち他では正則な有理型関数*5であることが分かる．さらにゼータ関数は $\mathrm{Re}\, s>1$ では収束する無限級数

$$\sum_{n=1}^{\infty} \frac{1}{n^s}$$

で定義されていることからその性質は比較的よく分かり，さらに関数等式(定理 1.3，系 1.4)によってその性質は $\mathrm{Re}\, s<0$ に反映される．したがってゼータ関数の性質は $0\leq \mathrm{Re}\, s\leq 1$ での振る舞いを解明することが重要であると推測される．リーマンは 1859 年に発表した論文

> Ueber die Anzhal der Primzahlen unter einer gegebenen Grösse, Monatsberichte der Berliner Akademie, November 1859.（与えられた数より小さな素数の個数について，ベルリン学士院月報，1859 年 11 月）

において素数定理，すなわち x を超えない素数の個数 $\pi(x)$ はほぼ $\dfrac{x}{\log x}$ に等しいことを証明するために複素数まで定義域を拡張したゼータ関数を考察した．その際に，負の偶数以外のゼータ関数の零点は $\mathrm{Re}\, s=\dfrac{1}{2}$ 上にすべてあると仮定すると素数定理を証明できることを示した．負の偶数はゼータ関数の自明な零点と呼ばれる．自明でないゼータ関数の零点は $\mathrm{Re}\, s=\dfrac{1}{2}$ 上にあるという仮定はリーマン仮説あるいはリーマン予想と呼ばれ今なお未解決の大問題である．素数定理そのものはリーマン仮説を使わずに 1896 年にアダマールとド・ラ・ヴァレ＝プーサンによって独立に証明された．

---

*5　定義域で極のみを持ち他では正則な関数を有理型関数という．

2　複素関数とその微分と積分

ここで改めて複素数について復習しておこう．2乗して -1 になる数 i を一つ選んで固定し，虚数単位と呼ぶ．実数 a, b に対して $z=a+ib$ を複素数といい，a を複素数 z の実部といい，$\mathrm{Re}\, z$ と記す．また b を複素数 z の虚部といい，$\mathrm{Im}\, z$ で表す．$a+ib$ は $a+bi$ と記してもよい．

複素数 $z=a+ib$ と $w=a'+ib'$ は $a=a'$, $b=b'$ のときに限り等しい．また複素数 $a+0i$ と a を同一視する．したがって実数は複素数の一部と考える．複素数ではよく知られているように加減乗除が定義できる．

2.1　複素数と複素平面

複素数を本格的に用いだしたのはカルダノ(Gerolamo Cardano, 1501-1576)の少し後に活躍したイタリアの数学者ボンベリ(Rafael Bombelli, 1526-1572)である．彼はカルダノによる3次方程式の解法を複素数を使って整理してその意味を明確にし(カルダノは実数解しか考えなかった)，それを3次方程式

$$x^3-15x-4=0$$

に適用すると

$$4=\sqrt[3]{2+11i}+\sqrt[3]{2-11i}$$

という奇妙な関係式が成り立つことに気がついた．このことについては下の問題2.5を参照のこと．

複素数 $a+ib$ に対して x-y 座標の点 (a,b) を対応させることができる．この

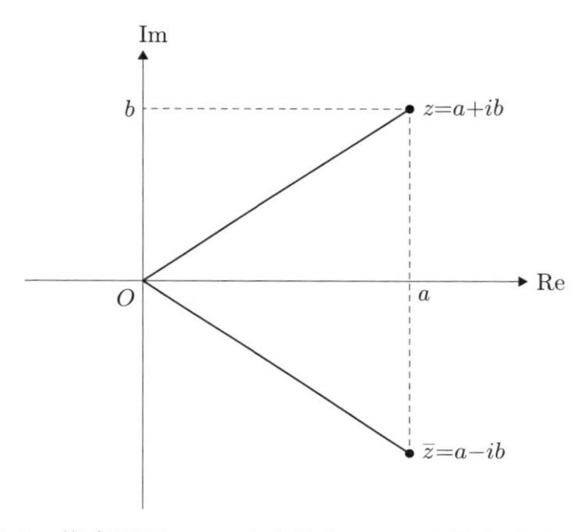

図 2.1　複素平面．Re は実軸を Im は虚軸を表す．$\overline{z}$ は z の複素共役．

とき，x 軸を**実軸**，y 軸を**虚軸**と呼び，平面を**複素平面**[*1]と呼ぶ．複素数

$$z = a+ib$$

に対して，虚部の符号をマイナスにしてできる複素数 $a-ib$ を複素数 z の複素共役[*2]と呼び，$\overline{z}$ と記す(図 2.1)．

$$\overline{z} = \overline{a+ib} = a-ib$$

複素数 z の絶対値 $|z|$ は

$$|z| = \sqrt{z\overline{z}} = \sqrt{a^2+b^2}$$

と定義する．このとき，三角関数を使うと複素数 $z=a+ib$ は

$$z = r(\cos\theta+i\sin\theta), \quad r = |\alpha|$$

---

*1　日本の学校数学では複素数平面という．英語では complex plane といい，通常 complex number plane とはいわない．実軸，虚軸といい，実数軸，虚数軸といわないのと同様の習慣である．

*2　共役は「きょうやく」と読む．「きょうえき」と読むのは間違いである．というのは，本来，複素共役は複素共軛と記していたことによる．漢字使用の簡約化が唱えられて共軛には共役を使うことになった．

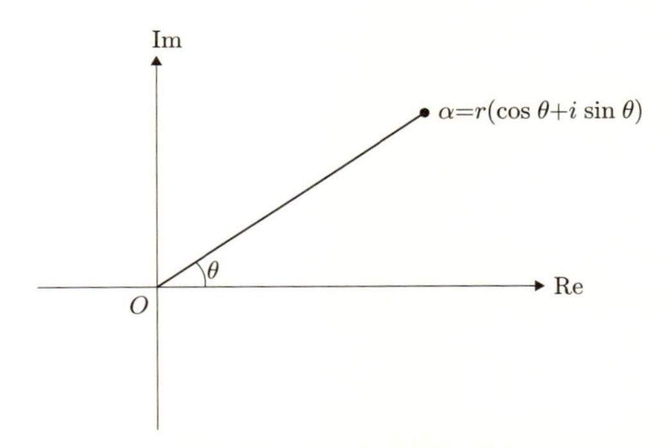

図 2.2　複素数の極表示．r は複素数の絶対値，θ は複素数の偏角．

と表示することができる．これを複素数 z の極表示という(図 2.2)．極表示に現れる角度 θ を複素数 z の**偏角**といい，$\arg z$ と記す．ただし，$z=0$ の偏角は定義しない．偏角では，通常，角度の単位としてラジアンを用い，かつ一般角を用いる[*3]．したがって偏角は 2π の整数倍の不定性を持っている．このことが，ときとして複素数を使った議論を複雑にする．

角度 θ_1 と θ_2 が 2π の整数倍の違いしかない，すなわち

$$\theta_1 - \theta_2 = 2m\pi$$

となる整数 m が存在するときに

$$\theta_1 \equiv \theta_2 \pmod{2\pi}$$

と記すことがある．しかし以下では特に断らない限り

$$\theta_1 = \theta_2 \pmod{2\pi}$$

と等号を使うことにする．またしばしば $\pmod{2\pi}$ を省略する．たとえば z が正の実数であれば $\arg z=0 \pmod{2\pi}$ であるが以下 $\arg z=0$ と略記する．

*3　単位円の弧の長さを角度として使う．θ ラジアンの角とはその角を挟む単位円の円弧の長さが θ であることを意味する．ラジアンを表すときには単位の記号をつけない．度を使うときには θ° と記す．$90^\circ = \pi/2$, $180^\circ = \pi$ である．複素数の偏角を考えるときは実軸の正の部分から反時計回りに測る角度を正とする．

問題 2.1

複素数 $z_1 \neq 0$ と $z_2 \neq 0$ が

$$\arg z_1 + \arg z_2 = \pi \pmod{2\pi}$$

を満たせば z_1/z_2 は負の実数であることを示せ.

複素数 z_1, z_2 を

$$z_1 = r_1(\cos\theta_1 + i\sin\theta_1)$$
$$z_2 = r_2(\cos\theta_2 + i\sin\theta_2)$$

と極表示すると，条件は

$$\theta_1 + \theta_2 = \pi \pmod{2\pi}$$

である．したがって $\theta_1 = \pi - \theta_2$ としても一般性を失わない．すると

$$\cos\theta_1 = \cos(\pi - \theta_2) = -\cos\theta_2$$
$$\sin\theta_1 = \sin(\pi - \theta_2) = -\sin\theta_2$$

である．したがって

$$\frac{z_1}{z_2} = \frac{r_1}{r_2} \cdot \frac{-(\cos\theta_2 + i\sin\theta_2)}{\cos\theta_2 + i\sin\theta_2} = -\frac{r_1}{r_2} < 0$$

であることが示された.

複素数と三角関数はきわめて相性がよい.

問題 2.2

次の等式が成り立つことを示せ.

$$(\cos\alpha + i\sin\alpha)(\cos\beta + i\sin\beta) = \cos(\alpha+\beta) + i\sin(\alpha+\beta)$$
$$(\cos\alpha + i\sin\alpha) \div (\cos\beta + i\sin\beta) = \cos(\alpha-\beta) + i\sin(\alpha-\beta)$$

三角関数の加法公式を使うと

$$
\begin{aligned}
(\cos\alpha+i\sin\alpha)(\cos\beta+i\sin\beta) &= (\cos\alpha\cos\beta-\sin\alpha\sin\beta) \\
&\qquad +i(\sin\alpha\cos\beta+\cos\alpha\sin\beta) \\
&= \cos(\alpha+\beta)+i\sin(\alpha+\beta)
\end{aligned}
$$

となり，今の場合は掛け算は偏角の足し算になる．

次に，この事実を使うと

$$(\cos\beta+i\sin\beta)\cdot\{\cos(\alpha-\beta)+i\sin(\alpha-\beta)\} = \cos\alpha+i\sin\alpha$$

が成り立つので割り算に関する等式が示された．

上の問題から分かるように，複素数の極表示を使うと複素数の掛け算，割り算が幾何学的に説明できる．上の結果を使うと

$$
\begin{aligned}
r_1(\cos\theta_1+i\sin\theta_1)\cdot r_2(\cos\theta_2+i\sin\theta_2) &= r_1r_2(\cos\theta_1+i\sin\theta_1)(\cos\theta_2+i\sin\theta_2) \\
&= r_1r_2\{\cos(\theta_1+\theta_2)+i\sin(\theta_1+\theta_2)\}
\end{aligned}
$$

となり，複素数の掛け算は絶対値の掛け算と偏角の足し算になる．割り算は掛け算の逆であるので

$$\frac{r_1(\cos\theta_1+i\sin\theta_1)}{r_2(\cos\theta_2+i\sin\theta_2)} = \frac{r_1}{r_2}\{\cos(\theta_1-\theta_2)+i\sin(\theta_1-\theta_2)\}$$

と絶対値の割り算と偏角の引き算になる．

以上の議論から，複素数 $z_1\neq0$ と $z_2\neq0$ に対して

$$\arg(z_1z_2) = \arg z_1+\arg z_2 \tag{2.1}$$

$$\arg(z_1/z_2) = \arg z_1-\arg z_2 \tag{2.2}$$

が成り立つことが分かる．ここの等号は 2π を法として合同を意味することを注意しておく．

複素数の極表示と深く関係した公式にド・モアブルの公式

$$(\cos\theta+i\sin\theta)^n = \cos n\theta+i\sin n\theta \tag{2.3}$$

がある．

問題 2.3

ド・モアブルの公式(2.3)を証明せよ．さらにより一般にすべての整数 n（負の整数も含む）に対して

$$(\cos\theta+i\sin\theta)^n = \cos n\theta+i\sin n\theta$$

が成り立つことを証明せよ．

解答　まず n が自然数のときに n に関する帰納法で証明する．$n=1$ のときは自明，$n=2$ のときは問題 2.2 より明らか．k までド・モアブルの公式が証明されたとする．

$$\begin{aligned}(\cos\theta+i\sin\theta)^{k+1} &= (\cos\theta+i\sin\theta)^k(\cos\theta+i\sin\theta)\\ &= (\cos k\theta+i\sin k\theta)(\cos\theta+i\sin\theta)\\ &= \cos(k+1)\theta+i\sin(k+1)\theta\end{aligned}$$

よって $k+1$ のときも公式は正しい．したがって数学的帰納法によってすべての自然数で公式が成り立つことが分かる．

さらに $n=0$ のとき公式の左辺は 1，右辺も 1 となるのでやはり公式が成り立つ．最後に $n=-m$，m は自然数のときを考える．再び問題 2.2 より

$$\begin{aligned}&(\cos\theta+i\sin\theta)^m(\cos n\theta+i\sin n\theta)\\ &\quad= (\cos m\theta+i\sin m\theta)(\cos(-m\theta)+i\sin(-m\theta)) = 1\end{aligned}$$

が成り立つので

$$(\cos\theta+i\sin\theta)^{-m} = \cos n\theta+i\sin n\theta$$

が成り立つ．

ところで複素数 z に対しても，その n 乗根 $\sqrt[n]{z}$ を考えることができる．すなわち

$$w^n = z$$

である複素数 w を z の n 乗根と考えることができる．複素数の n 乗根を求めるには複素数の極表示を使うのが便利である．

$$z = r(\cos\theta + i\sin\theta)$$
$$w = s(\cos\alpha + i\sin\alpha)$$

とおくと $w^n = z$ より

$$s^n(\cos n\alpha + i\sin n\alpha) = r(\cos\theta + i\sin\theta)$$

が成り立つ．これより $s = \sqrt[n]{r}$ および

$$n\alpha = \theta + 2k\pi, \quad k = 0, \pm 1, \pm 2, \ldots$$

であることが分かる．したがって $z \neq 0$ であれば n 個の異なる複素数 w が存在することが分かる．これら n 個の複素数は，たとえば

$$w = \sqrt[n]{r}\left(\cos\frac{\theta+2k\pi}{n} + i\sin\frac{\theta+2k\pi}{n}\right), \quad k = 0, 1, 2, \ldots, n-1$$

と表すことができる．正の数 $z>0$ に対しては $\sqrt[n]{z}$ は n 乗して z になる正の数として定義される．これにならって複素数 z に対してその n 乗根を上の表示を使って

$$\sqrt[n]{r}\left(\cos\frac{\theta}{n} + i\sin\frac{\theta}{n}\right), \quad 0 \leq \theta < 2\pi \tag{2.4}$$

と定義することが考えられる．$z>0$ であれば $\arg z = \theta = 0$ であるのでこれは通常の n 乗根 $\sqrt[n]{\ }$ の拡張と考えられる．これで問題がないように思われるが，実は偏角のとり方の問題が現れる．θ を 2π に近づけると $z = r(\cos\theta + i\sin\theta)$ は正の数 r に近づく．このとき $\sqrt[n]{z}$ は $\sqrt[n]{r}\left(\cos\frac{2\pi}{n} + i\sin\frac{2\pi}{n}\right)$ に近づき正の数ではなくなる．これも r の n 乗根ではあるが，記号 $\sqrt[n]{r}$ の定義とは異なる．すなわち $\sqrt[n]{z}$ を z の関数と考えると z が正の実数のところで連続でなくなってしまう．これは困ったことであるが，そのための解決法がある．そのことに関しては第 4 章の 4.2 節を参照してほしい．

問題 2.4

次の問に答えよ．ただし i は虚数単位とする．

(1) 方程式 $z^3=i$ を解け．

(2) 任意の自然数 n に対して複素数 z_n を

$$z_n=(\sqrt{3}+i)^n$$

で定義する．複素平面上で z_{3n}，$z_{3(n+1)}$，$z_{3(n+2)}$ が表す 3 点をそれぞれ A, B, C とするとき，$\angle ABC$ は直角であることを証明せよ．

（島根大総合理工，1999）

(1)　$z=r(\cos\theta+i\sin\theta)$ とおくと $z^3=i$ であることは

$$r^3=1,\quad 3\theta=\frac{\pi}{2}+2m\pi,\quad m=0,\pm1,\pm2,\ldots$$

であることと同値である．したがって $r=1$，かつ $(\mathrm{mod}\ 2\pi)$ で $\theta=\pi/6$, $\pi/6+2\pi/3=5\pi/6$, または $\pi/6+4\pi/3=3\pi/2$ が成り立つ．よって

$$z=\frac{\pm\sqrt{3}+i}{2},\quad -i$$

が解である．

(2)　(1) より

$$z_3=2^3\left(\frac{\sqrt{3}+i}{2}\right)^3=8i$$

が成り立つ．したがって

$$z_{3n}=(8i)^n,\quad z_{3(n+1)}=(8i)^{n+1}=8iz_{3n},\quad z_{3(n+2)}=(8i)^{n+2}=(8i)^2z_{3n}$$

が成り立つ．これより

$$\angle ABC=\arg\left(\frac{z_{3n}-8iz_{3n}}{(8i)^2z_{3n}-8iz_{3n}}\right)=\arg\left(-\frac{1}{8i}\right)=\arg i=\pi/2$$

が成り立つ．

問題 2.5

複素数 $2\pm 11i$ の 3 乗根をどのように定めるとボンベリが示した等式

$$4=\sqrt[3]{2+11i}+\sqrt[3]{2-11i}$$

が成り立つか.

簡単な計算から

$$(2+i)^3=2+11i,\quad (2-i)^3=2-11i$$

が成り立つので

$$\sqrt[3]{2+11i}=2+i,\quad \sqrt[3]{2-11i}=2-i$$

ととればよい.

問題 2.6

異なる 3 個の複素数 z_1, z_2, z_3 が複素平面上で一直線上にあるための必要十分条件は

$$\arg\frac{z_2-z_1}{z_3-z_1}=0\quad \text{または}\quad \pi$$

であることを示せ. この条件は

$$\frac{z_2-z_1}{z_3-z_1}\in\mathbb{R}$$

と同値であることを示せ.

極表示より $\arg\alpha=0$ は α が正の数であることを, $\arg\alpha=\pi$ は α が負の数であることを意味する. したがって後半部が示された.

一方, 異なる 3 個の複素数 z_1, z_2, z_3 が複素平面上で一直線上にあれば $z_2-z_1=k(z_3-z_1)$ が成り立つような実数 k が存在する. したがって

$$\arg\frac{z_2-z_1}{z_3-z_1}=0\quad \text{または}\quad \pi$$

が成り立つ. 逆に, これが成り立てば $z_2-z_1=k(z_3-z_1)$ とおくと $\arg k=0$, または π であるので $k>0$ または $k<0$ である. これは z_1, z_2, z_3 が同一

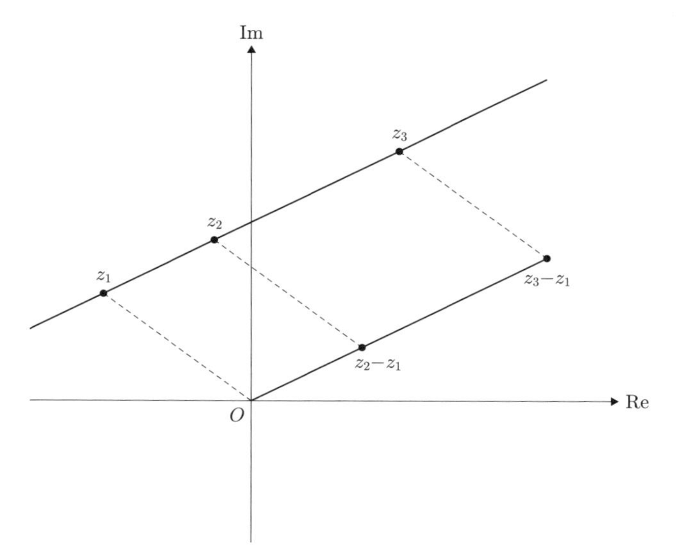

図 2.3　原点と z_2-z_1 を結ぶ直線は z_1 と z_2 を結ぶ直線と平行である.

直線上にあることを意味する(図 2.3).

問題 2.7

(1) 方程式 $z^5-1=0$ の 5 つの解を複素平面上に図示せよ.

(2) 半径 1 の円に正 5 角形 $ABCDE$ が内接している. 頂点 A と他の頂点を結ぶ AB, AC, AD, AE を考える. これら 4 つの線分の長さの積を求めよ. さらに, 正 5 角形 $ABCDE$ の 2 つの頂点を結ぶ線分は全部で 10 本あるが, それら 10 本の線分の長さの積を求めよ.

(3) 半径 1 の円に正 n 角形が内接している. この正 n 角形の 2 つの頂点を結ぶ線分をすべて考えて, それら全部の線分の長さの積を n を用いて表せ.

(九州大理(数)・後期, 2001)

方程式 $z^n-1=0$ の解を

$$r(\cos\theta+i\sin\theta)$$

と記すと

$$r^n(\cos n\theta + i \sin n\theta) = 1$$

より

$$r = 1, \quad n\theta = 2l\pi, \quad l = 0, \pm1, \pm2, \pm3, \ldots$$

であることが分かる．したがって n 個の異なる解は

$$z_l = \cos\frac{2l\pi}{n} + i\sin\frac{2l\pi}{n}, \quad l = 0, 1, 2, \ldots, n-1$$

である．z_l は複素平面上では単位円 $|z|=1$ 上にあり，単位円を n 等分する点である．特に $z_0=1$ は頂点であり，z_l, $l=0,1,\ldots,n-1$ は単位円に内接する正 n 角形の頂点になっている．$|z_0-z_l|$ は内接正 n 角形の頂点 z_0 と頂点 z_l を結ぶ線分の長さである．したがって頂点 z_0 から他の頂点に結んだ線分の長さの積 L_n は

$$L_n = |z_0-z_1|\cdot|z_0-z_2|\cdots|z_0-z_{n-1}|$$

である．一方，z_l は方程式 $z^n-1=0$ の解であったので，因数定理より

$$z^n-1 = (z-z_0)(z-z_1)(z-z_2)\cdots(z-z_{n-1})$$

であるが，$z_0=1$ であるので，この等式の両辺を $z-1$ で割ると

$$z^{n-1}+z^{n-2}+\cdots+z+1 = (z-z_1)(z-z_2)\cdots(z-z_{n-1})$$

であることが分かる．この式の両辺に $z=z_0=1$ を代入すると

$$n = (z_0-z_1)(z_0-z_2)\cdots(z_0-z_{n-1})$$

が成り立つ．これより

$$L_n = n$$

が示された．したがって内接正 n 角形の二つの頂点を結ぶ線分をすべて考えて，それら全部の線分の長さの積をとるために，まず各頂点から他の

頂点を結ぶ積の長さを考えそれらの積をとると，それぞれの線分は二重に数えられているので，正 n 角形の二つの頂点を結ぶ線分の長さの積は $\sqrt{n^n}$ である．

2.2　漸化式と三角関数

数列の漸化式は複素数も考えることができ，思いもかけない興味深い結果が出てくることがある．複素数列の収束の考察は 2.5 節で行うことにして，この節では漸化式で定まる数列そのものを考察してみよう．まず手始めに次の入試問題を考えてみよう．

問題 2.8

複素数の数列 $\{z_n\}$ は $z_1=1,\ z_n=\sqrt{2}(1+i)z_{n-1}^2 \quad (n\geq 2)$ を満たす．

(1) $|z_n|$ を求めよ．

(2) z_n を求めよ．

（一橋大・後期，2004）

(1)　$|1+i|=\sqrt{2}$ より

$$|z_n| = 2|z_{n-1}|^2, \quad n \geq 2$$

が成り立つ．$z_1=1$ より数学的帰納法によって

$$|z_n| = 2^{2^{n-1}-1}$$

を得る．

(2)　(1) より

$$z_n = 2^{2^{n-1}-1}(\cos\theta_n + i\sin\theta_n), \quad \theta_1 = 0, \quad n = 1, 2, \ldots$$

と書くことができる．

$$1+i = \sqrt{2}\left(\cos\frac{\pi}{4} + i\sin\frac{\pi}{4}\right)$$

であるので，問題の条件より $n\geq 2$ のとき

$$\begin{aligned} z_n &= \sqrt{2}(1+i)z_{n-1}^2 \\ &= 2\left(\cos\frac{\pi}{4}+i\sin\frac{\pi}{4}\right)\cdot\left\{2^{2^{n-2}-1}(\cos\theta_{n-1}+i\sin\theta_{n-1})\right\}^2 \\ &= 2^{2^{n-1}-1}\left(\cos\frac{\pi}{4}+i\sin\frac{\pi}{4}\right)(\cos 2\theta_{n-1}+i\sin 2\theta_{n-1}) \\ &= 2^{2^{n-1}-1}\left(\cos\left(\frac{\pi}{4}+2\theta_{n-1}\right)+i\sin\left(\frac{\pi}{4}+2\theta_{n-1}\right)\right) \end{aligned}$$

が成り立つ．したがって

$$\theta_1 = 0, \quad \theta_n = \frac{\pi}{4}+2\theta_{n-1}, \quad n = 2, 3, \ldots$$

と考えることができる．これより

$$\theta_n+\frac{\pi}{4} = 2\left(\theta_{n-1}+\frac{\pi}{4}\right), \quad n \geq 2$$

が成り立つ．数学的帰納法によって

$$\theta_n+\frac{\pi}{4} = 2^{n-1}\left(\theta_1+\frac{\pi}{4}\right) = 2^{n-1}\cdot\frac{\pi}{4}$$

であることが分かる．$n \geq 4$ であれば

$$\theta_n+\frac{\pi}{4} = 2^{n-4}\cdot 2\pi$$

であるので

$$\begin{aligned} z_n &= 2^{2^{n-1}-1}\left(\cos\left(-\frac{\pi}{4}\right)+i\sin\left(-\frac{\pi}{4}\right)\right) \\ &= 2^{2^{n-1}-1}\cdot\frac{1-i}{\sqrt{2}} = 2^{2^{n-1}-3/2}(1-i) \end{aligned}$$

が成り立つ．一方，$\theta_1=0$, $\theta_2=\pi/4$, $\theta_3=3\pi/4$ であるので

$$z_1 = 1, \quad z_2 = \sqrt{2}(1+i), \quad z_3 = 4\sqrt{2}(-1+i)$$

である．

次に，一見複素数と関係なさそうな次の問題を解いてみよう．

問題 2.9

正の実数 r と $-\frac{\pi}{2}<\theta<\frac{\pi}{2}$ の範囲の実数 θ に対して $a_0=r\cos\theta$, $b_0=r$ とおく．a_n, b_n $(n=1, 2, 3, \ldots)$ を漸化式

$$a_n = \frac{a_{n-1}+b_{n-1}}{2}, \quad b_n = \sqrt{a_n b_{n-1}}$$

により定める．

(1) $\frac{a_1}{b_1}$, $\frac{a_2}{b_2}$ を θ で表せ．

(2) $\frac{a_n}{b_n}$ を n と θ で表せ．

(3) $\theta\neq 0$ のとき

$$\lim_{n\to\infty} a_n = \lim_{n\to\infty} b_n = \frac{r\sin\theta}{\theta}$$

を示せ*4．

（北海道大理系，2010）

この問題ではなぜ θ は $-\frac{\pi}{2}<\theta<\frac{\pi}{2}$ の範囲に制限されているのであろうか．すぐ分かるように b_n の定義に平方根を使っているからである．しかし，複素数でも平方根を考えることができ，θ の範囲を制限せずに，さらにはもっと一般的に a_0, b_0 が複素数のときにこの問題を考えることはできないだろうか．それは実際に可能であることを後に示そう．そのまえにまずこの問題を解いておこう．

解答

(1)　与えられた a_0, b_0 より

$$a_1 = \frac{r\cos\theta+r}{2} = \frac{r(1+\cos\theta)}{2} = r\cos^2\frac{\theta}{2}$$

$-\frac{\pi}{2}<\theta<\frac{\pi}{2}$ であれば $\cos\frac{\theta}{2}>0$ であるので

$$b_1 = \sqrt{r\cos^2\frac{\theta}{2}\cdot r} = r\cos\frac{\theta}{2}$$

したがって

---

*4　$\theta=0$ のときは $\lim_{\theta\to 0}\frac{r\sin\theta}{\theta}=r$ と考えれば，この例外をなくすことができる．

$$\frac{a_1}{b_1}=\cos\frac{\theta}{2}$$

が成り立つ．次に

$$a_2=\frac{r\cos^2\dfrac{\theta}{2}+r\cos\dfrac{\theta}{2}}{2}=r\cos\frac{\theta}{2}\cdot\frac{1+\cos\dfrac{\theta}{2}}{2}=r\cos\frac{\theta}{2}\cos^2\frac{\theta}{2^2}$$

が成り立つ．すると $\cos\dfrac{\theta}{2}>0,\ \cos\dfrac{\theta}{2^2}>0$ であるので

$$b_2=\sqrt{r\cos\frac{\theta}{2}\cos^2\frac{\theta}{2^2}\cdot r\cos\frac{\theta}{2}}=r\cos\frac{\theta}{2}\cos\frac{\theta}{2^2}$$

が成り立つ．よって

$$\frac{a_2}{b_2}=\cos\frac{\theta}{2^2}$$

(2)　(1)の結果から

$$a_n=r\cos\frac{\theta}{2}\cos\frac{\theta}{2^2}\cdots\cos\frac{\theta}{2^{n-1}}\cos^2\frac{\theta}{2^n}\tag{2.5}$$

$$b_n=r\cos\frac{\theta}{2}\cos\frac{\theta}{2^2}\cdots\cos\frac{\theta}{2^{n-1}}\cos\frac{\theta}{2^n}\tag{2.6}$$

が予想される．このことを n に関する帰納法で証明する．$n=1,\ 2$ の場合は(1)ですでに証明した．$n=m$ まで(2.5)，(2.6)が成立したと仮定する．このとき

$$a_{m+1}$$
$$=\frac{r\cos\dfrac{\theta}{2}\cdots\cos\dfrac{\theta}{2^{m-1}}\cos^2\dfrac{\theta}{2^m}+r\cos\dfrac{\theta}{2}\cos\dfrac{\theta}{2^2}\cdots\cos\dfrac{\theta}{2^{m-1}}\cos\dfrac{\theta}{2^m}}{2}$$

$$=r\cos\frac{\theta}{2}\cos\frac{\theta}{2^2}\cdots\cos\frac{\theta}{2^{m-1}}\cos\frac{\theta}{2^m}\cdot\frac{\cos\dfrac{\theta}{2^m}+1}{2}$$

$$=r\cos\frac{\theta}{2}\cos\frac{\theta}{2^2}\cdots\cos\frac{\theta}{2^{m-1}}\cos\frac{\theta}{2^m}\cos^2\frac{\theta}{2^{m+1}}$$

が成り立ち，$\cos\dfrac{\theta}{2^{m+1}}>0$ であるので

$$b_{m+1} = \sqrt{a_{m+1}b_m} = r\cos\frac{\theta}{2}\cos\frac{\theta}{2^2}\cdots\cos\frac{\theta}{2^{m-1}}\cos\frac{\theta}{2^m}\cos\frac{\theta}{2^{m+1}}$$

が成り立つことも分かる．よって $n=m+1$ の場合も(2.5)，(2.6)が成立する．以上の結果より

$$\frac{a_n}{b_n} = \cos\frac{\theta}{2^n} \tag{2.7}$$

が成り立つ．

(3)　(2.7)より

$$\lim_{n\to\infty}\frac{a_n}{b_n} = 1$$

が成り立つ．したがって

$$\lim_{n\to\infty} b_n = \frac{r\sin\theta}{\theta}$$

を示せばよい．等式(2.6)から直接この極限値を求めることは難しいが，極限値が与えられているので，これをヒントにする．すぐ考えつくことは正弦関数の倍角の公式を何度も使うことによって

$$\begin{aligned}
\sin\theta &= \sin 2\cdot\frac{\theta}{2}\\
&= 2\sin\frac{\theta}{2}\cos\frac{\theta}{2}\\
&= 2^2\sin\frac{\theta}{2^2}\cos\frac{\theta}{2^2}\cos\frac{\theta}{2}\\
&= 2^3\sin\frac{\theta}{2^3}\cos\frac{\theta}{2^3}\cos\frac{\theta}{2^2}\cos\frac{\theta}{2}\\
&\cdots\cdots\\
&= 2^n\sin\frac{\theta}{2^n}\cos\frac{\theta}{2^n}\cos\frac{\theta}{2^{n-1}}\cdots\cos\frac{\theta}{2^2}\cos\frac{\theta}{2}
\end{aligned}$$

が成り立つことが分かる．厳密に証明するには数学的帰納法を使えばよい．これより

$$\begin{aligned} b_n &= r\cos\frac{\theta}{2^n}\cos\frac{\theta}{2^{n-1}}\cdots\cos\frac{\theta}{2^2}\cos\frac{\theta}{2} \\ &= \frac{r\sin\theta}{2^n\sin\dfrac{\theta}{2^n}} = r\frac{\sin\theta}{\theta}\cdot\frac{\dfrac{\theta}{2^n}}{\sin\dfrac{\theta}{2^n}} \end{aligned}$$

が成り立つことが分かる．よって

$$\lim_{n\to\infty} b_n = r\frac{\sin\theta}{\theta}\cdot\lim_{n\to\infty}\frac{\dfrac{\theta}{2^n}}{\sin\dfrac{\theta}{2^n}} = r\frac{\sin\theta}{\theta}$$

が成り立つ．

入試問題の解答としては以上ですべてだが，この問題の背後には大きな数学の世界が広がっている．まず，最初に気がつくことは $a_0=a\geq 0$, $b_0=b\geq 0$ であれば $a_n\geq 0, b_n\geq 0$ が問題なく定義できることである．それだけでなく，実は数列 $\{a_n\}$, $\{b_n\}$ は同じ極限値に収束することを次のようにして示すことができる．

$a=b$ のときは $a_n=a$, $b_n=a$ であるので収束は自明である．そこでまず $0<a<b$ の場合を考える．このとき

$$a_0 = a < \frac{a+b}{2} = a_1 < b = b_0$$

が成り立つ．するとこれより

$$a_1 < \sqrt{a_1 b} = b_1 < b = b_0$$

が成り立つ．すなわち

$$a_0 < a_1 < b_1 < b_0$$

が成り立つ．a, b のかわりに a_1, b_1 を使って同じ議論を繰り返すと

$$a_1 < a_2 < b_2 < b_1$$

が成り立つことが分かる．以下，この論法を繰り返して

$$a_0 < a_1 < a_2 < \cdots < a_n < \cdots < b_n < b_{n-1} < \cdots < b_2 < b_1 < b_0$$

が成り立つ．これより $\{a_n\}$ は上に有界な単調増加数列，$\{b_n\}$ は下に有界な単調減少数列であることが分かる．したがって『解析編』第 6 章の定理 6.2 によってこれらの数列は収束する．同じ値に収束することを示そう．上の不等式を使うと

$$b_n - a_n = \sqrt{a_n b_{n-1}} - \frac{a_{n-1}+b_{n-1}}{2} < b_{n-1} - \frac{a_{n-1}+b_{n-1}}{2} = \frac{1}{2}(b_{n-1}-a_{n-1})$$

が成り立つことが分かる．したがって

$$0 < b_n - a_n < \frac{1}{2^n}(b-a)$$

が成り立つことが分かり

$$\lim_{n\to\infty}(b_n - a_n) = 0$$

であることが示された．数列 $\{a_n\}$, $\{b_n\}$ は収束するので

$$\lim_{n\to\infty} a_n = \lim_{n\to\infty} b_n$$

が証明された．

$a>b$ のときは不等号の向きが反対になって

$$a_0 > a_1 > a_2 > \cdots > a_n > \cdots > b_n > \cdots > b_2 > b_1 > b_0$$

が成り立ち，上と同様の議論によって数列 $\{a_n\}$, $\{b_n\}$ は同一の値に収束することが示される．

そこでこの極限値を $L(a,b)$ と記そう．

$$L(a,b) = \lim_{n\to\infty} a_n = \lim_{n\to\infty} b_n \tag{2.8}$$

簡単に分かることであるが $r>0$ であれば

$$L(ra,rb) = rL(a,b)$$

したがって，$b>0$ であれば

$$L(a,b) = bL\left(\frac{a}{b}, 1\right)$$

となり $b=1$ の場合を考えれば十分であることが分かる．上で示したことは

$$L(\cos\theta, 1) = \frac{\sin\theta}{\theta} \tag{2.9}$$

と書くことができる．

ところで，一般の場合に極限値 $L(a,1)$ をどのようにして計算することができるだろうか．上記の入試問題がそのための大きなヒントを与えてくれる．

まず，$0<a\leq 1$ の場合は

$$a = \cos\theta$$

が成り立つように θ を見出すことができる．余弦関数は偶関数であるので，

$$0 \leq \theta < \frac{\pi}{2}$$

であるようにとることができる．したがって三角関数を使って $L(a,1)$ を求めることができる．

では $a>1$ の場合はどのように考えたらよいのであろうか．『解析編』第 2 章 2.9 節で実数 θ に対して

$$e^{i\theta} = \cos\theta + i\sin\theta$$

が成り立つことを示した．これから

$$\sin\theta = \frac{e^{i\theta} - e^{-i\theta}}{2i} \tag{2.10}$$

$$\cos\theta = \frac{e^{i\theta} + e^{-i\theta}}{2} \tag{2.11}$$

であることが分かる．

ところで『解析編』で述べたように指数関数 e^z は

$$e^z = 1 + z + \frac{z^2}{2!} + \frac{z^3}{3!} + \cdots + \frac{z^n}{n!} + \cdots$$

によって複素変数の関数として定義することができる．したがって $e^{i\theta}$ は θ

が複素数でも定義することができ，その結果上の式(2.10)，(2.11)によって $\sin\theta, \cos\theta$ は複素変数の関数と考えることができる．そこで $a>1$ のとき $\cos\theta=a$ となる複素数 θ が存在するかどうかを考えてみよう．

まず $X=e^{i\theta}$ とおいて $\dfrac{X+X^{-1}}{2}=a$ を求めてみよう．X は2次方程式 $X^2-2aX+1=0$ の解であるので $X=a\pm\sqrt{a^2-1}$ であることが分かる．$X=a+\sqrt{a^2-1}$ の場合を考える．$\theta=x+iy$ とおいて $e^{i\theta}=a+\sqrt{a^2-1}$ を満たす $\theta=x+iy$ を求める．

$$e^{i\theta}=e^{-y+ix}=e^{-y}(\cos x+i\sin x)=a+\sqrt{a^2-1}>0$$

より $\sin x=0, \cos x=1, e^{-y}=a+\sqrt{a^2-1}$ でなければならないことが分かる．これより $x=0$，$y=-\log(a+\sqrt{a^2-1})$ ととることができる[*5]．この $\theta=-i\log(a+\sqrt{a^2-1})$ に対して

$$\sin\theta=\frac{(a+\sqrt{a^2-1})-(a-\sqrt{a^2-1})}{2i}=-i\sqrt{a^2-1}$$

であることが分かる．また

$$e^{i\theta/2^n}=e^{\frac{1}{2^n}\cdot\log(a+\sqrt{a^2-1})}>0,\quad e^{-i\theta/2^n}=e^{-\frac{1}{2^n}\cdot\log(a+\sqrt{a^2-1})}>0$$

である．これより，上の北大の問題の解答が純虚数 $\theta=-i\log(a+\sqrt{a^2-1})$ の場合も適用できることが分かり，

$$L(a,1)=L(\cos\theta,1)=\frac{\sin\theta}{\theta}=\frac{\sqrt{a^2-1}}{\log(a+\sqrt{a^2-1})} \tag{2.12}$$

が成り立つことが分かる[*6]．$X=a-\sqrt{a^2-1}$ から出発しても，同じ結論に達することは読者の演習問題としよう．

---

*5　一般には $x=2n\pi$, n は任意の整数，ととることができる．これは $e^{i\theta}$ が周期 2π の関数であることからも明らかである．

*6　形式的に $\theta=ix$ とおくと $\cos(ix)=\dfrac{e^x+e^{-x}}{2}$ であるが，この右辺の $\dfrac{e^x+e^{-x}}{2}$ は通常 $\cosh x$（ハイパボリック　コサインと読む）と記す．また $-i\sin(ix)=\dfrac{e^x-e^{-x}}{2}$ は $\sinh x$（ハイパボリック　サインと読む）と記す．これらの関数は双曲線関数と呼ばれ，実数値上に定義された実数値関数である．これらの双曲線関数を使えば上の議論は実数の範囲内で行うこともできる．双曲線関数は三角関数の純虚数での値と関係していて，三角関数と類似の倍角の公式や半角の公式が成り立つ．

$a>1$ の場合は極限値 $L(a,1)$ は a を使って表すことができた．$0<a\leq 1$ のときも，できれば $L(a,1)=\dfrac{\sin\theta}{\theta}$, $a=\cos\theta$ を a を使って表現したい．まず

$$\sin\theta = \sqrt{1-\cos^2\theta} = \sqrt{1-a^2}$$

に注意する．ところで $-1\leq t\leq 1$ に対して $0\leq\theta\leq\pi$ の範囲で t に対して $t=\cos\theta$ となる θ を対応させる関数は逆三角関数の一つ逆余弦関数 $\arccos t$ ($\cos^{-1} t$ と記されることも多い)と呼ばれる．三角関数は周期関数であるので逆関数を定義するときは定義域を制限して考える必要がある．したがって

$$L(a,1) = \frac{\sqrt{1-a^2}}{\arccos a} \tag{2.13}$$

と a を使って表すことができる．しかし，これは何となく人為的すぎるように感じられるので，もう少し見やすい形にしたい．しかも極限値(2.12)と(2.13)の形は余りに違いすぎている．もっと，統一的な取り扱いができないかと考えるのが数学では自然な発想である．

逆正弦関数は不定積分

$$\int \frac{dt}{\sqrt{1-t^2}} = \arcsin x$$

に現れることをヒントにして考える．

$$\sin\left(\frac{\pi}{2}-t\right) = \cos t$$

に注意すると $\theta=\arccos a$ のとき $t=\cos u$ と変数変換することによって

$$\int_a^1 \frac{dt}{\sqrt{1-t^2}} = -\int_\theta^0 du = \theta$$

となることが分かる．したがって

$$L(a,1) = \frac{\sin\theta}{\theta} = \frac{\sqrt{1-a^2}}{\displaystyle\int_a^1 \frac{dt}{\sqrt{1-t^2}}} \tag{2.14}$$

と a を使って表現できることが分かった．突然積分が現れたことを不思議に思われる読者も多いことと思われる．

では $a>1$ の場合はどのように考えることができるだろうか．式(2.12)の右

辺の分母を類似の積分で表すことを考える．

$$\frac{d}{dx}\log(x+\sqrt{x^2-1}) = \frac{1+\dfrac{x}{\sqrt{x^2-1}}}{x+\sqrt{x^2-1}} = \frac{1}{\sqrt{x^2-1}}$$

に注目すると

$$\log(a+\sqrt{a^2-1}) = \int_1^a \frac{dt}{\sqrt{t^2-1}}$$

と書けることが分かる．これによって $a>1$ のとき

$$L(a,1) = \frac{\sqrt{a^2-1}}{\displaystyle\int_1^a \frac{dt}{\sqrt{t^2-1}}} \tag{2.15}$$

が成り立つことが分かる．これで問題は解決されたことになるが，等式(2.14)と(2.15)とは似た形はしているが $0<a\leq 1$ と $1<a$ とで異なる形をしていることに不満が残る．さらに両者を統一した表現ができないかと考えるのが数学の流儀だ．それには複素数を用いればよい．

$a>1$ のとき

$$\sqrt{1-a^2} = i\sqrt{a^2-1}$$

と考えることができ，これを逆に解けば

$$\sqrt{a^2-1} = -i\sqrt{1-a^2}$$

となる．また同様に $t>1$ のとき

$$\sqrt{t^2-1} = -i\sqrt{1-t^2}$$

と考えることができるので，形式的に

$$\int_1^a \frac{dt}{\sqrt{t^2-1}} = \int_1^a \frac{dt}{-i\sqrt{1-t^2}} = -i\int_a^1 \frac{dt}{\sqrt{1-t^2}}$$

と書くことができ，(2.15)は形式的に

$$L(a,1)=\frac{\sqrt{a^2-1}}{\displaystyle\int_1^a \frac{dt}{\sqrt{t^2-1}}}=\frac{-i\sqrt{1-a^2}}{\displaystyle -i\int_a^1 \frac{dt}{\sqrt{1-t^2}}}=\frac{\sqrt{1-a^2}}{\displaystyle\int_a^1 \frac{dt}{\sqrt{1-t^2}}}$$

と書くことができ，(2.14)と同じ形になる．もちろん，複素数の平方根は二つあるのでどちらをとるかを指定しなければならない．ここでは $t>1$ のとき $\sqrt{1-t^2}=i\sqrt{t^2-1}$ であるように平方根を定義しておけばよい．複素数の平方根や複素数値関数の積分を考えることによって，この議論を正当化することができる．本書の程度を超えるので十分に説明することはできないが，$y^2=1-x^2$ で (x,y) を複素数の範囲で考えるとリーマン面(1 次元複素多様体)と呼ばれる"図形"を定義することができる(第 4 章のコラムを参照のこと)．積分

$$\int_a^1 \frac{dt}{\sqrt{1-t^2}}$$

はこのリーマン面上の $\displaystyle\int \frac{dx}{y}$ の積分と考えることができるのである．

いずれにしても a が複素数の場合もこの問題を取り扱うことができれば，問題の本質はさらに明らかになることが期待できる．そのことに関しては章末の演習問題 2.2 を参照されたい．

2.3　算術幾何平均

入試問題の背景にはときとして深い数学があることが，これまでの議論で明らかになった．ところで，上の数列の定義を少し変えて $n\geq1$ のとき

$$a_n=\frac{a_{n-1}+b_{n-1}}{2}$$
$$b_n=\sqrt{a_{n-1}b_{n-1}}$$

と定義すると極限値の計算は一層複雑になるが，さらに興味深い結果が得られる．上の問題同様 $a_0=a>0$, $b_0=b>0$ の場合，相加平均と相乗平均の間に成り立つ不等式

$$\frac{\alpha+\beta}{2}\geq\sqrt{\alpha\beta},\quad \alpha\geq0,\quad \beta\geq0,\quad \text{等号は}\ \alpha=\beta\ \text{のとき}$$

より，$a\neq b$ のとき

$$a_1 = \frac{a+b}{2} > \sqrt{ab} = b_1$$

が成り立ち，これより

$$a_1 > \frac{a_1+b_1}{2} = a_2 > \sqrt{a_1 b_1} = b_2 > b_1$$

が成り立つ．以下，数学的帰納法によって

$$a_1 > a_2 > a_3 > \cdots > a_n > b_n > \cdots > b_3 > b_2 > b_1$$

が成り立つことが分かる．したがって数列 $\{a_n\}$, $\{b_n\}$ はそれぞれ下に有界な単調減少数列，上に有界な単調増加数列であるのでともに収束する*7．さらに

$$\begin{aligned} 0 < a_n - b_n &= \frac{a_{n-1}+b_{n-1}}{2} - \sqrt{a_{n-1}b_{n-1}} < \frac{a_{n-1}+b_{n-1}}{2} - b_{n-1} \\ &= \frac{1}{2}(a_{n-1} - b_{n-1}) \end{aligned}$$

が成り立つので，上と同様の議論で

$$\lim_{n\to\infty} a_n = \lim_{n\to\infty} b_n$$

が成り立つことが分かる．この極限値を $M(a,b)$ と記し，a, b の<u>算術幾何平均</u>という．定義から

$$M(a,b) = M(b,a)$$

が成り立ち，さらに $r>0$ に対して

$$M(ra,rb) = rM(a,b)$$

も成り立つ．したがって一般に $M(1,x)$ が計算できればよいことが分かる．

$M(1,x)$ が x のどのような関数になるかは第 5 章で詳しく調べることとして，ここでは $M(a,b)$ を積分を使って表すことを考えてみよう．実は $M(1,\sqrt{2})$

*7　実数の連続性．たとえば『解析編』第 6 章 6.2 節を参照せよ．

が積分と円周率を使って表すことができることをガウスが 1799 年に発見し，算術幾何平均と楕円関数の関係を見出す契機となった．

いささか天下りであるが $a>0,\ b>0$ に対して

$$T(a,b)=\frac{2}{\pi}\int_0^{\pi/2}\frac{d\theta}{\sqrt{a^2\cos^2\theta+b^2\sin^2\theta}} \tag{2.16}$$

とおく．この積分に対して $t=b\tan\theta$ とおいて置換積分を行う．

$$(a^2+t^2)(b^2+t^2)=\frac{a^2\cos^2\theta+b^2\sin^2\theta}{\cos^2\theta}\cdot\frac{b^2}{\cos^2\theta}=\frac{b^2(a^2\cos^2\theta+b^2\sin^2\theta)}{\cos^4\theta}$$

であるので

$$\frac{dt}{d\theta}=\frac{b}{\cos^2\theta}$$

を使うと，$\theta=0$ には $t=0$, $\theta\to\dfrac{\pi}{2}$ のとき $t\to\infty$ より

$$\begin{aligned}\int_0^{\pi/2}\frac{d\theta}{\sqrt{a^2\cos^2\theta+b^2\sin^2\theta}}&=\int_0^{\pi/2}\frac{1}{\sqrt{\dfrac{a^2\cos^2\theta+b^2\sin^2\theta}{\cos^2\theta}\cdot\dfrac{b^2}{\cos^2\theta}}}\cdot\frac{bd\theta}{\cos^2\theta}\\&=\int_0^{\infty}\frac{dt}{\sqrt{(a^2+t^2)(b^2+t^2)}}\end{aligned}$$

が成り立つ．したがって

$$T(a,b)=\frac{2}{\pi}\int_0^{\infty}\frac{dt}{\sqrt{(a^2+t^2)(b^2+t^2)}}=\frac{1}{\pi}\int_{-\infty}^{\infty}\frac{dt}{\sqrt{(a^2+t^2)(b^2+t^2)}} \tag{2.17}$$

が成り立ち，これを $T(a,b)$ の定義に採用することも可能である．ここで再び天下りであるが

$$u=\frac{1}{2}\left(t-\frac{ab}{t}\right) \tag{2.18}$$

とおいて(2.17)の $T(a,b)$ の表示式を変換する．ここで

$$\frac{du}{dt}=\frac{1}{2}\left(1+\frac{ab}{t^2}\right)>0$$

であり，$t\to 0+$ のとき[*8] $u\to -\infty$, $t\to\infty$ のとき $u\to\infty$ であることに注意する．そこで変数変換は $0<t<\infty$ と $-\infty<u<\infty$ の間の変換であり，変数変換(2.18)は逆に解くと

$$t = u+\sqrt{u^2+ab}$$

であることが分かる．

$$\begin{aligned}
&(a^2+t^2)(b^2+t^2)\\
&= \left\{a^2+\left(u+\sqrt{u^2+ab}\right)^2\right\}\left\{b^2+\left(u+\sqrt{u^2+ab}\right)^2\right\}\\
&= \left(u+\sqrt{u^2+ab}\right)^2\left\{\frac{a^2}{(u+\sqrt{u^2+ab})^2}+1\right\}\left\{b^2+\left(u+\sqrt{u^2+ab}\right)^2\right\}\\
&= \left(u+\sqrt{u^2+ab}\right)^2\left\{\frac{(u-\sqrt{u^2+ab})^2}{b^2}+1\right\}\left\{b^2+\left(u+\sqrt{u^2+ab}\right)^2\right\}\\
&= \left(u+\sqrt{u^2+ab}\right)^2\left\{\left(u-\sqrt{u^2+ab}\right)^2+b^2+a^2+\left(u+\sqrt{u^2+ab}\right)^2\right\}\\
&= \left(u+\sqrt{u^2+ab}\right)^2\left\{4u^2+(a+b)^2\right\}\\
&= 4\left(u+\sqrt{u^2+ab}\right)^2\left\{u^2+\left(\frac{a+b}{2}\right)^2\right\}
\end{aligned}$$

を使うと

$$\begin{aligned}
\int_0^\infty \frac{dt}{(a^2+t^2)(b^2+t^2)} &= \int_{-\infty}^{\infty}\frac{1+\dfrac{u}{\sqrt{u^2+ab}}}{2\left(u+\sqrt{u^2+ab}\right)\sqrt{\left\{u^2+\left(\dfrac{a+b}{2}\right)^2\right\}}}du\\
&= \frac{1}{2}\int_{-\infty}^{\infty}\frac{du}{\sqrt{\{u^2+(\sqrt{ab})^2\}\left\{u^2+\left(\dfrac{a+b}{2}\right)^2\right\}}}
\end{aligned}$$

*8　$t>0$ の条件の下で $t\to 0$ をとることを意味する．

が得られる．したがって(2.17)より

$$T(a,b) = T\left(\frac{a+b}{2}, \sqrt{ab}\right) \tag{2.19}$$

となる．すなわち

$$T(a_n, b_n) = T(a_{n+1}, b_{n+1})$$

が成り立つことが分かる．これより $a_0{=}a,\ b_0{=}b$ とおくと

$$T(a,b) = T(M(a,b), M(a,b))$$

が成り立つ．一方，

$$\begin{aligned} T(\alpha,\alpha) &= \frac{2}{\pi}\int_0^{\pi/2} \frac{d\theta}{\sqrt{\alpha^2\cos^2\theta+\alpha^2\sin^2\theta}} \\ &= \frac{2}{\pi}\int_0^{\pi/2} \frac{d\theta}{\alpha} = \frac{1}{\alpha} \end{aligned}$$

より

$$T(a,b) = \frac{1}{M(a,b)}$$

となる．すなわち

$$\frac{1}{M(a,b)} = \frac{2}{\pi}\int_0^{\pi/2} \frac{d\theta}{\sqrt{a^2\cos^2\theta+b^2\sin^2\theta}} \tag{2.20}$$

を得る．このままでは複素数との関係は明らかでないが，続きは第5章で述べることにする．そのための準備を少ししておく．式(2.20)の右辺の積分に $x{=}\sin\theta$ と変数変換を行う．

$$\begin{aligned} \int_0^{\pi/2} \frac{d\theta}{\sqrt{a^2\cos^2\theta+b^2\sin^2\theta}} &= \int_0^1 \frac{dx}{\sqrt{(1-x^2)\{a^2-(a^2-b^2)x^2\}}} \\ &= \frac{1}{a}\int_0^1 \frac{dx}{\sqrt{(1-x^2)\left\{1-\left(1-\dfrac{b^2}{a^2}\right)x^2\right\}}} \end{aligned}$$

すると，今までの議論は次の定理にまとめることができる．

定理 2.1　$a>0,\ b>0$ に対して

$$k' = \frac{b}{a}, \quad k^2 = 1-k'^2$$

で $k,\ k'$ を定義すると

$$\begin{aligned} M(a,b) &= aM(1,k') \\ \frac{1}{M(1,k')} &= \frac{2}{\pi}\int_0^1 \frac{dx}{\sqrt{(1-x^2)(1-k^2x^2)}} \end{aligned} \tag{2.21}$$

が成り立つ.

ここでも $y^2=(1-x^2)(1-k^2x^2)$ から定義される"図形"を考えることで積分 $\int \frac{dx}{y}$ の問題に帰着される. この図形は 1 次元複素トーラスと見なすことができ(図 4.13 を参照のこと), 第 5 章で考える基本平行四辺形の平行な辺を貼り合わせたものとみることもできる.

2.4　1 次分数変換とリーマン球面

複素平面上の関数

$$\frac{az+b}{cz+d}$$

を 1 次分数関数という. もし $ad-bc=0$ であれば $a\neq 0$ のときは

$$d = \frac{bc}{a}$$

であるので

$$\frac{az+b}{cz+d} = \frac{az+b}{cz+bc/a} = \frac{a}{c}$$

となり定数関数となってしまう. また $a=0$ のときは $bc=0$ より $b=0$ または $c=0$ となるが, $b=0$ であれば分子が 0 となって 1 次分数関数は恒等的に 0 である. また $c=0$ であれば 1 次分数関数は定数関数 b/d となってしまう. したが

って1次分数関数は $ad-bc\neq 0$ のときを考えればよいことが分かる．行列の記号を使うと2次の正方行列*9

$$A=\begin{pmatrix} a & b \\ c & d \end{pmatrix}$$

に対してその行列式を

$$\det A=\begin{vmatrix} a & b \\ c & d \end{vmatrix}=ad-bc$$

と定義する．そこで2次の一般線型群 $GL(2,\mathbb{C})$ を

*9　2次の正方行列とは4個の数字 a_{11}, a_{12}, a_{21}, a_{22} を

$$A=\begin{pmatrix} a_{11} & a_{12} \\ a_{21} & a_{22} \end{pmatrix}$$

のように2行2列に並べ括弧で括ったものである．a_{ij} を行列 A の (i,j) 成分という．また $(a_{i1}\ a_{i2})$ を行列 A の i 行，$\begin{pmatrix} a_{j1} \\ a_{j2} \end{pmatrix}$ を行列 A の j 列という．数 α に対して αA は

$$\alpha A=\begin{pmatrix} \alpha a_{11} & \alpha a_{12} \\ \alpha a_{21} & \alpha a_{22} \end{pmatrix}$$

と定義する．さらに2個の2次の行列

$$A=\begin{pmatrix} a_{11} & a_{12} \\ a_{21} & a_{22} \end{pmatrix},\quad B=\begin{pmatrix} b_{11} & b_{12} \\ b_{21} & b_{22} \end{pmatrix}$$

の和，差，積は次のように定義する．

$$A\pm B=\begin{pmatrix} a_{11}\pm b_{11} & a_{12}\pm b_{12} \\ a_{21}\pm b_{21} & a_{22}\pm b_{22} \end{pmatrix},\quad \text{複号同順}$$

$$AB=\begin{pmatrix} a_{11}b_{11}+a_{12}b_{21} & a_{11}b_{12}+a_{12}b_{22} \\ a_{21}b_{11}+a_{22}b_{21} & a_{21}b_{12}+a_{22}b_{22} \end{pmatrix}$$

すなわち和と差は行列の各成分の和と差をとればよい．積 AB の (i,j) 成分は

$$a_{i1}b_{1j}+a_{i2}b_{2j}$$

となっている．これは A の i 行と B の j 列の各成分を掛けて足しあわせたものになっている．この行列の積は1次分数変換の合成と対応している．線型写像と行列の対応は『幾何編』で詳しく述べる予定である．

$$GL(2,\mathbb{C})=\{\ A\ \mid A \text{ は 2 次の正方行列で } \det A\neq 0\ \}$$

と定義し，$A{\in}GL(2,\mathbb{C})$ に対して

$$A\cdot z=\frac{az+b}{cz+d},\quad A=\begin{pmatrix}a & b\\ c & d\end{pmatrix} \tag{2.22}$$

と定義する．対応 $z{\mapsto}A\cdot z$ は複素平面から複素平面への写像を定義する．正確には $c{\neq}0$ のとき $z{=}-d/c$ では写像が定義できない．この写像を<u>1 次分数変換</u>という．以下，$A\cdot z$ は $A(z)$ と記すこともある．

1 次分数変換の感じをつかむために次の問題を解いてみよう．

問題 2.10

複素数 $z{=}x{+}iy$ (x,y は実数) に対して $w{=}\dfrac{z-i}{z+i}$ とおく．

(1) $y{>}0$ のとき $|w|{<}1$ であることを示せ．

(2) z が半直線 $z{=}(1{+}i)t$ (t は正の実数) 上を動くとき，$|w{-}i|$ を計算して複素平面上で w の軌跡を図示せよ．

(東京商船大，2003)

(1)　w の定義から

$$\begin{aligned}|w|^2&=\frac{(z-i)(\overline{z-i})}{(z+i)(\overline{z+i})}=\frac{(z-i)(\overline{z}+i)}{(z+i)(\overline{z}-i)}\\&=\frac{x^2+y^2-2y+1}{x^2+y^2+2y+1}=\frac{x^2+(y+1)^2-4y}{x^2+(y+1)^2}\\&=1-\frac{4y}{x^2+(y+1)^2}\end{aligned}$$

となるので，$y{>}0$ であれば

$$1-|w|^2=\frac{4y}{x^2+(y+1)^2}>0$$

が成り立つ．

(2)　$z{=}(1{+}i)t$ のとき

$$w-i=\frac{z-i}{z+i}-i=\frac{z-i-i(z+i)}{z+i}$$

$$= \frac{(1-i)(z+1)}{z+i} = \frac{(1-i)\{(1+t)+it\}}{t+(1+t)i}$$

となり

$$|w-i| = \frac{|1-i|\sqrt{(1+t)^2+t^2}}{\sqrt{t^2+(1+t)^2}} = |1-i| = \sqrt{2}$$

を得る．よって w は中心が i で半径が $\sqrt{2}$ の円周上にあり，かつ(1)より原点を中心とする単位円の内部にある(図 2.4)．

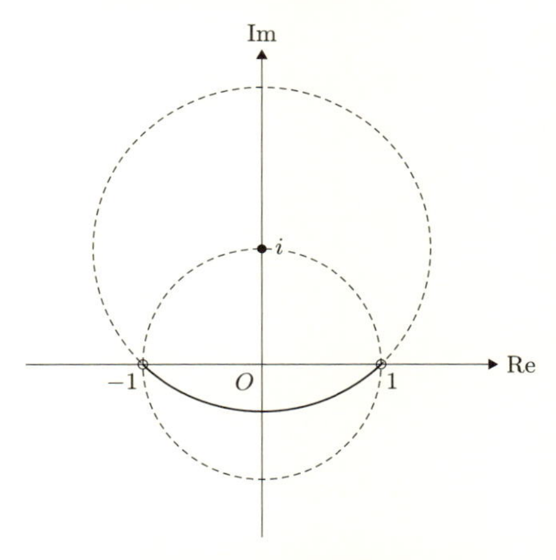

図 2.4　i を中心とする半径 $\sqrt{2}$ の円周上にあり，原点を中心とする半径 1 の円の内部にある点．境界の点は含まない．

ところで 1 次分数変換(2.22)は $c=0$ であれば，複素平面 $\mathbb{C}$ から複素平面 $\mathbb{C}$ への全単射(1 対 1 の写像)を与える．

$$w = A\cdot z = \alpha z+\beta, \quad \alpha = \frac{a}{d}, \quad \beta = \frac{b}{d}$$

は

$$z = \frac{1}{\alpha}w-\frac{\beta}{\alpha}$$

と逆に解くことができるからである．$c\neq 0$ のときは，1 次分数変換は点

$-d/c$ で定義されていない．また，$A\cdot z_0{=}a/c$ となる点 z_0 は存在しない．このとき 1 次分数変換は $\mathbb{C}\setminus\{-d/c\}$ から $\mathbb{C}\setminus\{a/c\}$ への全単射を定めることが分かる．この例外点の存在を除去するために，後に無限遠点を導入する．その前に 1 次分数変換の基本的な性質を見ておこう．

行列 $A{\in}GL(2,\mathbb{C})$ と定数倍した行列 αA, $\alpha{\neq}0$ に対する 1 次分数変換を考えると分母分子を α で割ることができるので

$$A\cdot z = (\alpha A)\cdot z$$

が成り立つ．したがって $\det A{=}1$ に対応する 1 次分数変換を考えればすべての 1 次分数変換が現れることが分かる．上の α として $1/\sqrt{\det A}$ をとればよい．そこで特殊線型群 $SL(2,\mathbb{C})$ を

$$SL(2,\mathbb{C}) = \{\ A\ \mid A \text{ は 2 次の正方行列で } \det A = 1\ \}$$

と定義する．このとき $A{\in}SL(2,\mathbb{C})$ であれば $-A{\in}SL(2,\mathbb{C})$ であり，

$$A\cdot z = (-A)\cdot z$$

が成り立つ．

問題 2.11

1 次分数変換 $A\cdot z$ と 1 次分数変換 $B\cdot z$ を続けて施して得られる変換 $B\cdot(A\cdot z)$ は 2 次の正方行列(BA)に対応する 1 次分数変換であることを示せ．また，1 次分数変換 $A\cdot z$ の逆変換(逆写像)は A の逆行列で与えられることを示せ．

1 次分数変換 A, B を

$$A = \begin{pmatrix} a & b \\ c & d \end{pmatrix}, \quad B = \begin{pmatrix} a' & b' \\ c' & d' \end{pmatrix}$$

とすると

$$B(A\cdot z)=\frac{a'A\cdot z+b'}{c'A\cdot z+d'}=\frac{a'\dfrac{az+b}{cz+d}+b'}{c'\dfrac{az+b}{cz+d}+d'}$$
$$=\frac{(a'a+b'c)z+(a'b+b'd)}{(c'a+d'c)z+(c'b+d'd)}$$

一方，

$$BA=\begin{pmatrix}a' & b'\\ c' & d'\end{pmatrix}\begin{pmatrix}a & b\\ c & d\end{pmatrix}=\begin{pmatrix}a'a+b'c & a'b+b'd\\ c'a+d'c & c'b+d'd\end{pmatrix}$$

が成り立つ．

$$A=\begin{pmatrix}a & b\\ c & d\end{pmatrix}\in SL(2,\mathbb{C})$$

に対して，その逆行列 A^{-1} は

$$A^{-1}=\begin{pmatrix}d & -b\\ -c & a\end{pmatrix}$$

で与えられる．一方，

$$w=\frac{az+b}{cz+d}$$

を逆に解くと

$$z=\frac{dw-b}{-cw+a}=A^{-1}\cdot w$$

が成り立つ．

この問題からも 1 次分数変換が全単射に近いことが分かる．そこで簡単な 1 次分数変換

$$w=\frac{1}{z},\quad A=\begin{pmatrix}0 & i\\ i & 0\end{pmatrix}$$

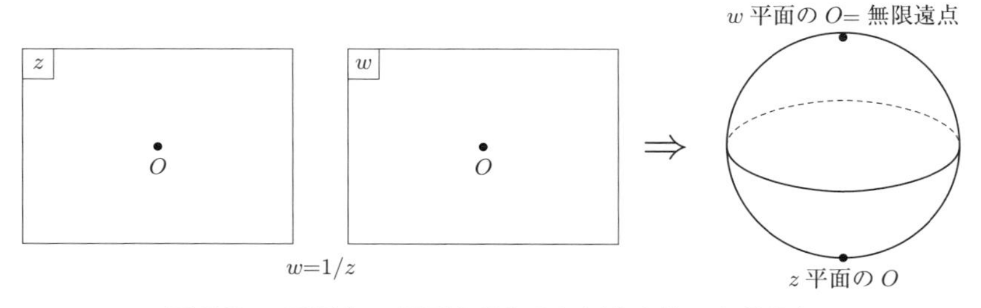

図 2.5　z 平面と w 平面をそれぞれ原点を抜いた部分を $w=1/z$ で貼り合わせると球面ができる．これをリーマン球面と呼ぶ．

を調べてみよう．原点に近づく複素数列 $\{z_n\}$ をとり，$w_n=1/z_n$ とおく．すると $z_n\to 0$ のとき，$|w_n|\to+\infty$ である．そこで複素数列 $\{w_n\}$ が $|w_n|\to+\infty$ のとき，複素数列 $\{w_n\}$ は複素平面の外にある仮想的な点に近づくと考える．この点を無限遠点と呼び，∞ と記す．このままでは無限遠点は人為的に作られた点のように思われるが，次のように考える．z_n が無限遠点に近づく，すなわち $|z_n|\to+\infty$ とすると，$w_n\to 0$ である．そこで複素座標が z である複素平面 $\mathbb{C}_z$ と複素座標が w である複素平面 $\mathbb{C}_w$ を考え，$\mathbb{C}_z$ から原点を除いた $\mathbb{C}_z\setminus\{0\}$ と $\mathbb{C}_w$ から原点を除いた $\mathbb{C}_w\setminus\{0\}$ とを関係

$$w=\frac{1}{z}$$

で貼り合わせた図形 $\mathbb{P}^1$ を考える．この図形 $\mathbb{P}^1$ をリーマン球面という(図 2.5)．リーマン球面は複素平面に無限遠点を 1 個つけ加えてできる図形で，ちょうど風呂敷を閉じた形に似ていて，球面と見なすことができる[*10]．それだけでなく，無限遠点 ∞ でも複素座標 w が導入されている．二つの座標 z と w は

$$w=\frac{1}{z}$$

で対応している．このように図形が座標を持っていて座標の間の関係が後に定

*10　3 次元空間に半径 1 の球面 $x^2+y^2+z^2=1$ を描き，球の北極 $N=(0,0,1)$ と球面上の点 $P=(x_0,y_0,z_0)$ とを結ぶ直線 $\overline{NP}$ の (x,y) 平面($z=0$ で定める平面)との交点の座標を $(x_1,y_1,0)$ とするとき球面上の点 P と複素数 x_1+iy_1 とが 1 対 1 に対応する．北極が無限遠点に対応する．演習問題 2.4 を参照のこと．

義する正則関数になっているときに，このような図形は 1 次元複素多様体と呼ばれる．リーマン球面は閉じた 1 次元複素多様体として一番簡単なものである．

すると 1 次分数変換 $A\cdot z$ は点 $-d/c$ を無限遠点に写し，無限遠点は a/c に写ることが分かる．なぜならば，z が $-d/c$ に近づくと

$$\frac{1}{A\cdot z} = \frac{cz+d}{az+b}$$

は 0 に近づき，$z=-d/c$ のときに 0 になり，また

$$\frac{az+b}{cz+d} = \frac{a+b\cdot\dfrac{1}{z}}{c+d\cdot\dfrac{1}{z}} = \frac{a+bw}{c+dw}$$

は z が無限遠点に近づくと a/c に近づき，$w=0$ のときに a/c になるからである．このようにしてリーマン球面を考えると 1 次分数変換はリーマン球面から自分自身への全単射を与えることが分かる．

1 次分数変換の性質を調べるために複素平面上の異なる 4 点 z_1, z_2, z_3, z_4 の複比 $(z_1, z_2; z_3, z_4)$

$$(z_1, z_2; z_3, z_4) = \frac{(z_1-z_3)}{(z_1-z_4)} \Big/ \frac{(z_2-z_3)}{(z_2-z_4)}$$

を導入する．複比は非調和比とも呼ばれる．1 次分数変換は次の著しい性質を持つ．

定理 2.2　1 次分数変換 $A\cdot z$ は複比を変えない．

$$(A\cdot z_1, A\cdot z_2; A\cdot z_3, A\cdot z_4) = (z_1, z_2; z_3, z_4)$$

[証明]　定義から $A\cdot z_1 - A\cdot z_3$ は

$$\frac{az_1+b}{cz_1+d} - \frac{az_3+b}{cz_3+d} = \frac{(ad-bc)(z_1-z_3)}{(cz_1+d)(cz_3+d)}$$

などから直接の計算で簡単に示される．　**【証明終】**

定理 2.3　1 次分数変換は次の 3 種類の 1 次分数変換

$$T\cdot z = z+\alpha, \quad T = \begin{pmatrix} 1 & \alpha \\ 0 & 1 \end{pmatrix}$$

$$S\cdot z = \beta z, \quad S = \begin{pmatrix} \sqrt{\beta} & 0 \\ 0 & 1/\sqrt{\beta} \end{pmatrix}$$

$$I\cdot z = \frac{1}{z}, \quad I = \begin{pmatrix} 0 & i \\ i & 0 \end{pmatrix}$$

の合成で得られる.

[証明]　1 次分数変換

$$A\cdot z = \frac{az+b}{cz+d}, \quad A = \begin{pmatrix} a & b \\ c & d \end{pmatrix} \in SL(2,\mathbb{C})$$

を考える. $c=0$ であれば

$$A\cdot z = \frac{a}{d}z+\frac{b}{d}$$

であるので 2 個の 1 次分数変換

$$z \mapsto \widetilde{z} = \frac{a}{d}z, \quad \widetilde{z} \mapsto \widetilde{z}+\frac{b}{d}$$

を合成して得られる. $c\neq 0$ のときは

$$\frac{az+b}{cz+d} = \frac{b-\dfrac{ad}{c}}{cz+d}+\frac{a}{c}$$

と変形できるので z を $cz+d$ に変換し, それを I を使って $1/(cz+d)$ に変換し, それを $b-\dfrac{ad}{c}$ 倍し, こうして変換したものに最後に $\dfrac{a}{c}$ を足せばよい. 以上の変換はすべて上の 3 種類の 1 次分数変換の合成によって実現することができる.

【証明終】

> **定理 2.4**　1 次分数変換は円を円に写す．ただし，直線は半径無限大の円と考える．

この定理を証明するために，まず次の問題を解いてみよう．

問題 2.12

相異なる 4 個の複素数 α, β, γ, δ が複素平面上の同一円上，あるいは同一直線上にあるための必要十分条件は

$$\arg(\alpha,\beta;\gamma,\delta)=\arg\left(\frac{\alpha-\gamma}{\beta-\gamma}\Big/\frac{\alpha-\delta}{\beta-\delta}\right)=0 \quad \text{または} \quad \pi$$

であることを示せ．また，この条件は $(\alpha,\beta;\gamma,\delta)$ が実数であることと同値であることを示せ．

$\arg z=\theta$ とすると

$$z=|z|(\cos\theta+i\sin\theta)$$

であるので，$\theta=0$ または $\theta=\pi$ であれば $\sin\theta=0$ であり z は実数である．逆に $z\neq0$ が実数であれば，$z>0$ のとき $\arg z=0$，$z<0$ のとき $\arg z=\pi$ となる．したがって最後の主張は正しい．

また，図 2.6 より α, β, γ, δ が同一円周上にあれば

$$\arg\left(\frac{\alpha-\gamma}{\beta-\gamma}\right)=\angle\alpha\gamma\beta=\angle\alpha\delta\beta=\arg\left(\frac{\alpha-\delta}{\beta-\delta}\right)$$

が成り立つか，または

$$\angle\alpha\gamma\beta+\angle\alpha\delta\beta=\pi \pmod{2\pi}$$

が成り立つ．後者の場合は上述の問題 2.1 より

$$(\alpha,\beta;\gamma,\delta)=\frac{\alpha-\gamma}{\beta-\gamma}\Big/\frac{\alpha-\delta}{\beta-\delta}$$

は負の実数である．したがって $\arg(\alpha,\beta;\gamma,\delta)=\pi$ である．

逆は円周角の定理の逆が成り立つことから明らか．

一直線上にある場合は $\angle\alpha\gamma\beta=0=\angle\alpha\delta\beta$ の場合で，この場合も定理が

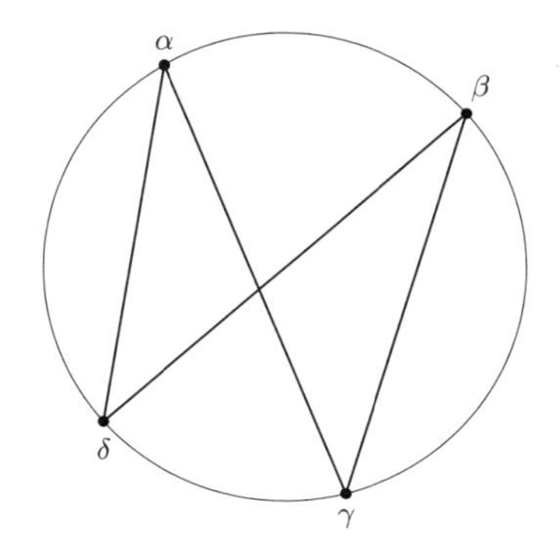

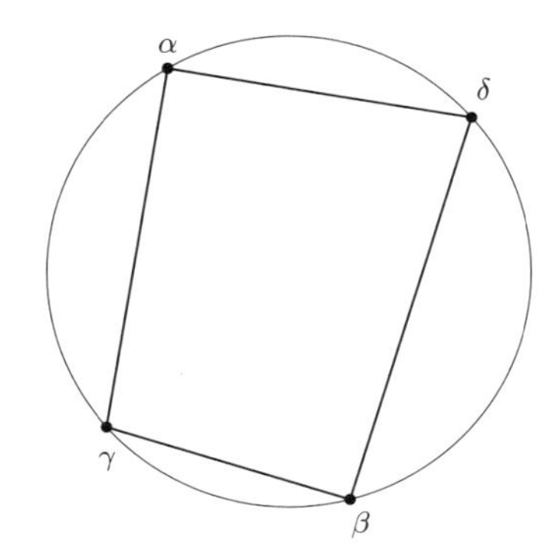

図 2.6　$\arg\left(\dfrac{\alpha-\gamma}{\beta-\gamma}\right)=\angle\alpha\gamma\beta$,　$\arg\left(\dfrac{\alpha-\delta}{\beta-\delta}\right)=\angle\alpha\delta\beta$ が成り立つ.

成り立つことは明らかである.

[定理 2.4 の証明]

複素平面上の円 C を考える．C 上に異なる 3 点 z_1, z_2, z_3 をとり複比(非調和比) $(z_1, z_2; z_3, z)$ を考えると $z \in C$ であるときに限りこの非調和比は実数であることが上の問題 2.12 より分かる．異なる 3 点を通る円(直線になる場合も含む)はただ一つであることに注意する．一方，1 次分数変換 $w=Tz$ は複比を変えない(定理 2.2)ので複比 $(Tz_1, Tz_2; Tz_3, Tz)$ は $z \in C$ のとき実数である．これは $T(C)$ が円であることを意味する．　**【証明終】**

1 次分数変換による円の像が直線に，逆に直線の像が円になる場合があることは次の例から納得されるであろう．

例 2.1　原点を中心とする半径 1 の円(単位円)は $|z|=1$ で表される．そこで 1 次分数変換

$$T\cdot z = \frac{z-1}{z+1}$$

を考える．このとき単位円上の 1 は原点に，i は

$$T(i) = \frac{i-1}{i+1} = \frac{(i-1)^2}{(i+1)(i-1)} = \frac{-2i}{-2} = i$$

に移る．一方，$-i$ は

$$T(-i) = \frac{-i-1}{-i+1} = -\frac{(1+i)^2}{(1-i)(1+i)} = -i$$

に移る．3 点 $T(1)=0$, $T(i)=i$, $T(-i)=-i$ は虚軸上にあるので単位円の T による像は虚軸であることが分かる．実際，単位円上の点 -1 は無限遠点に移っており，直線は無限遠点を通る円と考えることができる．

単位円の 1 次分数変換 T による像が虚軸(正確には虚軸 + 無限遠点)になることは次のように直接示すことができる．単位円上の点は $e^{i\theta}$ と書くことができる．

$$\begin{aligned} T(e^{i\theta}) &= \frac{e^{i\theta}-1}{e^{i\theta}+1} = \frac{e^{-i\theta/2}(e^{i\theta}-1)}{e^{-i\theta/2}(e^{i\theta}+1)} \\ &= \frac{e^{i\theta/2}-e^{-i\theta/2}}{e^{i\theta/2}+e^{-i\theta/2}} = \frac{i\left(\dfrac{e^{i\theta/2}-e^{-i\theta/2}}{2i}\right)}{\dfrac{e^{i\theta/2}+e^{-i\theta/2}}{2}} \\ &= i\frac{\sin\theta/2}{\cos\theta/2} = i\tan\theta/2 \end{aligned}$$

$-\pi<\theta\leq\pi$ にとることができるので，T による単位円の像は虚軸と無限遠点であることが分かる．

一方，原点を通る直線 $l_a{:}y=ax$, $a\neq0$ を複素数で表示すると $z=(1+ai)t$, $t\in\mathbb{R}$ と t を使ってパラメータ表示できる．$T(l_a)$ を求めてみよう．まず

$$T(-z) = \frac{-z-1}{-z+1} = \frac{z+1}{z-1} = \frac{1}{T(z)}$$

に注意する．$T(\infty)=1$, $T(0)=-1$ であるので $T(l_a)$ は 1 と -1 と $T(-(1+ai))=1-\dfrac{2}{a}i$ を通る円であることが分かる．これよりこの円の中心は $-1/ai$ であることが簡単に分かる．　(例終)

1 次分数変換の幾何学に関しては，『幾何編』で詳しく述べることにする．一部は章末の演習問題に収録してある．

2.5　複素数列と無限級数

複素数列 $\{z_n\}$ の収束は実数列の場合と同様に定義される．イプシロン・デ

ルタ法に基づく定義は次のようになる．

定義 2.1　複素数列 $\{z_n\}$ が与えられたとき，任意の $\varepsilon>0$ に対して

『$n>N$ であれば

$$|z_n-\alpha| < \varepsilon$$

が常に成り立つ』

ように正整数 N を見出すことができるとき，数列 $\{z_n\}$ は α に収束するといい，

$$\lim_{n\to\infty} z_n = \alpha$$

と記す．収束しない数列は発散するという．

補題 2.5　複素数列 $\{z_n\}$ が複素数 $\alpha=a+ib$ に収束するための必要十分条件は z_n の実部 x_n と虚部 y_n がそれぞれ α の実部 a と虚部 b に収束することである．

[証明]　$z_n=x_n+iy_n$ が $\alpha=a+ib$ に収束していれば，任意の $\varepsilon>0$ に対して $n>N$ であれば

$$|z_n-\alpha| < \varepsilon$$

が成り立つように N を見つけることができる．このとき

$$|x_n-a| \leq |(x_n-a)+i(y_n-b)| = |z_n-\alpha| < \varepsilon$$

が成り立つので x_n は a に収束する．同様に

$$|y_n-b| = |i(y_n-b)| \leq |(x_n-a)+i(y_n-b)| = |z_n-\alpha| < \varepsilon$$

が成り立つので y_n は b に収束する．

逆に x_n が a に，y_n が b に収束したと仮定する．このとき，任意の $\varepsilon>0$ に対して $n>N$ であれば

$$|x_n - a| < \frac{\varepsilon}{2}, \quad |y_n - b| < \frac{\varepsilon}{2}$$

が成り立つように N を見出すことができる．すると $n>N$ のとき $\alpha=a+bi$ とおくと

$$|z_n - \alpha| = |(x_n - a) + i(y_n - b)| \leq |x_n - a| + |y_n - b| < \varepsilon$$

が成り立つ．したがって z_n は α に収束する．　**【証明終】**

この事実より次の定理が証明できる(『解析編』命題 6.1 および定理 6.3 を使えばよい)．

定理 2.6　複素数列 $\{z_n\}$ がある複素数に収束するための必要十分条件は複素数列 $\{z_n\}$ がコーシー列であること，すなわち任意の $\varepsilon>0$ に対して

『$m, n>N$ であれば $|z_m - z_n|<\varepsilon$ が成り立つ』

ように正整数 N を見出すことができることである．

次に数列の考察を無限級数

$$\sum_{k=0}^{\infty} a_n$$

に適用してみよう．

定義 2.2

$$\sum_{k=0}^{\infty} a_n \tag{2.23}$$

はその部分和

$$s_n = \sum_{k=0}^{n} a_k$$

からできる数列 $\{s_n\}$ が収束するときに収束するといい，その極限値が α であれば無限級数の和は α であるといい，

$$\sum_{k=0}^{\infty} a_n = \alpha$$

と記す．数列 $\{s_n\}$ が収束しないときは無限級数は発散するという．また，無

限級数(2.23)からできる級数

$$\sum_{k=0}^{\infty} |a_n|$$

が収束するときに無限級数(2.23)は<u>絶対収束する</u>という．また収束はするが絶対収束しないときに級数は<u>条件収束する</u>という．

定理 2.7　無限級数(2.23)が絶対収束すれば収束する．

絶対収束は無限級数の各項の絶対値の収束で，本来の級数の収束は仮定していないのでこの定理は言葉の綾ではなく，意味を持つことに注意する．

[証明]　$\sum_{k=0}^{\infty} |a_n|$ が収束することは，任意の $\varepsilon>0$ に対して $n>m>N$ であれば，どのような n, m に対しても

$$\left|\sum_{k=0}^{n} |a_k| - \sum_{k=0}^{m} |a_k|\right| = \sum_{k=m+1}^{n} |a_k| < \varepsilon$$

が成り立つように正整数 N を見出すことができることを意味する．この N に対して $n>m>N$ であれば，どのような n, m に対しても

$$|s_n - s_m| = \left|\sum_{k=m+1}^{n} a_k\right| \leq \sum_{k=m+1}^{n} |a_k| < \varepsilon$$

が成り立つ．これは s_n がコーシー列である，したがって無限級数 $\sum_{k=0}^{\infty} a_n$ は収束することを意味する．

【証明終】

定理 2.8　無限級数(2.23)が絶対収束すれば和の順番をどのように変えても，どの場所に括弧を入れても

$$a_1+a_2+\cdots+(a_{k_1}+a_{k_1+1}+\cdots+a_{k_1+m_1})+\cdots+(a_{k_n}+a_{k_n+1}+\cdots+a_{k_n+m_n})+\cdots$$

は収束しその和は同じである．

[証明]　$a_0, a_1, a_2, \ldots$ を並び替えたものを $a'_0, a'_1, a'_2, \ldots$ とする．このとき

$\sum_{k=0}^{\infty} a'_k$ は収束し $\sum_{k=0}^{\infty} a_k = S$ に等しいことを示す．任意の $\varepsilon>0$ に対して $n \geq N_1$ であれば

$$\left| \sum_{k=0}^{n} a_k - S \right| < \frac{\varepsilon}{2}$$

が成り立つような正整数 N_1 が存在する．また無限級数は絶対収束することからこの ε に対して任意の $n \geq N_2$ と任意の非負整数 m に対して

$$\sum_{k=n}^{n+m} |a_k| < \frac{\varepsilon}{2}$$

が成り立つように N_2 を見出すことができる．$N = \max\{N_1, N_2\}$ とする．この N に対して $\{a_n\}$ を並び替えた $\{a'_n\}$ は $m \geq M$ であれば

$$\{a'_0, a'_1, a'_2, \ldots, a'_m\} \supset \{a_0, a_1, a_2, \ldots, a_N\}$$

であるように正整数 M を見出すことができる．このとき

$$\{a'_0, a'_1, a'_2, \ldots, a'_m\} = \{a_0, a_1, a_2, \ldots, a_N, a_{N+i_1}, \ldots, a_{N+i_l}\}$$

と書くことができる．ただし $i_1 < i_2 < \cdots < i_l$ と約束する．すると任意の $m \geq M$ に対して

$$\begin{aligned}
\left| \sum_{k=0}^{m} a'_k - S \right| &= \left| \sum_{k=0}^{N} a_k + (a_{N+i_1} + a_{N+i_2} + \cdots + a_{N+i_l}) - S \right| \\
&\leq \left| \sum_{k=0}^{N} a_k - S \right| + \left| \sum_{j=1}^{l} a_{N+i_j} \right| \\
&\leq \left| \sum_{k=0}^{N} a_k - S \right| + \sum_{j=1}^{l} |a_{N+i_j}| \\
&\leq \left| \sum_{k=0}^{N} a_k - S \right| + \sum_{k=N+1}^{N+i_l} |a_k| \\
&< \frac{\varepsilon}{2} + \frac{\varepsilon}{2} = \varepsilon
\end{aligned}$$

が成り立つ．したがって無限級数 $\sum_{k=0}^{\infty} a'_k$ は S に収束する．　**【証明終】**

上の証明で絶対収束することは不等式の証明の最後の部分で

$$\sum_{k=N+1}^{N+i_l} |a_k| < \frac{\varepsilon}{2} \tag{2.24}$$

として使った．単なる収束であれば

$$\left|\sum_{k=N+1}^{N+i_l} a_k\right| < \frac{\varepsilon}{2}$$

は言えても不等式(2.24)は言えないから，上の議論が使えなくなることに注意しよう．わずかな違いのように見えるが実は大きな違いとなってくることが以下の議論からも分かる．ベキ級数を次の章で考察するが，ベキ級数が絶対収束をする範囲で議論をするので，多くのよい性質を証明することができるのである．

次に次章のベキ級数の考察で必要となる次の定理を証明しよう．

定理 2.9　整数 p, q $(p=0,1,2,\ldots,q=0,1,2,\ldots)$ を添字に持つ数列 $\{\alpha_{pq}\}$ を考える．すべての q に対して無限級数

$$\sum_{p=0}^{\infty} \alpha_{pq}$$

が絶対収束し，その和が s_q であるとする．さらに

$$\sum_{p=0}^{\infty} |\alpha_{pq}| = S_q$$

とおくとき，級数

$$\sum_{q=0}^{\infty} S_q$$

が収束すれば

$$\sum_{q=0}^{\infty} s_q$$

は絶対収束する．この和を s とすると a_{pq} をどのような順番で並べて和をとっても s に収束する．したがって特に

$$\sum_{q=0}^{\infty}\left(\sum_{p=0}^{\infty} \alpha_{pq}\right) = s = \sum_{p=0}^{\infty}\left(\sum_{q=0}^{\infty} \alpha_{pq}\right)$$

が成り立つ．

[証明]　$\sum_{q=0}^{\infty} S_q$ が収束するので $\sum_{q=0}^{\infty} s_q$ は絶対収束する．また

$$\sum_{q=0}^{\infty} s_q = s$$

であるので，任意の $\varepsilon>0$ に対して $n\geq N$ であれば

$$\left|\sum_{q=0}^{n} s_q - s\right| < \frac{\varepsilon}{4}$$

が成り立つように正整数 N を見出すことができる．

さらに必要であれば N を大きくとり直すことによって $n\geq N$ と任意の正整数 m に対して

$$\sum_{q=n}^{n+m} S_q < \frac{\varepsilon}{2}$$

が成り立つと仮定することができる．このときさらに $q=0, 1, \ldots, N$ に対して $m\geq M$ であれば

$$\left|\sum_{p=0}^{m} \alpha_{pq} - s_q\right| < \frac{\varepsilon}{2^{q+3}}$$

が成り立つように正整数 M を見出すことができる．すると任意の正整数 $m\geq M$ に対して

$$\begin{aligned}\left|\sum_{q=0}^{N}\sum_{p=0}^{m} \alpha_{pq} - s\right| &= \left|\sum_{q=0}^{N}\left(\sum_{p=0}^{m} \alpha_{pq} - s_q\right) + \sum_{q=0}^{N} s_q - s\right| \\ &\leq \sum_{q=0}^{N}\left|\sum_{p=0}^{m} \alpha_{pq} - s_q\right| + \left|\sum_{q=0}^{N} s_q - s\right| \\ &< \sum_{q=0}^{N}\frac{\varepsilon}{2^{q+3}} + \frac{\varepsilon}{4} < \frac{\varepsilon}{4} + \frac{\varepsilon}{4} = \frac{\varepsilon}{2}\end{aligned}$$

が成り立つ．特に

$$\left|\sum_{q=0}^{N}\sum_{p=0}^{M} \alpha_{pq} - s\right| < \frac{\varepsilon}{2}$$

が成り立つ．そこで添字の組 (p, q) を一列に並べて $0, 1, 2, \ldots$ と番号をふり

$$(p_0, q_0), (p_1, q_1), \ldots, (p_n, q_n), (p_{n+1}, q_{n+1}), \ldots$$

$\beta_k = \alpha_{p_k q_k}$ とおき直す．

$$\{0,1,2,\ldots,M\} \subset \{p_0,p_1,\ldots,p_L\}$$
$$\{0,1,2,\ldots,N\} \subset \{q_0,q_1,\ldots,q_L\}$$

が成り立つように L を選ぶ．そこで $l \geq L$ に対して

$$m_1 = \max\{p_0,p_1,\ldots,p_l\}$$
$$n_1 = \max\{q_0,q_1,\ldots,q_l\}$$

とおくと，L のとり方から $m_1 \geq M$, $n_1 \geq N$ が成り立つ．そこで

$$\{p_0,p_1,\ldots,p_l\} = \{0,1,2,\ldots,M,a_1,a_2,\ldots,a_u\}$$
$$\{q_0,q_1,\ldots,q_l\} = \{0,1,2,\ldots,N,b_1,b_2,\ldots,b_v\}$$

と書き直す．$a_u = p_{m_1}$, $b_v = q_{n_1}$ であることに注意する．このとき

$$\begin{aligned}
\left|\sum_{k=0}^{l}\beta_k - s\right| &= \left|\sum_{q=0}^{N}\sum_{p=0}^{M}\alpha_{pq} - s + \sum_{m=1}^{u}\sum_{n=1}^{v}\alpha_{a_m b_n}\right| \\
&\leq \left|\sum_{q=0}^{N}\sum_{p=0}^{M}\alpha_{pq} - s\right| + \left|\sum_{m=1}^{u}\sum_{n=1}^{v}\alpha_{a_m b_n}\right| \\
&\leq \left|\sum_{q=0}^{N}\sum_{p=0}^{M}\alpha_{pq} - s\right| + \sum_{m=1}^{u}\sum_{n=1}^{v}|\alpha_{a_m b_n}| \\
&\leq \left|\sum_{q=0}^{N}\sum_{p=0}^{M}\alpha_{pq} - s\right| + \sum_{q=N+1}^{n_1}\sum_{p=M+1}^{m_1}|\alpha_{pq}| \\
&\leq \left|\sum_{q=0}^{N}\sum_{p=0}^{N}\alpha_{pq} - s\right| + \sum_{q=N+1}^{n_1}\sum_{p=0}^{\infty}|\alpha_{pq}| \\
&= \left|\sum_{q=0}^{N}\sum_{p=0}^{M}\alpha_{pq} - s\right| + \sum_{q=N+1}^{n_1} S_q \\
&\leq \frac{\varepsilon}{2} + \frac{\varepsilon}{2} = \varepsilon
\end{aligned}$$

が成り立つ．したがって無限級数 $\sum_{k=0}^{\infty}\beta_k$ は s に収束する．絶対収束することも同様の議論で示すことができる．　**【証明終】**

最後に，この定理の応用として次の定理を証明しておこう．これもベキ級数の理論で重要になってくる．

定理 2.10（級数の積）　$\sum_{k=0}^{\infty} a_n$, $\sum_{k=0}^{\infty} b_n$ が絶対収束し，和がそれぞれ s, t とする．このとき

$$c_n = a_0b_n + a_1b_{n-1} + a_2b_{n-2} + \cdots + a_{n-1}b_1 + a_nb_0, \quad n = 0, 1, 2, \ldots$$

とおくと $\sum_{k=0}^{\infty} c_k$ も絶対収束し，その和は st に等しい．

［証明］　ここで

$$c_{pq} = a_pb_q$$

とおくと

$$\sum_{p=0}^{\infty} c_{pq} = b_q \sum_{p=0}^{\infty} a_p$$

は仮定より絶対収束しその和 s_q は b_qs に等しい．また

$$S_q = \sum_{p=0}^{\infty} |c_{pq}| = |b_q| \sum_{p=0}^{\infty} |a_p| = |b_q|S$$

である．ここで $\sum_{p=0}^{\infty} |a_p| = S$ とおいた．さらに $\sum_{q=0}^{\infty} b_q$ は絶対収束するので

$$\sum_{q=0}^{\infty} S_q = S \sum_{q=0}^{\infty} |b_q|$$

は収束する．そこですべての (p, q) を適当な順番に並べて (i, j) が k 番目のときに $c_{ij} = \alpha_k$ と記すと，上の定理 2.9 より $\sum_{k=0}^{\infty} \alpha_k$ は絶対収束し，和は

$$\sum_{q=0}^{\infty} \left(\sum_{p=0}^{\infty} c_{pq} \right) = \sum_{q=0}^{\infty} b_q \left(\sum_{p=0}^{\infty} a_p \right) = st$$

である．したがって無限級数

$$\sum_{k=0}^{\infty} c_k$$

も絶対収束し，和は st である．　**【証明終】**

2.6　複素数値関数の微分

実数の微分積分にならって複素変数に関する微分を次のように定義する.

定義 2.3　複素変数の関数 $f(z)$ に関して

$$\lim_{z\to z_1}\frac{f(z)-f(z_1)}{z-z_1}$$

が存在する(すなわちただ一つの値に収束する)ときに $f(z)$ は点 z_1 で<u>複素微分可能</u>, あるいは単に微分可能といい, その極限値を $f'(z_1)$ や $\dfrac{df}{dz}(z_1)$ と記す. さらに関数 $f(z)$ が領域 D で定義され[*11], D のすべての点で複素微分可能のときに $f(z)$ は D で<u>正則</u>であるといい, $f(z)$ は D 上の正則関数であるという. このときは各点での $f'(z)$ を考えることによって複素平面上で定義された関数 $f'(z)$ が定義できる. この関数を $f(z)$ の<u>導関数</u>と呼ぶ.

この定義は単に通常の微分の形式的な拡張と考えられる. しかし, 実関数の微分と大きく異なる部分がある. それは複素平面は 2 次元であり, $z\to z_1$ と記したときに z が z_1 に近づくにはさまざまな仕方が考えられるからである. 定義では z が z_1 にどのような仕方で近づいても極限値がただ一つ存在することを要請している. これは何でもないことのように思われるが, 実はたいへん強い要請であることが次第に分かってくる. たとえば, 近づき方として実軸に平行な場合は

$$z=z_1+s, \quad s\in\mathbb{R}$$

虚軸に平行な場合は

---

*11　複素平面の部分集合 D は開集合でありかつ連結であるとき領域と呼ばれる. D が開集合であるというのは, 直観的には境界を持たないことを意味する. 正確には次のように定義する. D の任意の点 $z_0\in D$ に対して z_0 を中心とする半径 δ の開円板が D に含まれる, すなわち $\{z\in\mathbb{C}\mid |z-z_0|<\delta\}\subset D$ が成り立つように $\delta>0$ を見出すことができる(δ は点 z_0 によって変わってよい)ときに D は複素平面 $\mathbb{C}$ の開集合であるという. 開集合 D が連結というのは D が $D=U\cup W$, $U\cap W=\varnothing$ と二つの共通部分を持たない開集合 U, W の和に表されると U か W は空集合であることを意味する. 複素平面の開集合の場合は連結であることは弧状連結である, すなわち D の任意の 2 点は連続曲線で結ぶことができるという条件と同値であることが知られている.

$$z = z_1 + it, \quad t \in \mathbb{R}$$

が考えられる．$f(z)$ が点 z_1 で複素微分可能であれば

$$\lim_{s \to 0} \frac{f(z_1+s)-f(z_1)}{s} = \lim_{t \to 0} \frac{f(z_1+it)-f(z_1)}{it} \tag{2.25}$$

が成り立たなければならない．このことの意味を 2 変数関数の偏微分を使って考えてみよう．$z=x+iy$, $z_1=x_1+iy_1$ とおき，$f(z)$ を変数 x, y の関数と見たときに $f(z)=f(x,y)$ と書くことにする．このとき

$$\lim_{s \to 0} \frac{f(z_1+s)-f(z_1)}{s} = \lim_{s \to 0} \frac{f(z_1+s, y_1)-f(x_1, y_1)}{s} = \frac{\partial f}{\partial x}(x_1, y_1)$$

と書くことができる．また，

$$\lim_{t \to 0} \frac{f(z_1+it)-f(z_1)}{it} = \lim_{t \to 0} \frac{f(x_1, y_1+t)-f(x_1, y_1)}{it} = -i\frac{\partial f}{\partial y}(x_1, y_1)$$

と書くことができる．$f(z)$ が点 z_1 で微分可能であれば(2.25)よりこの両者が一致しなければならない．すなわち

$$\frac{\partial f}{\partial x}(x_1, y_1) = -i\frac{\partial f}{\partial y}(x_1, y_1)$$

が成り立たなければならない．複素平面のすべての点で複素微分可能，あるいは複素平面内の領域 D の各点で複素微分可能であれば

$$\frac{\partial f}{\partial x}(x, y) = -i\frac{\partial f}{\partial y}(x, y) \tag{2.26}$$

が成り立たなければならない．関数 $f(z)$ を実部と虚部に分けて

$$f(z) = u(x, y) + iv(x, y)$$

と記すと，等式(2.26)は

$$u_x(x, y) = v_y(x, y), \quad v_x(x, y) = -u_y(x, y) \tag{2.27}$$

と書き直すことができる．等式(2.27)はコーシー-リーマンの関係式と呼ばれる．

定義 2.4　複素平面 $\mathbb{C}$ 内の領域 D で定義された複素数値関数 $f(z)$ が D の各点で複素微分可能であるとき $f(x)$ は D で正則であるといい，また $f(z)$ は D の正則関数であるという．

このように，正則関数の実部と虚部の間には特別な関係があることが分かり，また複素微分可能という条件は強い条件であることがおぼろげながら推測できるであろう．

さて複素微分可能であることや正則関数の定義はできたが，どれくらいこの条件を満たす関数が存在するのであろうか．次の問題を考えてみよう．

問題 2.13

複素変数 z の多項式 $p(z)$ は正則関数であることを示せ．一方，複素変数 z の複素共役 $\overline{z}$ の多項式は正則関数であるか？

解答　関数 $f(z)$, $g(z)$ が点 z_1 で微分可能であれば任意の複素数 α, β に対して $\alpha f(z)+\beta g(z)$ も点 z_1 で複素微分可能であることは簡単に示すことができる．したがって z^n, $n\geq 0$ がすべての点で複素微分可能であることを示せばよい．二項定理によって $n\geq 1$ のとき

$$\lim_{h\to 0}\frac{(z_1+h)^n-z_1^n}{h}=\lim_{h\to 0}\sum_{k=1}^{n}\binom{n}{k}z_1^{n-k}h^{k-1}=nz_1^{n-1}$$

となり，微分可能であることが分かる．$n=0$ のときは定数関数 1 となりすべての点で複素微分可能であり導関数は 0 である．

同様に関数 $\overline{z}^n$, $n\geq 1$ の複素微分を考える．再び二項定理によって

$$\begin{aligned}\lim_{h\to 0}\frac{(\overline{z_1+h})^n-\overline{z}_1^n}{h}&=\lim_{h\to 0}\frac{(\overline{z}_1+\overline{h})^n-\overline{z}_1^n}{h}\\&=\lim_{h\to 0}\frac{1}{h}\sum_{k=1}^{n}\binom{n}{k}\overline{z}_1^{n-k}\overline{h}^k\end{aligned}\qquad(2.28)$$

となる．$h\to 0$ であれば $\overline{h}\to 0$ であるが，

$$\lim_{h\to 0}\frac{\overline{h}}{h}$$

は一定の値に近づかない．h が実数であれば $\overline{h}/h=1$ であるが $h=it$ のように h が純虚数であれば $\overline{h}/h=-it/it=-1$ である．これだけで極限値がないことは明らかであるが，もう少し考えてみよう．複素数 $a+ib$ に対して $h=(a+ib)s$，$s\in\mathbb{R}$ とおくと $\overline{h}/h=(a-ib)s/(a+ib)s=(a-ib)/(a+ib)$ となり h が複素平面上を原点にどのように近づくかによって $\lim_{h\to 0}\overline{h}/h$ の値は異なってくる．したがって(2.28)より $\lim_{h\to 0}\{(\overline{z_1+h})^n-\overline{z}_1^n\}/h$ は決まった極限値を持たないことになる．したがって $\overline{z}^n$ は全複素平面で複素微分可能ではない．$\overline{z}$ の多項式は定数でない限り正則関数とはなりえない．

問題 2.14

複素変数 z の関数 $f(z)$ が開円板 $D_r(a)=\{z||z-a|<r\}$ で正則であるとき次の問に答えよ．

(1) $f(z)$ が $D_r(a)$ で実数値のみをとるとき $f(z)$ は定数関数であることを示せ．

(2) $|f(z)|$ が $D_r(a)$ で定数であれば $f(z)$ は定数関数であることを示せ．

解答 (1) $z=x+iy$, $f(z)=u(x,y)+iv(x,y)$ と実部と虚部に分けると，$v(x,y)=0$ であり，コーシー-リーマンの関係式より

$$\frac{\partial u}{\partial x}=\frac{\partial v}{\partial y}=0$$
$$\frac{\partial u}{\partial y}=-\frac{\partial v}{\partial x}=0$$

が成り立つ．これは $u(x,y)$ が定数関数であることを意味する．

(2) $|f(z)|=c$ とおく．$c=0$ であれば $f(z)=0$ であるので正しい．そこで $c>0$ と仮定する．$|f(z)|^2=u(x,y)^2+v(x,y)^2=c^2$ より

$$u(x,y)\frac{\partial u}{\partial x}+v(x,y)\frac{\partial v}{\partial x}=0$$
$$u(x,y)\frac{\partial u}{\partial y}+v(x,y)\frac{\partial v}{\partial y}=0$$

を得る．コーシー-リーマンの関係式より

$$u(x,y)\frac{\partial u}{\partial x} - v(x,y)\frac{\partial u}{\partial y} = 0$$
$$v(x,y)\frac{\partial u}{\partial x} + u(x,y)\frac{\partial u}{\partial y} = 0$$

が成り立つが

$$\begin{vmatrix} u & -v \\ v & u \end{vmatrix} = c^2 \neq 0$$

であるので，$\dfrac{\partial u}{\partial x}=0$, $\dfrac{\partial u}{\partial y}=0$ でなければならない．これは $D_r(a)$ で $u(x,y)$ が定数であることを意味する．同様にコーシー-リーマンの関係式より

$$v(x,y)\frac{\partial v}{\partial x} + u(x,y)\frac{\partial v}{\partial y} = 0$$
$$-u(x,y)\frac{\partial v}{\partial y} + v(x,y)\frac{\partial v}{\partial y} = 0$$

が成り立つので，$D_r(a)$ で $\dfrac{\partial v}{\partial x}=0$, $\dfrac{\partial v}{\partial y}=0$ となり，$v(x,y)$ も $D_r(a)$ で定数である．

2.7　複素数値関数の積分

(1) 区間 $[\boldsymbol{a}, \boldsymbol{b}]$ で定義された複素数値関数

区間 $[a,b]$ で定義された複素数値関数 $f(t)$ に対して，それを実部と虚部に分け

$$f(t) = u(t)+iv(t), \quad u(t) = \operatorname{Re} f(t), \quad v(t) = \operatorname{Im} f(t)$$

と記す．$u(t)$, $v(t)$ が $t=t_0$ で微分可能のとき $f(t)$ は点 t_0 で微分可能といい

$$f'(t_0) = u'(t_0)+iv'(t_0)$$

と定義する．このとき

$$f'(t_0) = \lim_{h\to 0} \frac{f(t_0+h)-f(t_0)}{h}$$

が成り立ち，逆にこれを微分の定義とすることができる．定積分も同様である．すなわち $f(t)$ の定積分 $\int_a^b f(t)dt$ はその実部と虚部の定積分を使って

$$\int_a^b f(t)\,dt = \int_a^b u(t)\,dt + i\int_a^b v(t)\,dt$$

と定義する．一般に $F'(t)=f(t)$ となる関数 $F(t)$ を $f(t)$ の原始関数という．関数 $u(t)$, $v(t)$ が原始関数を持つ場合，その一つをそれぞれ $U(t)$, $V(t)$ とし，$F(t)=U(t)+iV(t)$ とおくと $F(t)$ は $f(t)$ の原始関数となり

$$\int_a^b f(t)\,dt = [F(t)]_a^b$$

が成り立つ．実数値関数と同様に $f(t)$ が区間 $[a,b]$ で連続であれば

$$F(t) = \int_a^t f(x)\,dx, \quad a \leq t \leq b$$

は $f(t)$ の原始関数である．

複素数値関数の定積分はリーマン積分の定義をそのまま採用することもできる．すなわち区間 $[a,b]$ を細分

$$\Delta : a_0 = t_0 < t_1 < t_2 < \cdots < t_{N-1} < t_N$$

して

$$S(f;\Delta;\xi_i) = \sum_{j=1}^{N} f(\xi_j)(t_j - t_{j-1}), \quad t_{j-1} \leq \xi_j \leq t_j \tag{2.29}$$

とおくとき，分割 Δ を細かくしていくと ξ_j のとり方によらず一定の値に近づくときに $f(x)$ は区間 $[a,b]$ でリーマン積分可能であるといい，その極限値を $\int_a^b f(t)dt$ と記す．これが前の定義と一致することは明らかであろう．

さて以下の議論で重要となる積分に関する次の不等式を証明してみよう．

問題 2.15

区間 $[a,b]$ で定義された複素数値関数 $f(t)$ および絶対値をとった関数 $|f(t)|$ がこの区間でリーマン積分可能のとき，不等式

$$\left|\int_a^b f(t)\ dt\right| \le \int_a^b |f(t)|\ dt$$

が成り立つことを示せ.

複素数値関数 $f(t)$ を

$$f(t) = u(t)+iv(t)$$

のように実部と虚部に分けると

$$|f(t)| = \sqrt{u(t)^2+v(t)^2}$$

が成り立つ．上の記号を使って区間 $[a,b]$ の分割

$$\Delta : a_0 = t_0 < t_1 < t_2 < \cdots < t_{N-1} < t_N$$

に対して

$$S(f;\Delta;\xi_i) = \sum_{j=1}^{N} f(\xi_j)(t_j-t_{j-1}), \quad t_{j-1} \le \xi_j \le t_j$$

をつくると

$$S(|f|;\Delta;\xi_i) = \sum_{j=1}^{N} |f(\xi_j)|(t_j-t_{j-1}), \quad t_{j-1} \le \xi_j \le t_j$$

であり，仮定から

$$\int_a^b f(t)\ dt = \lim_{|\Delta|\to 0} S(f;\Delta;\xi_i)$$
$$\int_a^b |f(t)|\ dt = \lim_{|\Delta|\to 0} S(|f|;\Delta;\xi_i)$$

が成り立つ．ここで $|\Delta|=\max_j\{t_j-t_{j-1}\}$ である．したがって

$$\left|\int_a^b f(t)\ dt\right| = \lim_{|\Delta|\to 0} |S(f;\Delta;\xi_j)| \le \lim_{|\Delta|\to 0} |S(|f|;\Delta;\xi_j)| = \int_a^b |f(t)|\ dt$$

が成り立つ.

(2) 複素数を変数とする関数の積分

前項では実軸のある区間で定義された複素数値関数を考えたが，こんどは複素数を変数とする複素数値関数を考えてみよう．このような関数の積分をどう考えたらよいのだろうか．二つの考え方がある．

一つは複素数 $z=x+iy$ は実部と虚部からなるから関数 $f(z)$ は x と y の関数，すなわち 2 変数の関数と考えられるので，2 変数関数の積分，面積分 $\iint_D f(z)dxdy$ が考えられる．

もう一つは，関数 $f(z)$ を曲線に制限して，曲線上で積分を行う線積分を考えることである．複素平面上の曲線 γ とは連続写像

$$\gamma : [a,b] \ni t \mapsto \gamma(t) = x(t)+iy(t) \in \mathbb{C} \tag{2.30}$$

のことである．以下の議論では $\gamma(t)$ は<u>区分的に滑らか</u>，すなわち有限個の点 $t_1,t_2,\ldots,t_m$ を除けば $\gamma(t)$ は t に関して何回でも微分可能であると仮定する（実際には，$\gamma(t)$ は区分的に微分可能で $\gamma'(t)$ は微分可能な点で連続であることを仮定すれば以下の議論では十分である）．この曲線の像が関数 $f(z)$ の定義域に含まれていれば $f(\gamma(t))$ は区間 $[a,b]$ で定義された複素数値関数と考えることができる．この関数の積分を考えたくなるが，そうすると積分は曲線のパラメータ t に関係してくる．すなわち 1 対 1 全射の双連続かつ可微分写像

$$h : [c,d] \ni s \mapsto h(s) = t \in [a,b], \quad h(c) = a, \quad h(d) = b$$

すなわち $h([c,d])=[a,b]$, h とその逆写像 h^{-1} が連続かつ微分可能のとき，上の(2.30)の曲線 γ と写像を合成してできる曲線

$$\widetilde{\gamma} = \gamma \circ h : [c,d] \ni s \mapsto \gamma(h(s)) \in \mathbb{C}$$

とはパラメータが異なるだけで，本質的に同じ曲線を表していると考えられる．このとき，$f(z)$ の γ に沿った線積分と $\widetilde{\gamma}$ に沿った線積分の値が等しいように積分を定義したい．そのために天下りではあるが $f(z)$ の γ に沿った線積

分 $\int_\gamma f(z)dz$ を

$$\int_\gamma f(z)\,dx = \int_a^b f(\gamma(t))\gamma'(t)\,dt \tag{2.31}$$

と**定義**する．この定義の意味については後述する．すると定積分の変数変換の公式によって

$$\int_a^b f(\gamma(t))\gamma'(t)\,dt = \int_c^d f(\gamma(h(s)))\gamma'(h(s))h'(s)\,ds$$

であるが，$\widetilde{\gamma}'(s)=\gamma'(h(s))h'(s)$ であるので，上の等式の右辺は

$$\int_c^d f(\widetilde{\gamma}(s))\widetilde{\gamma}'(s)\,ds$$

と書き直すことができ

$$\int_\gamma f(z)\,dx = \int_a^b f(\gamma(t))\gamma'(t)\,dt = \int_c^d f(\widetilde{\gamma}(s))\widetilde{\gamma}'(s)\,ds = \int_{\widetilde{\gamma}} f(z)\,dz$$

が成り立つことが分かった．したがって定義(2.31)は，パラメータが違うだけで本質的に同じ曲線では同じ積分値を与えることが分かった．

では(2.31)はどのような背景から定義されたのであろうか．通常の定積分の定義のまねをして，曲線 γ:$[a,b]\to\mathbb{C}$ の定義区間 $[a,b]$ を細かく分割し，

$$\Delta : a = t_0 < t_1 < t_2 < \cdots < t_{N-1} < t_N$$

定積分のときと同様に

$$S(f;\gamma;\Delta,\xi_j) = \sum_{j=1}^N f(\gamma(\xi_j))(\gamma(t_j)-\gamma(t_{j-1}))$$

を考えてみよう．$f(\gamma(\xi_j))$ の後に (t_j-t_{j-1}) を掛けるのではなく $(\gamma(t_j)-\gamma(t_{j-1}))$ を掛けていることに注意する．曲線に沿っての積分なので曲線を折れ線で近似して $(\gamma(t_j)-\gamma(t_{j-1}))$ が出てきたと考えている．これは通常のリーマン積分の類似を考えているが，$(\gamma(t_j)-\gamma(t_{j-1}))$ は複素数であるので，リーマン積分の場合のようなグラフの面積としての簡明な説明はつかない．ここはあくまで形式にこだわるわけである．しかし，実軸上に曲線の像が含まれている場合は実質的にリーマン積分になっているので，単なる形式的な拡張ではな

いことにも注意する．

さて $\gamma(t)$ は区分的に滑らかであったので，平均値の定理（『解析編』定理 2.8）によって

$$\gamma(t_j)-\gamma(t_{j-1}) = \left(x'(\eta_j^{(1)})+iy'(\eta_j^{(2)})\right)(t_j-t_{j-1}),$$
$$t_{j-1} \le \eta_j^{(1)} \le t_j, \quad t_{j-1} \le \eta_j^{(2)} \le t_j$$

が成り立つような $\eta_j^{(1)}$, $\eta_j^{(2)}$ が存在する．したがってもし $\lim_{|\Delta|\to 0} S(f;\gamma;\Delta,\xi_j)$ が収束するのであれば

$$\begin{aligned}\lim_{|\Delta|\to 0} S(f;\gamma;\Delta,\xi_j) &= \lim_{|\Delta|\to 0}\sum_{j=1}^{N} f(\gamma(\xi_j))(\gamma(t_j)-\gamma(t_{j-1})) \\ &= \lim_{|\Delta|\to 0}\sum_{j=1}^{N} f(\gamma(\xi_j))\left(x'(\eta_j^{(1)})+iy'(\eta_j^{(2)})\right)(t_j-t_{j-1}) \\ &= \int_a^b f(\gamma(t))\gamma'(t)\,dt\end{aligned}$$

となり定義式(2.31)が現れた．言い換えると曲線 γ に沿った $f(z)$ の積分を

$$\int_\gamma f(z)\,dz = \lim_{|\Delta|\to 0} S(f;\gamma;\Delta,\xi_j) \tag{2.32}$$

と定義してもよいことが分かる．

さていくつかの具体的な線積分を計算してみよう．

問題 2.16

原点を中心とする半径 r の円

$$\gamma : [0,2\pi] \ni \theta \mapsto re^{i\theta} = r(\cos\theta+i\sin\theta) \in \mathbb{C}$$

に沿った関数 $f(z)=z^n$ の積分を求めよ．

題意より

$$\gamma'(\theta) = ire^{i\theta}$$

に注意すると

$$\int_\gamma z^n\,dz = \int_0^{2\pi} r^n e^{in\theta}(ire^{i\theta})\,d\theta = i\int_0^{2\pi} r^{n+1}e^{i(n+1)\theta}\,d\theta$$

である．したがって $n \neq -1$ であれば

$$\int_0^{2\pi} e^{i(n+1)\theta}\, d\theta = \left[\frac{e^{i(n+1)\theta}}{i(n+1)}\right]_0^{2\pi} = 0$$

より

$$\int_\gamma z^n\, dz = \begin{cases} 0 & (n \neq -1) \\ 2\pi i & (n = -1) \end{cases}$$

であることが分かる．

ところで複素平面上，中心が a，半径 r の円に関する線積分を考えるときは，必ず円は反時計回りにパラメータ表示すると約束する．すなわち，上の問題と同様に

$$\gamma : [0, 2\pi] \ni s \mapsto a + re^{i\theta} \in \mathbb{C}$$

とパラメータ表示をする．このとき γ に沿った線積分 $\int_\gamma f(z)dz$ を

$$\int_{|z-a|=r} f(z)\, dz$$

と記すことが多い．上の問題で得られた結果

$$\int_{|z|=r} \frac{1}{z}\, dz = 2\pi i \tag{2.33}$$

は以下の議論で重要な働きをする．積分の結果は円の半径とは関係しないことに注意する．

ところで複素変数 $z = x + iy$ に対してその複素共役 $\overline{z} = x - iy$ を考えると $\overline{z}$ は z から一意的に定まるから $g(z) = \overline{z}^n$ も z の関数である．上の $f(z) = z^n$ とたいして違わないように思われるが，不思議なことに線積分に関して大きな違いが出てくる．このことを以下の二つの問題で確かめておこう．

問題 2.17

次が成り立つことを示せ.

$$\int_{|z|=r} \overline{z}^n = \begin{cases} 0 & (n \neq 1) \\ 2r^2\pi i & (n = 1) \end{cases}$$

こんどは

$$\overline{r^n e^{in\theta}} = \overline{r^n(\cos n\theta + i \sin n\theta)} = r^n(\cos n\theta - i \sin n\theta) = r^n e^{-in\theta}$$

に注意すると

$$\int_{|z|=r} \overline{z}^n \, dz = \int_0^{2\pi} r^n e^{-in\theta}(ire^{i\theta}) \, d\theta = i \int_0^{2\pi} r^{n+1} e^{i(1-n)\theta} \, d\theta$$

であるので

$$\int_{|z|=r} \overline{z}^n = \begin{cases} 0 & (n \neq 1) \\ 2r^2\pi i & (n = 1) \end{cases}$$

であることが分かる.

こんどは(2.33)と違って積分が 0 にならないのは $n=1$ のときであり，しかも積分値は円の半径に関係していることに注意しよう．さらに次の問題は z^n と $\overline{z}^n$ の違いを際立たせている.

問題 2.18

図 2.7 のように長方形の辺を矢印の向きにまわってできる曲線 δ に沿った積分を考える．正整数 n に対して

$$\int_\delta z^n \, dz = 0$$

$$\int_\delta \overline{z}^n \, dz = 2\left(\frac{(a-id)^{n+1}}{n+1} + \frac{(b-ic)^{n+1}}{n+1} - \frac{(a-ic)^{n+1}}{n+1} - \frac{(b-id)^{n+1}}{n+1} \right)$$

が成り立つことを示せ.

図 2.7　複素平面上の点 $A=a+ic$ から点 $B=b+ic$ へ線分 AB 上を進み，次に点 B から点 $C=b+id$ へ線分 BC 上を進み，次に点 C から点 $D=a+id$ へ線分 CD 上を進み，最後に点 D から点 A へ線分 DA 上を進む道を δ とする．

$$\begin{aligned}\int_\delta \overline{z}^n\,dz &= \int_a^b (x-ic)^n dx + i\int_c^d (b-iy)^n dy \\ &\quad -\int_a^b (x-id)^n dx - i\int_c^d (a-iy)^n dy \\ &= \left[\frac{(x-ic)^{n+1}}{n+1}\right]_a^b + i\left[\frac{(b-iy)^{n+1}}{-i(n+1)}\right]_c^d \\ &\quad -\left[\frac{(x-id)^{n+1}}{n+1}\right]_a^b - i\left[\frac{(a-iy)^{n+1}}{-i(n+1)}\right]_c^d\end{aligned}$$

より明らか．

関数 z^n と $\overline{z}^n$ の著しい違いに注意してほしい．もっと一般に z の多項式

$$p(z) = a_0+a_1z+a_2z^2+\cdots+a_nz^n$$

に関しては次の著しい結果が成り立つ．

定理 2.11　複素平面上の点 z_0 から点 z_1 へ向かう任意の区分的に滑らかな曲線

$$\gamma : [a,b] \ni t \mapsto \gamma(t) \in \mathbb{C}$$

に沿って多項式 $p(z)=a_0+a_1z+\cdots+a_nz^n$ を積分したものは点 z_0 と点 z_1 のみによって値が決まり，曲線のとり方によらない．すなわち

$$P(z)=a_0z+\frac{a_1}{2}z^2+\frac{a_2}{3}z^3+\cdots+\frac{a_n}{n+1}z^{n+1}$$

とおくと

$$\int_\gamma p(z)\,dz=P(z_1)-P(z_0)$$

が成り立つ．したがって特に γ が閉曲線であれば

$$\int_\gamma p(z)\,dz=0$$

が成り立つ．

[証明]　$p(z)$ をパラメータ表示して

$$h(t)=p(\gamma(t))=a_0\gamma(t)+\frac{a_1}{2}\gamma(t)^2+\frac{a_2}{3}\gamma(t)^3+\cdots+\frac{a_n}{n+1}\gamma(t)^{n+1}$$

とおくと

$$h'(t)=(a_0+a_1\gamma(t)+a_2\gamma(t)^2+\cdots+a_n\gamma(t)^n)\gamma'(t)=p(\gamma(t))\gamma'(t)$$

が成り立つ．したがって

$$\int_\gamma p(z)\,dz=\int_a^b p(\gamma(t))\gamma'(t)\,dz=[P(\gamma(t))]_a^b=P(\gamma(b))-P(\gamma(a))$$
$$=P(z_1)-P(z_0)$$

であることが分かる．特に γ が閉曲線のときは $\gamma(a)=\gamma(b)$ であるので，この積分は 0 である．　**【証明終】**

一方，多項式の複素共役 $\overline{p(z)}$ で定理が成り立たないことは上の問題 2.18 で示した事実から簡単に分かる．このように線積分を行う際に，複素変数 z の多項式のように，積分値が曲線の始点と終点だけで決まる場合と $\overline{z}^n$ のように始点と終点が同じでも曲線によって値が異なる場合がある．この違いは何によるのであろうか．それがこれからの議論の中心となる．そのためには二つの曲線をつなぐことを考える必要がある．

(3) 曲線の結合と線積分

複素平面上の二つの曲線

$$\gamma_1 : [0,1] \to \mathbb{C}, \quad \gamma_2 : [0,1] \to \mathbb{C}$$

で γ_1 の終点 $\gamma_1(1)$ と γ_2 の始点 $\gamma_2(0)$ が一致している場合を考える．このとき，この二つの曲線をつないで新しい曲線 γ を次のように定義することができる．

$$\gamma(t) = \begin{cases} \gamma_1(2t) & \left(0 \le t < \dfrac{1}{2}\right) \\ \gamma_2(2t-1) & \left(\dfrac{1}{2} \le t \le 1\right) \end{cases} \tag{2.34}$$

仮定より $\gamma_1(1)=\gamma_2(0)$ であるので γ は始点が $\gamma_1(0)$，終点が $\gamma_2(1)$ である曲線となる．新しい曲線 γ では $t=1/2$ で微分可能かどうかは分からないが，γ_1 と γ_2 が区分的に滑らかであれば，γ も区分的に滑らかな曲線になる．この曲線 γ を曲線 γ_1 と曲線 γ_2 をつないでできる曲線，あるいは曲線 γ_1 と曲線 γ_2 を結合してできる曲線といい

$$\gamma = \gamma_2 \circ \gamma_1$$

と記す（曲線の順番に注意，最初に考える曲線が右に来る）．もしこの二つの曲線が関数 $f(z)$ の定義域に含まれていれば

$$\int_{\gamma_2 \circ \gamma_1} f(z)\, dz = \int_{\gamma_1} f(z)\, dz + \int_{\gamma_2} f(z)\, dz \tag{2.35}$$

が成り立つ．なぜならば

$$\begin{aligned}
\int_{\gamma_2 \circ \gamma_1} f(z)\, dz &= \int_0^1 f(\gamma(t))\, \gamma'(t)\, dt \\
&= \int_0^{1/2} f(\gamma_1(2t))\, \gamma_1'(2t)\cdot 2\, dt + \int_{1/2}^1 f(\gamma_2(2t-1))\, \gamma_2'(2t-1)\cdot 2\, dt \\
&\quad \left(\frac{d\gamma_1(2t)}{dt} = \gamma_1'(2t)\cdot 2, \quad \frac{d\gamma_2(2t-1)}{dt} = \gamma_2'(2t-1)\cdot 2 \text{ を使った} \right) \\
&= \int_0^1 f(\gamma_1(s))\gamma_1'(s)\, ds + \int_0^1 f(\gamma_2(s))\gamma_2'(s)\, ds
\end{aligned}$$

（最初の積分で $s = 2t$，2 番目の積分では $s = 2t-1$ とおいた）

$$= \int_{\gamma_1} f(z)\,dz + \int_{\gamma_2} f(z)\,dz$$

が成り立つからである．

曲線

$$\gamma : [0,1] \to \mathbb{C}$$

に関しては向きを反対にして，もとの曲線の終点から始点へ向かう曲線 γ^{-1} を

$$\gamma^{-1}(t) = \gamma(1-t)$$

と定義する．この定義より曲線 γ^{-1} の始点は $\gamma^{-1}(0)=\gamma(1)$，終点は $\gamma^{-1}(1)=\gamma(0)$ であることは直ちに分かる．また

$$\int_{\gamma^{-1}} f(z)\,dz = -\int_{\gamma} f(z)\,dz \tag{2.36}$$

であることも，$s=1-t$ とおくことによって

$$\begin{aligned}\int_{\gamma^{-1}} f(z)\,dz &= \int_0^1 f(\gamma(1-t))\frac{d\gamma(1-t)}{dt}\,dt = \int_1^0 f(\gamma(s))\frac{d\gamma(s)}{dt}\frac{dt}{ds}\,ds \\ &= \int_1^0 f(\gamma(s))\gamma'(s)\frac{ds}{dt}\frac{dt}{ds}\,ds = \int_1^0 f(\gamma(s))\gamma'(s)\,ds \\ &= -\int_0^1 f(\gamma(s))\gamma'(s)\,ds\end{aligned}$$

が成り立つことから分かる．

では複素変数 z の多項式のように線積分の値が始点と終点だけに依存し，曲線によらないのはどのような場合であろうか．今始点を z_0 とし終点を z_1 とする区分的に滑らかな二つの曲線 α:$[0,1]\to\mathbb{C}$ と β:$[0,1]\to\mathbb{C}$ を考えてみよう．

$$\int_{\alpha} f(z)\,dz = \int_{\beta} f(z)\,dz$$

であることから，等式(2.35)，(2.36)より

$$\int_{\beta^{-1}\circ\alpha} f(z)\,dz = 0$$

が成り立つことが分かる．曲線 $\beta^{-1}\circ\alpha$ は z_0 を始点とする閉曲線である(図 2.8)．

逆に z_0 を始点とする閉曲線 γ:$[0,1]\to\mathbb{C}$ が点 z_1 を通れば $\gamma(t_1)=z_1$ とするとき

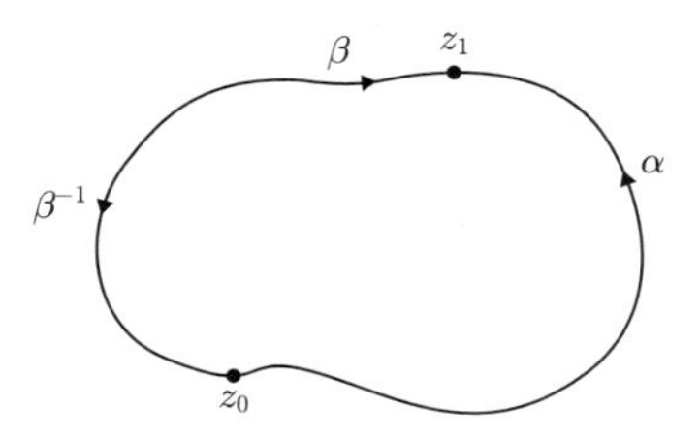

図 2.8　点 z_0 を始点とし z_1 を終点とする区分的に滑らかな道 $\alpha,\ \beta$:$[0,1]\to\mathbb{C}$ に対して $\beta^{-1}\circ\alpha$ は z_0 を始点とする閉曲線である.

$$\alpha(t) = \gamma(t), \quad 0 \le t \le t_1$$

$$\beta(t) = \gamma(1-t+t_1), \quad t_1 \le t \le 1$$

とおくと α:$[0,t_1]\to\mathbb{C}$, β:$[t_1,1]\to\mathbb{C}$ は z_0 を始点として z_1 を終点とする区分的に滑らかな曲線であり

$$\gamma = \beta^{-1}\circ\alpha$$

であることが分かる．したがって

$$\int_\gamma f(z)\,dz = 0$$

であることと

$$\int_\alpha f(z)\,dz = \int_\beta f(z)\,dz$$

であることとは同値である．以上の議論によって次の定理が証明されたことになる.

> **定理 2.12**　複素平面の領域 D で定義された関数 $f(z)$ の区分的に滑らかな曲線に沿った線積分が曲線の始点と終点だけで一意的に決まるための必要十分条件は領域 D の任意の区分的に滑らかな閉曲線 γ に対して
>
> $$\int_\gamma f(z)\,dz = 0$$
>
> が成り立つことである.

この定理の性質を満たす関数はどれほどあるのであろうか．それがこれからの考察の中心である．そのために区分的に滑らかな閉曲線に沿った積分が常に 0 であるような複素平面の領域 D で定義された関数 $f(z)$ から新しい関数 $F(z)$ を積分によって定義しよう．

$$F(z) = \int_{z_0}^{z} f(w)\, dw \tag{2.37}$$

ただし積分は z_0 を始点とし z を終点とする領域 D に像が含まれる区分的に滑らかな曲線に沿って行う．それがどのような曲線であっても値が一定であることを上の定理 2.12 が保証する．したがって z_0 を固定して z を複素平面上で動かすことによって $F(z)$ は領域 D で定義された関数となる．

実数上で定義された関数 $g(t)$ に関しては定義式(2.37)に対応する積分

$$G(t) = \int_{t_0}^{t} g(s)\, ds$$

は，$g(t)$ が連続関数のとき $g(t)$ の原始関数になっていた．すなわち

$$G'(t) = g(t)$$

では複素数の場合は何が言えるのであろうか？ 形式的に(2.37)で定義される $F(z)$ の複素数の微分を考えてみよう．すなわち

$$\lim_{z \to z_1} \frac{F(z)-F(z_1)}{z-z_1} = \lim_{h \to 0} \frac{F(z_1+h)-F(z_1)}{h} \tag{2.38}$$

を考える．ここで h は複素数であることを忘れてはならない．z_0 を始点とし z_1 を終点とする区分的に滑らかな曲線を α，z_1 を始点として z_1+h を終点とする区分的に滑らかな曲線を β とすると

$$\begin{aligned} F(z_1+h)-F(z_1) &= \int_{\beta\circ\alpha} f(w)\, dw - \int_{\alpha} f(w)\, dw \\ &= \int_{\beta} f(w)\, dw \\ &= \int_{z_1}^{z_1+h} f(w)\, dw \end{aligned}$$

が成り立つ．z_1 を始点とし z_1+h を終点とする曲線は区分的に滑らかであれば何をとっても最後の積分は同じ値をとるので，一番簡単な z_1 と z_1+h を結

ぶ線分をとることにしよう($|h|$ を十分小さくとればこの線分は D に含まれるようにできる)．すなわち

$$\beta : [0,1] \ni t \mapsto z_1 + ht \in D$$

としよう．すると

$$\int_\beta f(w)\,dw = \int_0^1 f(z_1+ht)h\,dt = h\int_0^1 f(z_1+ht)\,dt$$

であるので

$$\lim_{h\to 0}\frac{F(z_1+h)-F(z_1)}{h} = \lim_{h\to 0}\int_0^1 f(z_1+ht)\,dt$$

であることが分かる．そこで $f(z)$ は複素平面の各点で連続であると仮定する．

点 z_1 で関数 $f(z)$ が連続であるとは

『任意の $\varepsilon>0$ に対して

$|z-z_1|<\delta$ であれば $|f(z)-f(z_1)|<\varepsilon$

が成り立つような δ が存在する』

ことである．このように δ を選ぶと $|h|<\delta$，$0\leq t\leq 1$ のとき

$$|f(z_1+ht)-f(z_1)| < \varepsilon$$

が成り立つ．したがって

$$\begin{aligned}\left|\int_0^1 f(z_1+ht)\,dt - f(z_1)\right| &= \left|\int_0^1 (f(z_1+ht)-f(z_1))\,dt\right| \\ &\leq \int_0^1 |f(z_1+ht)-f(z_1)|\,dt < \varepsilon\end{aligned}$$

が成り立つ．これは

$$\lim_{h\to 0}\int_0^1 f(z_1+ht)\,dt = f(z_1)$$

を意味する．すなわち

定理 2.13　複素平面の領域 D で定義された関数 $f(z)$ が区分的に滑らかなすべての閉曲線 γ に沿った線積分に関して

$$\int_\gamma f(z)\,dz = 0$$

が成り立てば，$z_0 \in D$ を任意に選んで固定すると，関数

$$F(z) = \int_{z_0}^{z} f(w)\,dw$$

が定義でき，領域 D のすべての点 z_1 で

$$\lim_{z\to z_1} \frac{F(z)-F(z_1)}{z-z_1} = f(z_1)$$

が成り立つ．すなわち $F(z)$ は D で正則である．

これは 1 変数の微積分のときの微分積分学の基本定理の類似に他ならない．$F(z)$ は $f(z)$ の原始関数である．

ところで定理 2.13 の逆も成り立つ．

定理 2.14　領域 D で正則な関数 $F(z)$ の導関数 $F'(z)$ を $f(z)$ と記すと D 内の区分的に滑らかな任意の閉曲線 γ に対して

$$\int_\gamma f(z)\,dz = 0$$

が成り立つ．より一般に D 内の区分的に滑らかな曲線

$$\gamma : [a, b] \to D$$

に対して

$$\int_\gamma f(z)\,dz = F(\gamma(b))-F(\gamma(a))$$

が成り立つ．したがって線積分 $\int_\gamma f(z)\,dz$ は曲線の始点と終点だけで決まり，$\gamma(a)$ と $\gamma(b)$ を結ぶ曲線のとり方にはよらない．

[証明]　曲線 $\gamma(t)$ を

$$\gamma(t) = x(t)+iy(t)$$

とおくと

$$\int_\gamma f(z)\,dz = \int_a^b f(x(t)+iy(t))(x'(t)+iy'(t))\,dt$$

となる．一方，

$$\begin{aligned}\frac{d}{dt}F(x(t)+iy(t)) &= F'(x(t)+iy(t))(x'(t)+iy'(t)) \\ &= f(x(t)+iy(t))(x'(t)+iy'(t))\end{aligned}$$

が成り立つので

$$\int_a^b f(x(t)+iy(t))(x'(t)+iy'(t))\,dt = [F(x(t)+iy(t))]_a^b = F(\gamma(b))-F(\gamma(a))$$

が成立する．　【証明終】

多項式

$$f(z) = a_0+a_1z+a_2z^2+\cdots+a_nz^n$$

に対して多項式 $F(z)$ を

$$F(z) = a_0z+\frac{a_1z^2}{2}+\frac{a_2z^3}{3}+\cdots+\frac{a_nz^{n+1}}{n+1}$$

とおくと

$$F'(z) = f(z)$$

となる．任意の多項式は複素平面で正則であったので多項式 $f(z)=F'(z)$ を区分的に滑らかな閉曲線に沿って線積分すると常に

$$\int_\gamma f(z)\,dz = 0$$

であること(定理 2.11)の上で与えた証明は実質的には定理 2.14 の証明の特別な場合になっている．

ところで多項式の自然な拡張として複素変数 z のベキ級数

$$\sum_{k=0}^{\infty} a_n z^k$$

を考えることができる．このベキ級数が収束して関数を定義することができれば正則関数であることが分かる．このことは章を改めて論じることとしよう．

第2章　演習問題

2.1 n を3以上の自然数とするとき，次を示せ．ただし，$\alpha=\cos\dfrac{2\pi}{n}+i\sin\dfrac{2\pi}{n}$ とし，i を虚数単位とする．

(1)　$\alpha^k+\overline{\alpha}^k=2\cos\dfrac{2k\pi}{n}$

ただし，k は自然数とし，$\overline{\alpha}$ は α に共役な複素数とする．

(2)　$n=(1-\alpha)(1-\alpha^2)\cdots(1-\alpha^{n-1})$

(3)　$\dfrac{n}{2^{n-1}}=\sin\dfrac{\pi}{n}\sin\dfrac{2\pi}{n}\cdots\sin\dfrac{(n-1)\pi}{n}$

（北海道大理系・前期，2002）

2.2 複素数 a に対して $a_0=a,\ b_0=1$ と定義し，$n\geq 1$ のとき

$$a_n=\frac{a_{n-1}+b_{n-1}}{2},\quad b_n=\sqrt{a_n b_{n-1}}$$

と定義したい．このとき次の問に答えよ．

(1)　$\mathrm{Re}\,a>0$ であれば $\sqrt{a_n b_{n-1}}$ をその実部が正であるように選ぶと $a_n,\ b_n$ が矛盾なく定義できることを示せ．

(2)　複素数 $z=x+iy$ に対して $e^z=e^x(\cos y+i\sin y)$ と定義すると複素数 $w\neq 0$ に対して $e^{z_0}=w$ となる複素数 z_0 が存在することを示せ．また $e^{z_0'}=w$ であれば z_0-z_0' は $2\pi i$ の整数倍であることを示せ．e^z はベキ級数展開を使って定義することができる（(3.8)および定理3.6を参照のこと）．

(3)　$\mathrm{Re}\,a>0$ である複素数に対して $\cos z=a$ となる複素数 z を $0\leq\mathrm{Re}\,z<\dfrac{\pi}{2}$ の範囲で一意的に選ぶことができることを示せ．ただし

$$\cos z=\frac{e^{iz}+e^{-iz}}{2}$$

と定義する（定理3.6を参照のこと）．

(4)　a_n, b_n は

$$a_n = \cos\frac{z}{2}\cos\frac{z}{2^2}\cdots\cos\frac{z}{2^{n-1}}\cos^2\frac{z}{2^n}$$
$$b_n = \cos\frac{z}{2}\cos\frac{z}{2^2}\cdots\cos\frac{z}{2^{n-1}}\cos\frac{z}{2^n}$$

であることを示せ.

(5)　さらに

$$\lim_{n\to\infty} a_n = \lim_{n\to\infty} b_n = \frac{\sin z}{z}$$

を示せ.

三角関数の定義域を複素数まで拡張すると，複素数の平方根を上手にとることによって $\mathrm{Re}\, a>0$ の条件がなくても $L(\cos z, 1)=\dfrac{\sin z}{z}$ が成り立つことを略解に記した証明は示している.

2.3　3 次方程式 $f(z)=0$ の解が作る三角形(線分や点になる場合も含む)の内部および周上に $f'(z)=0$ の解が存在することを示せ.

2.4　3 次元空間に半径 1 の球面 $x^2+y^2+z^2=1$ の北極 $N=(0,0,1)$ と球面上の点 $P=(x_0,y_0,z_0)$ とを結ぶ直線 $\overline{NP}$ の (x,y) 平面($z=0$ で定める平面)との交点の座標を $(x_1,y_1,0)$ とするとき球面上の点 P と複素数 x_1+iy_1 との対応を具体的に記述せよ.

2.5　複比(非調和比) $(z_1,z_2;z_3,z_4)$ は z_j の一つが無限遠点であっても定義することができる. どのように定義したらよいか. このことから問題 2.6 は問題 2.12 の特別な場合として得られることを示せ.

2.6　領域 D は $z\in D$ であれば $\overline{z}\in D$ であると仮定する. すなわち D は実軸に対して対称であると仮定する. $f(z)$ が D で正則であれば $\overline{f(\overline{z})}$ も D で正則であることを示せ.

3 ベキ級数

前章 2.5 節で無限級数の収束を扱ったが，この章では特にベキ級数

$$\sum_{k=1}^{\infty} a_k(z-a)^k$$

に収束の理論を適用し，ベキ級数は収束円内で正則関数を定めることを示す．

3.1 等比級数

等比級数

$$1+z+z^2+z^3+\cdots+z^n+\cdots$$

を考えてみよう．高校では z は実数として議論したが，ここでは z を複素数として考える．このベキ級数の第 n 項までの和を

$$S_n = \sum_{k=0}^{n} z^k$$

とおくと実数のときと同様に

$$S_n - zS_n = 1-z^{n+1}$$

となるので $z \neq 1$ であれば

$$S_n = \frac{1-z^{n+1}}{1-z}$$

となる．したがって $|z|<1$ であれば $\lim_{n\to\infty} z^n=0$ であるので

$$\lim_{n\to\infty} S_n = \frac{1}{1-z}$$

であることが分かる．このことを

$$\sum_{k=0}^{\infty} z^k = \frac{1}{1-z}$$

と記し，ベキ級数 $\sum_{k=0}^{\infty} z^k$ は $|z|<1$ のとき $1/(1-z)$ に<u>収束する</u>という．また，ベキ級数 $\sum_{k=0}^{\infty} z^k$ は $|z|<1$ のとき関数 $1/(1-z)$ を<u>定義する</u>ということもある．

ところで等式

$$1+z+z^2+z^3+\cdots+z^n+\cdots = \frac{1}{1-z} \tag{3.1}$$

をよく見ると奇妙な事実に気がつく(これは実数の場合も起こることであるが)．等式(3.1)の左辺は $|z|<1$ でのみ意味を持っている．一方，右辺の方は $z\neq1$ で定義されている．等号は $|z|<1$ で成り立っているのであるが，この定義域の違いをどう考えたらよいのであろうか．その解答は次章で与えられるが，その準備として次のことに注意しておこう．

上の議論は $(z-a)$ のベキ級数にも適用することができ，$|z-a|<1$ のとき

$$\sum_{k=0}^{\infty} (z-a)^k = \frac{1}{1-(z-a)}$$

が成り立つことが分かる．ところで，$a\neq1$ のとき

$$\frac{1}{1-z} = \frac{1}{(1-a)-(z-a)} = \frac{1}{1-a}\cdot\frac{1}{1-\dfrac{z-a}{1-a}}$$

と書き直すことができる．したがって

$$w = \frac{z-a}{1-a}$$

とおき直すと $|w|=\left|\dfrac{z-a}{1-a}\right|<1$ のとき，すなわち $|z-a|<|a-1|$ のとき

$$1+\left(\frac{z-a}{1-a}\right)+\left(\frac{z-a}{1-a}\right)^2+\left(\frac{z-a}{1-a}\right)^3+\cdots+\left(\frac{z-a}{1-a}\right)^n+\cdots$$

は $1/(1-w)$ に収束する．したがって点 a を中心とした無限級数

$$\frac{1}{1-a}\left(1+\left(\frac{z-a}{1-a}\right)+\left(\frac{z-a}{1-a}\right)^2+\left(\frac{z-a}{1-a}\right)^3+\cdots+\left(\frac{z-a}{1-a}\right)^n+\cdots\right) \tag{3.2}$$

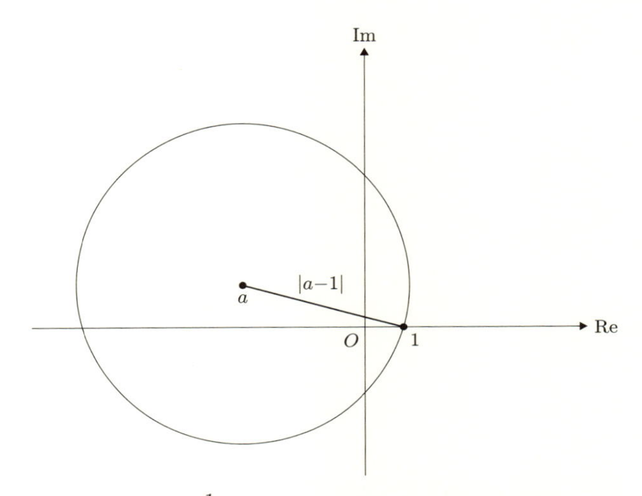

図 3.1 関数 $\dfrac{1}{1-z}$ は $a\neq 1$ を中心とするベキ級数に展開することができる．ベキ級数は $z-a$ が点 a と 1 の距離 $|a-1|$ より小さいところで収束する．

は $|z-a|<|a-1|$ のとき $1/(1-z)$ に収束する．このように $\dfrac{1}{1-z}$ は $a\neq 1$ で $z-a$ のベキ級数に展開できる(図 3.1)．すなわち式(3.1)と(3.2)は $\dfrac{1}{1-z}$ の異なる点でのベキ展開を表し，収束する範囲も異なっている．等式(3.1)の左辺のベキ級数はベキ級数(3.2)を密かに内に含んでいると考えることもできる．この考え方は解析接続と呼ばれる．ベキ級数が定義する関数はベキ級数が収束する範囲よりも大きなところで定義される場合がある．このことについては次章で論じることにする．

問題 3.1

$|z|<1$ のときに次のベキ級数の和を求めよ．

$$1+3z+5z^2+\cdots+(2n-1)z^{n-1}+\cdots$$

(東工大改題)

任意の正整数 n に対して

$$S_n = 1+3z+5z^2+\cdots+(2n-1)z^{n-1}$$

とおく．このとき

$$
\begin{array}{rrl}
 & S_n & =1+3z+5z^2+7z^3+\cdots+(2n-1)z^{n-1} \\
-) & zS_n & = \qquad z+3z^2+5z^3+\cdots+(2n-3)z^{n-1}+(2n-1)z^n \\
\hline
 & (1-z)S_n & =1+2z+2z^2+2z^3+\cdots+ \qquad 2z^{n-1}-(2n-1)z^n
\end{array}
$$

が成り立つ．仮定より $z\neq1$ であるので

$$
S_n=\frac{1-(2n-1)z^n}{1-z}+\frac{2}{1-z}\sum_{k=1}^{n-1}z^k=\frac{1-(2n-1)z^n}{1-z}+\frac{2(z-z^n)}{(1-z)^2}
$$

を得る．したがって

$$
S_n=\frac{1+z-(2n+1)z^n+(2n-1)z^{n+1}}{(1-z)^2}
$$

となる．ところで $|z|<1$ より

$$
\lim_{n\to\infty}z^n=0
$$

がいえるので，$|z|<1$ で

$$
\lim_{n\to\infty}n\,|z^n|=0
$$

が証明できれば

$$
\lim_{n\to\infty}\left|(2n+1)z^n+(2n-1)z^{n+1}\right|\leq\lim_{n\to\infty}(2n+1)\,|z^n|+\lim_{n\to\infty}(2n-1)\left|z^{n+1}\right|=0
$$

となり

$$
\lim_{n\to\infty}S_n=\frac{1+z}{(1-z)^2}
$$

であることが分かる．これが求める和である．そこで $0<a<1$ に対して

$$
\lim_{n\to\infty}na^n=0
$$

を示す．$\log a<0$ より，$\log a=-k,\ k>0$ とおくと

$$
na^n=ne^{n\log a}=ne^{-kn}=\frac{n}{e^{kn}}
$$

となるが，$kn>0$ なので

$$e^{kn} > 1+kn+\frac{(kn)^2}{2}$$

が成り立ち

$$0 < na^n = \frac{n}{e^{kn}} < \frac{n}{1+kn+\frac{(kn)^2}{2}} = \frac{1}{\frac{1}{n}+k+\frac{k^2}{2}n}$$

が成立する．これより $\lim_{n\to\infty} na^n=0$ が成り立つ．

この問題から $\frac{1+z}{(1-z)^2}$ がベキ級数で表されることが分かった．逆に関数が与えられたときにベキ級数で表すことはできるであろうか．これは『解析編』第2章のテイラー展開の節で少し議論した．そこでは三角関数，指数関数はテイラー展開を使って複素数変数の関数に拡張でき，オイラーの関係式が成り立つことを示した．本書の目的はこの議論を徹底的に解析して，正則関数と呼ばれる複素数値関数のクラスが有益かつ美しい性質を持つことを示すことである．私たちが中学高校以来親しんでいる多くの関数が正則関数としての性質を持つことを以下で示す．

さて，この節ではベキ級数の持つ一般的な性質を調べる準備としてもう少し議論を深めておこう．

問題 3.2

ベキ級数を無限次数の多項式と考えて，形式的に積を考えることによって

$$\frac{1}{(1-z)^2} = \sum_{k=0}^{\infty}(k+1)z^k$$

が成り立つことを示せ．

この問題に現れるベキ級数は $|z|<1$ で収束することを示すことができ，問題の等式は $|z|<1$ で成り立つことが分かる．

等比級数の和

$$\frac{1}{1-z} = \sum_{k=0}^{\infty} z^k$$

を使う．いきなり無限次数の多項式を取り扱うのは難しいので

$$S_n = \sum_{k=0}^{n} z^k$$

をとり S_n^2 を考える．n=1, 2, 3 を計算してみると

$$S_1^2 = (1+z)^2 = 1+2z+z^2$$

$$S_2^2 = (1+z+z^2)^2 = 1+2z+3z^2+2z^3+z^4$$

$$S_3^2 = (1+z+z^2+z^3)^2 = 1+2z+3z^2+4z^3+3z^4+2z^5+z^6$$

であることが分かり，一般に

$$S_n^2 = 1+2z+3z^2+\cdots+nz^{n-1}+(n+1)z^n+nz^{n+1}+(n-1)z^{n+2}+\cdots +2z^{2n-1}+z^{2n} \tag{3.3}$$

であることが予想される．これは n に関する数学的帰納法で次のように簡単に証明できる．n のときに(3.3)が成り立ったと仮定すると

$$\begin{aligned} S_{n+1}^2 &= (S_n+z^{n+1})^2 = S_n^2+2z^{n+1}S_n+z^{2(n+1)} \\ &= 1+2z+\cdots+(n+1)z^n+(n+2)z^{n+1}+(n+1)z^{n+2}+\cdots \\ &\quad +2z^{2n+1}+z^{2(n+1)} \end{aligned}$$

となり $n+1$ のときも成り立つことが分かる．

すると S_n^2 の z^m の係数は $n \geq m$ であれば常に $m+1$ であることが分かる．したがって $n \to \infty$ を考えると z^m の係数は $m+1$ であることが分かる．すなわち，

$$\lim_{n\to\infty} S_n^2 = \sum_{k=0}^{\infty} (k+1)z^k$$

が成り立つことが分かる．一方，$|z|<1$ のとき

$$\lim_{n\to\infty} S_n = \frac{1}{1-z}$$

が成り立つので，

$$\lim_{n\to\infty} S_n^2 = \frac{1}{(1-z)^2}$$

であることが分かる．

これまで何度も指摘しているように，多項式と違ってベキ級数は収束範囲でしか関数としては意味をなさない．しかし，多項式と同様の計算を形式的に行うことができる．そこで得られる等式はベキ級数が収束する範囲では正しいことが分かる．そのことは節を改めて述べることにする（一致の定理（定理4.10））．

ところで複素変数 z が実数 x のときは

$$\frac{d}{dx}\left(\frac{1}{1-x}\right)=\frac{1}{(1-x)^2}$$

が成り立ち，一方，

$$\frac{d}{dx}\sum_{k=0}^{n}x^k=\sum_{k=1}^{n}kx^{k-1}=\sum_{k=0}^{n-1}(k+1)x^k$$

となり，$n\to\infty$ を考えることによって

$$\frac{1}{(1-x)^2}=\sum_{k=0}^{\infty}(k+1)x^k$$

が“証明”できると予想される．ここで問題になるのは微分することと無限和をとる操作が可換であるか，すなわち

$$\frac{d}{dx}\left(\sum_{k=0}^{\infty}x^k\right)=\sum_{k=0}^{\infty}\frac{dx^k}{dx}$$

であるかという問題が生じる．後に示すように，これはベキ級数が収束する範囲，今の場合 $|x|<1$ では正しいことを示すことができる．さらに複素変数の場合に議論を拡張することができる．このことは次節で詳しく説明するが，とりあえずこの事実を受け入れると次のようにベキ級数の和が計算できることになる．

$$\sum_{k=0}^{\infty}(k+1)z^k = \frac{1}{(1-z)^2}$$
$$\sum_{k=1}^{\infty}\frac{k(k+1)}{2}z^{k-1} = \frac{1}{(1-z)^3}$$
$$\sum_{k=2}^{\infty}\frac{(k-1)k(k+1)}{2\cdot 3}z^{k-2} = \frac{1}{(1-z)^4}$$

さらに一般的にはすべての正整数 n に対して

$$\sum_{k=n-2}^{\infty}\binom{k+1}{n-1}z^{k-n+2} = \frac{1}{(1-z)^n} \tag{3.4}$$

が成り立つ．ここで $\binom{k}{m}$ は 2 項係数 $\dfrac{k!}{m!(k-m)!}$ である．

一方，積分に関してはどうであろうか．$|x|<1$ であれば

$$\int_0^x \frac{dx}{1-x} = -\log(1-x)$$

が成り立つ．そこで積分と無限和が交換可能であれば

$$\int_0^x\left(\sum_{k=0}^{\infty}x^k\right)dx = \sum_{k=0}^{\infty}\int_0^x x^k\,dx = \sum_{k=0}^{\infty}\frac{x^{k+1}}{k+1}$$

が成り立ち，$|x|<1$ で

$$\sum_{k=0}^{\infty}\frac{x^{k+1}}{k+1} = -\log(1-x)$$

であることが予想される．これが正しいことも次節で証明するが，実変数 x を複素変数 z に変えた

$$\log(1-z) = -\sum_{k=0}^{\infty}\frac{z^{k+1}}{k+1} \tag{3.5}$$

が成立することが期待される．ただし複素変数の対数関数 $\log(1-z)$ を定義する必要がある．すでに『解析編』で述べたように複素変数の指数関数 e^z が定義されるので $\log(1-z)$ は $e^{(1-z)}$ の逆関数として定義すればよいと思われる．ところが複素変数の指数関数は周期関数であり，

$$e^{(1-z+2\pi i)} = e^{(1-z)}$$

が成り立ち，逆関数を考えると多価関数になってしまう．すると等式(3.5)の右辺の対数関数をどのように考えたらよいかが問題になる．その答へのヒントは(3.5)が積分で得られたことから

$$\log(1-z) = -\int_0^z \frac{dz}{1-z}$$

と定義することによって得られる．もちろん，この積分が0と点 z を結ぶ道によらなければ問題ないが，後に示すように積分路によって $2\pi i$ の整数倍の違いが出てくる．これが $\log(1-z)$ の多価性を説明してくれる．しかし，$|z|<1$ で積分路が単位円 $|z|<1$ に含まれているものだけをとれば積分値は一意的に定まる．後に示すようにこの積分値をとると等式(3.5)が成り立つことが分かる．

3.2　ベキ級数と収束半径

前節で等比級数をもとにベキ級数について考察したが，ここでベキ級数の厳密な扱いを眺めてみよう．ほとんど当たり前のことに対して難しい議論を適用しているように思われるが，19世紀にさまざまな矛盾に遭遇してそれを克服するために築き上げた議論が本節で述べる議論である．無限を取り扱うときは注意しなければならない場合があり，それを明確にしたのが19世紀の極限の理論であった．その理論の一端は『解析編』ですでに述べたが，本節の議論はその議論の続きである．議論の道筋を大まかに述べるようにしよう．

まずベキ級数の収束の定義をしよう．

定義 3.1　ベキ級数

$$\sum_{k=0}^{\infty} a_k z^k \tag{3.6}$$

は部分和

$$S_n(z_0) = \sum_{k=0}^{n} a_k z_0^k$$

が $n\to\infty$ で，ある決まった値に収束するときに点 z_0 で収束するといい，その極限値が α のとき

$$\sum_{k=0}^{\infty} a_n z_0^k = \alpha$$

と記す．またベキ級数

$$\sum_{k=0}^{\infty} |a_n||z_0|^k$$

が収束するときにベキ級数(3.6)は点 z_0 で絶対収束するという．

ベキ級数(3.6)が点 z_0 で収束することは部分和からできる数列 $\{S_n(z_0)\}$ が収束することを意味するから，収束の判定法である定理 2.6 から次の定理が成り立つことが分かる．

定理 3.1　ベキ級数(3.6)が点 z_0 で収束するための必要十分条件は任意の $\varepsilon>0$ に対して，$n>N$ であれば任意の整数 $m\geq 0$ に対して

$$\left|\sum_{k=n}^{n+m} a_n z_0^k\right| < \varepsilon$$

が成り立つように自然数 N を見出すことができることである．

絶対収束は各項の絶対値の和

$$\sum_{k=0}^{\infty} |a_n||z_0|^k$$

の収束であるので次の定理が成り立つことも明らかであろう．

定理 3.2　ベキ級数(3.6)が点 z_0 で絶対収束するための必要十分条件は任意の $\varepsilon>0$ に対して，$n>N$ であれば任意の自然数 m に対して

$$\sum_{k=n}^{n+m} |a_n||z_0|^k < \varepsilon$$

が成り立つように自然数 N を見出すことができることである．

この二つの定理から次の定理を導くことは簡単である．

定理 3.3　ベキ級数(3.6)が点 z_0 で絶対収束すれば点 z_0 で収束する．

[証明]　ベキ級数(3.6)は絶対収束するので，任意の $\varepsilon>0$ に対して

$$\sum_{k=n}^{n+m} |a_n||z_0|^k < \varepsilon, \quad \forall n > N, \quad \forall m \geq 1$$

が成り立つように自然数 N を見出すことができる．このとき

$$\left|\sum_{k=n}^{n+m} a_n z_0^k\right| \leq \sum_{k=n}^{n+m} |a_n||z_0|^k < \varepsilon$$

が成り立つのでベキ級数(3.6)は点 z_0 で収束する．　**【証明終】**

しかし，この定理の逆は必ずしも成立しない．これは実数の無限級数の場合にすでに現れる．円周率に関係したマーダヴァ-ライプニッツ級数

$$\frac{\pi}{4} = 1-\frac{1}{3}+\frac{1}{5}-\frac{1}{7}+\cdots+(-1)^n\frac{1}{2n+1}+\cdots$$

が知られているが，この級数は絶対収束しない．

$$1+\frac{1}{3}+\frac{1}{5}+\frac{1}{7}+\cdots+\frac{1}{2n+1}+\cdots$$

は発散するからである．実際，不等式

$$1+\frac{1}{3}+\frac{1}{5}+\frac{1}{7}+\cdots+\frac{1}{2n+1} > \int_0^{n+1}\frac{dx}{2x+1} = \log(2n+3)$$

が成り立ち，$\lim_{n\to\infty}\log(2n+3)=\infty$ となるからである(図 3.2)．

ところで，ベキ級数はある 1 点で収束すればさらに強い次の事実が成り立つ．

定理 3.4　ベキ級数

$$\sum_{k=0}^{\infty} a_k z^k$$

が点 $z_0\neq0$ で収束すれば $|z|<|z_0|$ で絶対収束する．さらに $0<r<|z_0|$ である正数 r を任意に選ぶとこのベキ級数は $|z|\leq r$ で一様収束する[*1]．

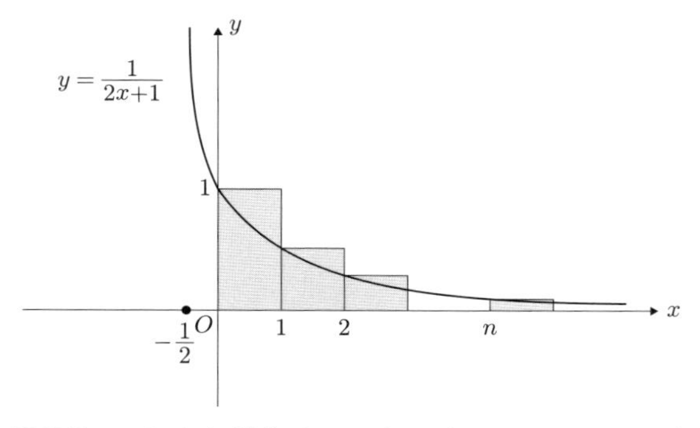

図 3.2　アミカケ部分は $1+1/3+1/5+\cdots+1/(2n+1)$ を表す．

[証明]

$$\sum_{k=0}^{\infty} a_k z_0^k$$

は収束するので任意の $\varepsilon>0$ に対して，$n \geq m > N$ であれば

$$\left|\sum_{k=m}^{n} a_k z_0^k\right| < \varepsilon$$

が成り立つように正整数 N を見出すことができる．このとき特に $n \geq N$ であれば

$$|a_n z_0^n| < \varepsilon$$

したがって

$$|a_n| < \frac{\varepsilon}{|z_0|^n}, \quad n \geq N$$

が成り立つ．そこで

$$M = \max\{|a_0|,\ |a_1||z_0|,\ |a_2||z_0|^2, \ldots, |a_{N-1}||z_0|^{N-1}\} + \varepsilon$$

とおくと

---

*1　$|z| \leq r$ であれば，任意の $\varepsilon>0$ に対して，$n \geq m > N$ であれば

$$\left|\sum_{k=m}^{n} a_k z^k\right| < \varepsilon$$

を満たす正整数 N を z に関係なく見出すことができることを意味する．

$$|a_k| < \frac{M}{|z_0|^k}, \quad k = 0, 1, 2, \ldots$$

が成り立つ．そこで $0<r<|z_0|$ である r を一つ選ぶと $|z|\leq r$ のとき

$$\sum_{k=0}^{\infty} |a_k||z|^k < M \sum_{k=0}^{\infty} \left(\frac{|z|}{|z_0|}\right)^k$$

が成り立つ．$|z|/|z_0|<r/|z_0|<1$ であるので，右辺の等比級数の収束から左辺の級数は一様収束することが分かる*2．　**【証明終】**

この定理により無限級数の収束半径が次のように定義される．

定義 3.2　ベキ級数

$$\sum_{k=0}^{\infty} a_k(z-a)^k$$

がすべての z で収束するとき，この無限級数の収束半径は無限大であるという．一方，この無限級数が $|z-a|<r$ ではすべての点で収束するが $|z-a|>r$ ではすべての点で発散するときに収束半径は r であるという．また

$$D_r(a) = \{\, z \in \mathbb{C} \mid |z-a| < r \,\}$$

を点 a を中心とする収束円という．収束半径が無限大のときは収束円は複素平面であると定義する．

定理 3.4 より収束半径が一意的に決まることは明らかであろう．以下，収束半径 r が正であるときには $r=\infty$ の場合も含めることにする．$r=\infty$ とは収束半径が無限大であることを意味する．

収束半径が 0 であることは $z=a$ 以外では無限級数は発散することを意味する．一方，収束半径 r が正であれば $|z-a|<r$ の各点でベキ級数は収束して有限の値を持つ．したがってベキ級数は複素数値関数を定義する．

収束半径を求める種々の方法が知られている．そのいくつかを記しておこう．

*2　収束する正項級数 $\sum_{k=0}^{\infty} c_n$（正項級数というのはすべての項が $c_n\geq 0$ を満たす級数のことを意味する）がある範囲の z に対して $\sum_{k=0}^{m} |a_k||z|^k \leq \sum_{k=0}^{m} c_k$ をすべての m で満たすときにベキ級数 $\sum_{k=0}^{\infty} a_k z^k$ の優級数といわれる．このときベキ級数は一様絶対収束する．

定理 3.5　ベキ級数

$$\sum_{k=0}^{\infty} a_k(z-a)^k$$

に関して

$$r = \lim_{n\to\infty} \frac{|a_n|}{|a_{n+1}|}$$

が $r=\infty$ の場合を含めて存在すれば，このベキ級数の収束半径は r である．

[証明]　$w=z-a$ とおくことによって $a=0$ の場合に定理を証明すれば十分である．

上の極限値が存在したとする．まず r が有限の場合を考える．任意の $0<\rho<r$ に対して $|z|<\rho$ である複素数 z でベキ級数が収束することを示そう．$0<\varepsilon<r-\rho$ に対して $n\geq N$ であれば

$$\left| \frac{|a_n|}{|a_{n+1}|} - r \right| < \varepsilon$$

が成り立つように正整数 N を見出すことができる．したがって特に

$$r-\varepsilon < \frac{|a_n|}{|a_{n+1}|}, \quad \forall n \geq N$$

が成り立つ．書き換えると

$$|a_{n+1}|(r-\varepsilon) < |a_n|, \quad \forall n \geq N \tag{3.7}$$

が成り立つ．$\rho<r-\varepsilon$ であることに注意する．式(3.7)を繰り返し使うことによって

$$\begin{aligned}
|a_{N+1}| &< \frac{|a_N|}{r-\varepsilon} \\
|a_{N+2}| &< \frac{|a_{N+1}|}{r-\varepsilon} < \frac{|a_N|}{(r-\varepsilon)^2} \\
\cdots &< \cdots
\end{aligned}$$

$$|a_{N+m}| < \frac{|a_{N+m-1}|}{r-\varepsilon} < \cdots < \frac{|a_N|}{(r-\varepsilon)^m}$$

が成り立つので

$$\sum_{m=0}^{\infty} |a_{N+m}||z|^{N+m} < \sum_{m=0}^{\infty} |a_N| \frac{|z|^{N+m}}{(r-\varepsilon)^m} = |a_N||z|^N \sum_{m=0}^{\infty} \frac{|z|^m}{(r-\varepsilon)^m}$$

が成り立つ．右辺のベキ級数は $|z|<\rho<r-\varepsilon$ より

$$\frac{|z|}{r-\varepsilon} < 1$$

が成り立つので収束する．したがってベキ級数

$$\sum_{m=0}^{\infty} a_{N+m} z^{N+m}$$

は絶対収束する．ベキ級数に多項式をつけ加えても収束，発散には関係しないので，以上の議論によって $|z|<r$ であればベキ級数

$$\sum_{k=0}^{\infty} a_k z^k$$

は絶対収束する．

一方，任意の $R>r$ に対して $|z|>R$ である複素数 z をとると $0<\varepsilon<R-r$ に対して $n\geq N$ であれば

$$\left| \frac{|a_n|}{|a_{n+1}|} - r \right| < \varepsilon$$

が成り立つように正整数 N を見出すことができる．したがって

$$\frac{|a_n|}{|a_{n+1}|} < r+\varepsilon$$

が成り立つ．これより

$$\frac{|a_n|}{r+\varepsilon} < |a_{n+1}|$$

が成り立ち，上と同様の議論によって

$$\sum_{m=0}^{\infty} |a_{N+m}||z|^{N+m} > \sum_{m=0}^{\infty} |a_N| \frac{|z|^{N+m}}{(r+\varepsilon)^m} = |a_N||z|^N \sum_{m=0}^{\infty} \frac{|z|^m}{(r+\varepsilon)^m}$$

が成り立つことが分かる．$|z|>R>r+\varepsilon$ より

$$\frac{|z|}{r+\varepsilon} > 1$$

であり，右辺のベキ級数は発散する．したがって $|z|>r$ のときベキ級数は絶対収束しない．もしある z_0，$|z_0|>r$ で収束したとすると定理 3.4 より $r<|z|<r_1<|z_0|$ でベキ級数は絶対収束することになり，今示したことに矛盾する．したがってベキ級数は $|z|>r$ で発散する．これより r が収束半径であることが分かる．

$$\lim_{n\to\infty} \frac{|a_n|}{|a_{n+1}|} = \infty$$

のときは任意の正数 r に対して $n \geq N$ であれば

$$\frac{|a_n|}{|a_{n+1}|} > r$$

となるように正整数 N を見出すことができ，これより上と同様の議論によって

$$\sum_{m=0}^{\infty} |a_{N+m}||z|^{N+m} < |a_N||z|^N \sum_{m=0}^{\infty} \frac{|z|^m}{r^m}$$

が成り立つ．したがって $|z|<r$ であれば右辺のベキ級数は収束し，したがって $\sum_{m=0}^{\infty} |a_{N+m}||z|^{N+m}$ は収束する．これより問題のベキ級数は $|z|<r$ で収束することが分かる．r は任意に選ぶことができたので，ベキ級数はすべての点 z で収束する．

【証明終】

ベキ級数

$$\sum_{k=0}^{\infty} \frac{z^k}{k!} \tag{3.8}$$

はすべての点 z に対して収束する．なぜならば $a_n=1/n!$ であるので

$$\frac{a_n}{a_{n+1}} = \frac{1/n!}{1/(n+1)!} = n+1$$

であるので $\lim_{n\to\infty} |a_n|/|a_{n+1}| = \infty$ となるからである．すでに『解析編』で述べたようにベキ級数(3.8)は指数関数 e^z を定義する．

一方，この定理はベキ級数

$$\sum_{k=0}^{\infty}(-1)^k\frac{z^{2k}}{(2k)!} \tag{3.9}$$

には適用できない．$a_{2k+1}=0$ となるからである．しかし，このベキ級数を $w=z^2$ のベキ級数と考えると上の定理を適用することができ，ベキ級数

$$\sum_{k=0}^{\infty}\frac{(-1)^k w^k}{(2k)!}$$

の収束半径は無限大である．したがって

$$\sum_{k=0}^{\infty}\frac{(-1)^k z^{2k}}{(2k)!}$$

もすべての点 z で収束するので収束半径は無限大である．このベキ級数(3.9)は複素関数としての余弦関数 $\cos z$ を定義する．

同様にベキ級数

$$\sum_{k=0}^{\infty}(-1)^k\frac{z^{2k+1}}{(2k+1)!} \tag{3.10}$$

の収束半径も無限大である．今の場合は上と同様の議論により

$$\sum_{k=0}^{\infty}(-1)^k\frac{z^{2k}}{(2k+1)!}$$

の収束半径が無限大であることが分かり，したがって

$$z\sum_{k=0}^{\infty}(-1)^k\frac{z^{2k}}{(2k+1)!}$$

の収束半径も無限大であることが分かる．ベキ級数(3.10)は複素関数としての正弦関数 $\sin z$ を定義する．

以上の結果から次の定理が証明できる．

定理 3.6 複素数の関数として e^z, $\sin z$, $\cos z$ は複素平面上の正則関数であり

$$e^{iz} = \cos z + i\sin z \tag{3.11}$$

が成り立つ．

[証明]　ベキ級数(3.8)，(3.9)，(3.10)の収束半径は無限大であるので，これらのベキ級数で定義される関数 e^z, $\sin z$, $\cos z$ は複素平面上の正則関数である．一方，

$$\begin{aligned} e^{iz} &= 1+iz+\frac{(iz)^2}{2!}+\frac{(iz)^3}{3!}+\cdots+\frac{(iz)^{2m}}{(2m)!}+\frac{(iz)^{2m+1}}{(2m+1)!}+\cdots \\ &= 1-\frac{z^2}{2!}+\cdots+(-1)^m\frac{z^{2m}}{(2m)!}+\cdots+i\left(z-\frac{z^3}{3!}+\cdots+(-1)^m\frac{z^{2m+1}}{(2m+1)!}+\cdots\right) \\ &= \cos z+i\sin z \end{aligned}$$

が成り立つ．右辺のベキ級数は絶対収束するので和の順序を入れ替えることができる(定理2.8)ことに注意する．　**【証明終】**

一方，すでに登場したベキ級数

$$\sum_{k=1}^{\infty}\frac{z^k}{k}$$

では $a_n=1/n$ であるので

$$\lim_{n\to\infty}\frac{|a_n|}{|a_{n+1}|}=\lim_{n\to\infty}\frac{1/n}{1/(n+1)}=\lim_{n\to\infty}\frac{n+1}{n}=1$$

であるので収束半径は1である．

前節で $a\neq 1$ のときにベキ級数

$$1+\left(\frac{z-a}{1-a}\right)+\left(\frac{z-a}{1-a}\right)^2+\left(\frac{z-a}{1-a}\right)^3+\cdots+\left(\frac{z-a}{1-a}\right)^n+\cdots$$

を考察し，その構成法から，このベキ級数は $|z-a|<|1-a|$ で収束することを示したが，ここで収束半径が $|1-a|$ であることを示そう．

$$a_n=\frac{1}{(1-a)^n}$$

であるので

$$\lim_{n\to\infty}\frac{|a_n|}{|a_{n+1}|}=\lim_{n\to\infty}|1-a|=|1-a|$$

となり収束半径は $|1-a|$ であることが分かった．

上の定理と同様に次の定理も証明することができる(演習問題3.3)．

定理 3.7　ベキ級数

$$\sum_{k=0}^{\infty} a_k (z-a)^k$$

に対して

$$\rho = \lim_{n\to\infty} \sqrt[n]{|a_n|}$$

が無限大も含めて存在すれば，このベキ級数の収束半径は $\dfrac{1}{\rho}$ で与えられる．ただし $\rho=0$ のときは $\dfrac{1}{\rho}=\infty$，$\rho=\infty$ のときは $\dfrac{1}{\rho}=0$ と約束する．

収束半径を求めることのできる上の二つの定理は極限の存在を仮定している．しかし，この極限は存在するとは限らない．収束半径を求めることのできる最も一般的な方法はコーシー-アダマールの公式と呼ばれる次の定理である．

定理 3.8（コーシー-アダマールの公式）　ベキ級数

$$\sum_{k=0}^{\infty} a_k (z-a)^k$$

に対して

$$\frac{1}{r} = \limsup_{n\to\infty} \sqrt[n]{|a_n|}$$

とおくと r がベキ級数の収束半径である．ただし，右辺の値が ∞ のときは $r=0$，0 のときは $r=\infty$ と約束する．

ここで実数列 $\{b_n\}$ の上極限

$$\limsup_{n\to\infty} b_n$$

とは数列

$$c_n = \sup\{b_n, b_{n+1}, \ldots\}$$

とおいたとき[*3](ただし c_n が無限大になることも許している)

$$\lim_{n\to\infty} c_n$$

を意味する．c_n がある番号 N から先で常に有限であれば $n \geq N$ のとき $c_n \geq c_{n+1}$ となるので有界な単調減少数列となり有限の極限値が存在する．特に

$$\lim_{n\to\infty} b_n$$

が存在するときは

$$\limsup_{n\to\infty} b_n = \lim_{n\to\infty} b_n$$

が成り立つことを示すことができる(演習問題3.4)．

この定理3.8を，すでに収束半径を考察した正弦関数を定義するベキ級数(3.10)に適用してみよう．

$$|a_n| = \begin{cases} 0 & (n = 2k) \\ \dfrac{1}{n!} & (n = 2k+1) \end{cases}$$

である．

$$c_n = \sup\{\sqrt[n]{|a_n|}, \sqrt[n]{|a_{n+1}|}, \ldots\}$$

とおくと $n=2k+1$ のときは

---

*3　上限 $\sup\{b_n, b_{n+1}, \ldots\} = c_n$ とは，すべての $m \geq 0$ に対して

$$b_{n+m} \leq c_n$$

が成り立ち，かつ任意の $\varepsilon > 0$ に対して

$$b_{n+m_0} > c_n - \varepsilon$$

が成り立つような $m_0 \geq 0$ が存在する c_n のことである．ただし $c_n = \infty$ であることは任意の正数 M に対して

$$b_{n+m_M} > M$$

であるような m_M が存在することを意味する．『解析編』定義6.3および定理6.6を参照のこと．

$$c_{2k+1} = \sup\left\{ \frac{1}{\sqrt[2k+1]{(2k+1)!}}, \frac{1}{\sqrt[2k+3]{(2k+3)!}}, \ldots \right\}$$

となり $n=2k$ のときは $c_{2k}=c_{2k+1}$ である．スターリングの公式*4によって

$$n! \sim \sqrt{2\pi n}\left(\frac{n}{e}\right)^n$$

が成り立つので*5

$$\sqrt[n]{n!} \sim (\sqrt{2\pi n})^{1/n}\frac{n}{e}$$

となり

$$\lim_{k\to\infty} \sqrt[2k+1]{(2k+1)!} = \infty$$

であることが分かり

$$\lim_{n\to\infty} c_n = 0$$

である．したがって収束半径は無限大であることが分かる．

3.3　ベキ級数が定める複素関数

収束半径 r が正であるベキ級数

$$\sum_{k=0}^{\infty} a_k(z-a)^k$$

は任意の $0<r'<r$ に対して $|z-a|\le r'$ で一様収束する（定理 3.4）．

ある領域 D で定義された連続な関数 $f_n(z)$ の列 $\{f_n(z)\}$ が広義一様収束すれば極限の関数 $f(z)=\lim_{n\to\infty} f_n(z)$ も D で定義された連続関数である（『解析編』

*4　付録を参照せよ．

*5　記号 $\sim$ は

$$\lim_{n\to\infty}\frac{\sqrt{2\pi n}\left(\dfrac{n}{e}\right)^n}{n!} = 1$$

を意味する．

定理 6.2 と同様に証明できる)．したがって次の定理が証明されたことになる．

定理 3.9　収束半径 r が正で，あるベキ級数

$$\sum_{k=0}^{\infty} a_k(z-a)^k$$

は収束円の内部で連続関数を定める．

[証明]　$S_n(z)=\sum_{k=0}^{n} a_k(z-a)^k$ は多項式である，したがって連続関数である．

【証明終】

以下は，この連続関数が収束円内で正則関数となることを証明することが主要な目標となる．そのためにまず次の定理を証明しよう．

定理 3.10　収束半径 r が正であるベキ級数

$$\sum_{k=0}^{\infty} a_k(z-a)^k$$

が定める収束円内の連続関数を $f(z)$ と記すと，収束円内の区分的に滑らかな任意の閉曲線 γ に対して

$$\int_\gamma f(z)\,dz = 0$$

が成り立つ．

[証明]　閉曲線

$$\gamma:[0,1]\to D_r(a)=\{z\in\mathbb{C}\mid |z-a|<r\}$$

に対して正数 $r'<r$ を $\gamma([0,1])\subset D_{r'}(a)$ であるように選ぶ．このとき，この r' に対して任意に $\varepsilon>0$ を与えると $n\geq N_1$ であれば

$$\left|\sum_{k=0}^{n} a_k(z-a)^k-f(z)\right|<\varepsilon$$

が常に成り立つように正整数 N_1 を見出すことができる．また $n\geq N_2$ であれば任意の整数 $m\geq 0$ に対して

$$\sum_{k=n}^{n+m} |a_k||z-a|^k < \varepsilon$$

が成り立つように正整数 N_2 を見出すことができる．そこで $N=\max\{N_1, N_2\}$ とおくと，$n \geq N$ のとき

$$\left|\sum_{k=0}^{n} a_k(z-a)^k - f(z)\right| < \varepsilon$$

$$\sum_{k=n}^{n+m} |a_k||z-a|^k < \varepsilon, \quad \forall m \geq 0$$

が成り立つ．すると

$$\begin{aligned}\left|\sum_{k=0}^{n} a_k(z-a)^k - f(z)\right| &= \left|\sum_{k=n+1}^{\infty} a_k(z-a)^k\right| \\ &\leq \sum_{k=n+1}^{\infty} |a_k||z-a|^k \\ &= \lim_{m\to\infty} \sum_{k=n+1}^{n+m} |a_k||z-a|^k \leq \varepsilon\end{aligned}$$

が成り立つ．一方，

$$S_n(z) = \sum_{k=0}^{n} a_k(z-a)^k$$

は多項式なので定理 2.11 より

$$\int_\gamma S_n(z)\, dz = 0$$

が常に成り立つ．そこで $n \geq N$ に対して

$$\begin{aligned}\left|\int_\gamma f(z)\, dz\right| &= \left|\int_\gamma \{f(z) - S_n(z)\}\, dz\right| \\ &= \left|\int_0^1 \{f(\gamma(t))\gamma'(t) - S_n(\gamma(t))\gamma'(t)\}\, dt\right| \\ &\leq \int_0^1 |f(\gamma(t)) - S_n(\gamma(t))|\, |\gamma'(t)|\, dt \\ &\leq \varepsilon \int_0^1 |\gamma'(t)|\, dt = l(\gamma)\varepsilon\end{aligned}$$

が成り立つ．ここで $l(\gamma)$ は曲線 γ の長さである．$\varepsilon>0$ は任意に与えることが

でき，$l(\gamma)$ は区分的に滑らかな曲線 γ に対して一意的に定まっているので，$\varepsilon\to 0$ を考えることによって

$$\int_\gamma f(z)\,dz = 0$$

が示される． **【証明終】**

以上の準備のもとにベキ級数で定まる関数は収束円内で正則関数になることを証明しよう．

定理 3.11　収束半径 $r>0$ のベキ級数

$$\sum_{k=0}^{\infty} a_k(z-a)^k$$

が定義する $D_r(a)$ の連続関数を $f(z)$ と記す．このときベキ級数

$$\sum_{k=1}^{\infty} ka_k(z-a)^{k-1}$$

の収束半径も r であり，このベキ級数が定義する $D_r(a)$ の連続関数を $g(z)$ と記すと

$$f(z) = a_0 + \int_a^z g(z)\,dz$$

が成り立ち，$f(z)$ は $D_r(a)$ の正則関数である．さらに $f(z)$ は収束円内のすべての点で無限階微分可能である．

[証明]

$$\sum_{k=1}^{\infty} ka_k(z-a)^{k-1} \tag{3.12}$$

の収束半径がもとのベキ級数の収束半径と一致することをまず示そう．そのためには上のベキ級数(3.12)の収束半径とベキ級数

$$\sum_{k=1}^{\infty} ka_k(z-a)^k = (z-a)\sum_{k=1}^{\infty} ka_k(z-a)^{k-1}$$

の収束半径とは一致することに注意する．もしベキ級数(3.12)が点 z_0 で収束すれば $(z-a)\sum_{k=1}^{\infty} ka_k(z-a)^{k-1}$ も点 z_0 で収束し，逆に $(z-a)\sum_{k=1}^{\infty} ka_k(z-a)^{k-1}$ が点 z_0 で収束すれば $\sum_{k=1}^{\infty} ka_k(z-a)^{k-1}$ も点 z_0 で収束するからである．

ところで

$$\lim_{n\to\infty} \sqrt[n]{n} = 1$$

が成り立つことから，コーシー-アダマールの公式(定理3.8)をベキ級数 $\sum_{k=1}^{\infty} ka_k(z-a)^k$ に適用すると

$$\begin{aligned}\limsup_{n\to\infty} \sqrt[n]{n|a_n|} &= \lim_{n\to\infty} \sqrt[n]{n} \limsup_{n\to\infty} \sqrt[n]{|a_n|} \\ &= \limsup_{n\to\infty} \sqrt[n]{|a_n|} = \frac{1}{r}\end{aligned}$$

が成り立つ．すなわち二つのベキ級数

$$\sum_{k=0}^{\infty} a_k(z-a)^k, \quad \sum_{k=1}^{\infty} ka_k(z-a)^{k-1}$$

の収束半径は一致する．そこでベキ級数(3.12)が収束円内に定める連続関数を $g(z)$ と記そう．すると定理3.10および定理2.13から

$$F(z) = \int_a^z g(z)\, dz$$

は収束円内で正則関数であること，および

$$F'(z) = g(z)$$

であることが分かる．そこで $F(z)+a_0=f(z)$ であることを証明しよう．

$$T_n(z) = \sum_{k=1}^{n} ka_k z^{k-1}$$

とおく．$0<r'<r$ に対して任意に $\varepsilon>0$ を与えると $n\geq N$ であれば

$$|T_n(z)-g(z)| < \varepsilon$$

がすべての $|z-a|\leq r'$ に対して成り立つように正整数 N を見出すことができる．z は $|z-a|<r'$ を満たす点として，a と z を結ぶ道を

$$l(t) = a+(z-a)t, \quad 0\leq t\leq 1$$

に選ぶと

$$\left|\int_a^z (T_n(z)-g(z))\ dz\right| = \left|\int_0^1 (T_n(a+(z-a)t)-g(a+(z-a)t)\,(z-a)dt\right|$$
$$\leq \int_0^1 |(z-a)(T_n(a+(z-a)t)-g(a+(z-a)t)|\,dt$$
$$\leq r'\varepsilon$$

が得られる．したがって

$$F(z) = \int_a^z g(z)\,dz = \lim_{n\to\infty}\int_a^z T_n(z)\,dz$$

が $|z-a|\leq r'$ で成り立つ．一方

$$\int_a^z T_n(z)\,dz = \sum_{k=1}^{n}\int_a^z ka_k(z-a)^{k-1}\,dz = \sum_{k=1}^{n} a_k(z-a)^k$$

であるので

$$F(z) = \sum_{k=1}^{\infty} a_k(z-a)^k$$

であることが分かり

$$f(z) = a_0+F(z)$$

が証明された．r' は $r'<r$ であれば任意に選ぶことができたので収束円内でこの等式は成り立つ．したがって収束円内で

$$f'(z) = F'(z) = \sum_{k=1}^{\infty} ka_k z^{k-1}$$

であることが証明された．ベキ級数

$$\sum_{k=1}^{\infty} ka_k(z-a)^k$$

に対して同じ議論を適用すれば $f'(z)$ は収束円内のすべての点で複素微分可能である．以下同様の議論を続ければ数学的帰納法によって $f(z)$ は収束円内のすべての点で無限階微分可能であることが分かる．　**【証明終】**

系 3.12　収束半径 r が正であるベキ級数

$$\sum_{k=0}^{\infty} a_k(z-a)^k$$

が定める収束円内の正則関数を $f(z)$ と記すと

$$F(z) = \int_a^z f(z)\, dz$$

は正則関数であり，

$$F(z) = \sum_{k=0}^{\infty} \frac{a_k}{k+1}(z-a)^{k+1}$$

とベキ級数展開できる．また，この右辺のベキ級数の収束半径も r である．

[証明]

$$b_k = \frac{a_{k-1}}{k}, \quad k = 1, 2, 3, \ldots$$

とおくと

$$\sum_{k=1}^{\infty} b_k(z-a)^k = \sum_{k=0}^{\infty} \frac{a_k}{k+1}(z-a)^{k+1}$$

となり

$$\sum_{k=1}^{\infty} kb_k(z-a)^{k-1} = \sum_{k=0}^{\infty} a_k(z-a)^k$$

が成り立つ．したがって上の定理の証明より二つのベキ級数の収束半径は等しい．上の定理より $\sum_{k=0}^{\infty} \frac{a_k}{k+1}(z-a)^{k+1}$ は収束円上の正則関数 $G(z)$ を定義し，$G'(z)=f(z)$ である．$G(0)=0$ であるので $F(z)=G(z)$ である．　**【証明終】**

この節の議論はいささかテクニカルであったが，次章でコーシーの積分定理を使ったもっと自然な証明を与えることにする．いずれにしてもベキ級数の収束半径が正であれば，収束円内でベキ級数は無限和をとることと微分をとることと，さらには積分をとることとを交換することができる，すなわち

$$\frac{d}{dz}\left(\sum_{k=0}^{\infty} a_k z^k\right) = \sum_{k=0}^{\infty} a_k \frac{dz^k}{dz} = \sum_{k=1}^{\infty} ka_k z^{k-1} \tag{3.13}$$

$$\int_a^z \left(\sum_{k=0}^{\infty} a_k z^k\right) dz = \sum_{k=0}^{\infty} a_k \int_a^z z^k \, dz = \sum_{k=0}^{\infty} \frac{a_k}{k+1} z^{k+1} \tag{3.14}$$

が成り立つことが証明されたことになる．したがって本章の 3.1 節の議論が正当化されたことが分かる．

第3章　演習問題

3.1　次の級数を絶対収束するもの，条件収束するもの，発散するものに分類せよ．

(1)　$\sum_{n=1}^{\infty}(-1)^n$,　　(2)　$\sum_{n=1}^{\infty}\frac{\sin n}{n^2}$,　　(3)　$\sum_{n=1}^{\infty}\frac{(-1)^n}{\sqrt{n}}$

3.2　次のベキ級数の収束半径を求めよ．

(1)　$\sum_{k=0}^{\infty} k!z^k$,　(2)　$\sum_{n=1}^{\infty}\frac{z^n}{n^n}$,　(3)　$\sum_{n=1}^{\infty}(\sqrt{n+1}-\sqrt{n})z^n$

3.3　定理 3.7 を次のようにして証明せよ．

(1)　$|z|<r'<r=\frac{1}{\rho}$ であるような z に対してある番号 N より先のすべての n に対して $|a_n z^n|<|z|^n/r'^n$ が成り立つ．これより $\sum_{n=1}^{\infty}|a_n z^n|$ は収束する．

(2)　$|z|>r$ に対しては $|a_n z^n|>1$ であるような n が無数に存在することを示し，z でベキ級数は発散することを示せ．

3.4　実数列 $\{b_n\}$ に関して

$$\lim_{n\to\infty} b_n$$

が存在すれば

$$\limsup_{n\to\infty} b_n = \lim_{n\to\infty} b_n$$

が成り立つことを示せ．

3.5　コーシー–アダマールの公式(定理 3.8)を次のようにして証明せよ．

(1)　$r'<r$ であれば，ある番号 N より先のすべての n に対して $\sqrt[n]{|a_n|}<1/r'$ が成り立つことを示せ．これより $|z|<r'<r$ であるような z に対して $|a_n z^n|<|z|^n/r'^n$ が成り立つ．したがって $\sum_{n=1}^{\infty}|a_n z^n|$ は収束する．

(2) $r'>r$ に対しては $\sqrt[n]{|a_n|}>\dfrac{1}{r'}$ であるような n が無数に存在することを示し，$|z|>r'$ でベキ級数は発散することを示せ．

3.6 ベキ級数

$$\sum_{k=0}^{\infty} a_k(z-a)^k$$

の収束半径 r が正であれば $|b-a|<r$ を満たす任意の点 $z=b$ で収束半径が少なくとも $r-|b-a|$ であるベキ級数

$$\sum_{m=0}^{\infty} b_m(z-b)^m$$

に展開でき，

$$b_m = \sum_{n=m}^{\infty} a_n \binom{n}{m}(b-a)^{n-m}, \quad m = 0, 1, 2, \ldots$$

で与えられることを示せ．

3.7 任意の実数 ν と自然数 n に対して一般化された2項係数 $\dbinom{\nu}{n}$ を

$$\binom{\nu}{n} = \frac{\nu(\nu-1)(\nu-2)\cdots(\nu-n+1)}{n!}$$

と定義する．また $\dbinom{\nu}{0}=1$ と定義する．このとき $\displaystyle\sum_{n=0}^{\infty}\binom{\nu}{n}z^n$ の収束半径は ν が正整数と0以外では1であることを示せ．また自然数 m に対して $\nu=1/m$ であるとき

$$\sum_{n=0}^{\infty}\binom{\nu}{n}z^n = (1+z)^{1/m}$$

であることを示せ．

4 コーシーの定理と定積分

この章では正則関数の理論の核心をなすコーシーの定理を述べ，その種々の応用について述べる．

4.1 コーシーの定理とコーシーの積分公式

この節では複素解析学の中心であるコーシーの定理について論じよう．そのために，以下の証明で多用する線積分に関する不等式について少し準備をする．以下，曲線は区分的に滑らかであると仮定する．

領域 D の曲線

$$\gamma : [a, b] \ni t \mapsto \gamma(t) \in D$$

と D 上の連続関数 $f(z)$ が与えられたときに線積分

$$\int_\gamma f(z)\ dz = \int_a^b f(\gamma(t))\gamma'(t)\,dt$$

に対して不等式

$$\left|\int_\gamma f(z)\ dz\right| = \left|\int_a^b f(\gamma(t))\gamma'(t)\,dt\right| \le \int_a^b |f(\gamma(t))||\gamma'(t)|\,dt$$

が成り立つ．そこで

$$\int_a^b |f(\gamma(t))||\gamma'(t)|\,dt$$

を

$$\int_\gamma |f(z)|\ |dz|$$

と略記する．言い換えると $|dz|$ を $|\gamma'(t)|dt$ と解釈する．すると不等式

$$\left|\int_\gamma f(z)\,dz\right| \leq \int_\gamma |f(z)|\,|dz| \tag{4.1}$$

が常に成り立つ．またこのとき $\gamma(t)=x(t)+iy(t)$ と記すと

$$\int_\gamma 1|dz| = \int_a^b |\gamma'(t)|\,dt = \int_a^b \sqrt{x'(t)^2+y'(t)^2}\,dt$$

は曲線 γ の長さであることに注意する．

以上の準備のもとで，コーシーの定理を考察する．まず，簡単な場合から始める．

定理 4.1　複素数値関数 $f(z)$ が三角形 $ABC=\Delta$ の周と内部を含む領域で正則であるとき，三角形の周を反時計回りに進む道を $\partial\Delta$ と記すと

$$\int_{\partial\Delta} f(z)\,dz = 0$$

が成立する．

[証明]　関数 $f(z)$ に対して

$$\left|\int_{\partial\Delta} f(z)\,dz\right| = A$$

とおき，$A=0$ を示す．三角形 $ABC=\Delta$ の各辺の中点を結んで三角形 Δ を 4 等分し，反時計回りに Δ_1, Δ_2, Δ_3, Δ_4 と名づける(図 4.1)．それぞれの三角形 Δ_k の周 $\partial\Delta_k$ も反時計回りにまわるとすると 4 等分した三角形の共通の辺の上では積分路が逆方向になる(図 4.1 を参照のこと)．したがって

$$\int_{\partial\Delta} f(z)\,dz = \sum_{k=1}^{4}\int_{\partial\Delta_k} f(z)\,dz$$

が成立する．すると

$$\left|\int_{\partial\Delta} f(z)\,dz\right| \leq \sum_{k=1}^{4}\left|\int_{\partial\Delta_k} f(z)\,dz\right|$$

が成り立つので

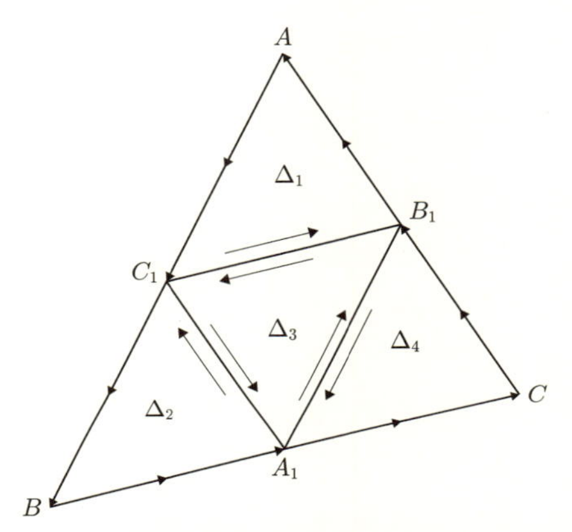

図 4.1 コーシーの定理 三角形 $ABC=\Delta$ の各辺の中点を結んで三角形を 4 等分して反時計回りに $\Delta_1,\ldots,\Delta_4$ と名づける．このとき $\int_{\partial\Delta} f(z)\,dz=\sum_{i=1}^{4}\int_{\partial\Delta_i} f(z)\,dz$ が成り立つ．

$$\left|\int_{\partial\Delta_{k_1}} f(z)\,dz\right| \geq \frac{A}{4}$$

となる三角形 Δ_{k_1} が存在する．二つ以上ある場合は一つ Δ_{k_1} を選び，$\Delta^{(1)}$ と記す．

次に三角形 $\Delta^{(1)}$ を上と同様に 4 等分して反時計回りに $\Delta_1^{(1)},\ldots,\Delta_4^{(1)}$ と記すと

$$\int_{\partial\Delta^{(1)}} f(z)\,dz = \sum_{j=1}^{4}\int_{\partial\Delta_j^{(1)}} f(z)\,dz$$

が成り立つので

$$\frac{A}{4} \leq \left|\int_{\partial\Delta^{(1)}} f(z)\,dz\right| \leq \sum_{j=1}^{4}\left|\int_{\partial\Delta_j^{(1)}} f(z)\,dz\right|$$

が成り立ち，したがって

$$\left|\int_{\partial\Delta_{k_2}^{(1)}} f(z)\,dz\right| \geq \frac{A}{4^2}$$

が成り立つ三角形 $\Delta_{k_2}^{(1)}$ が存在する．複数存在するときはそのうちの一つを選び，$\Delta_{k_2}^{(1)}=\Delta^{(2)}$ と記す．

以下，この操作を続けることによって，すべての正整数 n に対して三角形

$\Delta^{(n)}$ でその周に沿った $f(z)$ の線積分が

$$\left|\int_{\partial\Delta^{(n)}} f(z)\,dz\right| \geq \frac{A}{4^n}$$

を満たすようなものが存在することが分かる.

三角形 $\Delta_{k_1k_2\cdots k_n}$ は Δ の辺を n 回2等分して得られるので，その辺の長さはもとの辺の長さの $1/2^n$ となる．このことから $n\to\infty$ では三角形 $\Delta^{(n)}$ は1点 z_0 に収束することが分かる．三角形の構成法から $z_0\in\Delta$ である.

仮定から $f(z)$ は点 z_0 で複素微分可能である．これは任意の $\varepsilon>0$ に対して $0<|z-z_0|<\delta$ である任意の z に対して

$$\left|\frac{f(z)-f(z_0)}{z-z_0}-f'(z_0)\right| < \varepsilon$$

が成り立つように $\delta>0$ を選ぶことができることを意味する．したがって $|z-z_0|<\delta$ であれば

$$|f(z)-f(z_0)-f'(z_0)(z-z_0)| < |z-z_0|\varepsilon \tag{4.2}$$

が成り立つ．また，このとき z_0 の定義より正整数 N を十分大きくとると，任意の $n\geq N$ に対して

$$\Delta^{(n)} \subset \{\, z \in \mathbb{C} \mid |z-z_0| < \delta\}$$

が成り立つようにできる．したがって $n\geq N$ であれば $z\in\partial\Delta^{(n)}$ に対しても不等式(4.2)が成り立つ.

ところで，三角形 Δ の周の長さを L とすると $\partial\Delta^{(n)}$ の周の長さは $L/2^n$ であり，$z\in\partial\Delta^{(n)}$ のとき $|z-z_0|$ は三角形 $\Delta^{(n)}$ の周の長さより小さいので $|z-z_0|<L/2^n$ が成り立つ．よって(4.2)より

$$\begin{aligned}
&\left|\int_{\partial\Delta^{(n)}} (f(z)-f(z_0)-f'(z_0)(z-z_0))\,dz\right| \\
&\quad\leq \int_{\partial\Delta^{(n)}} |f(z)-f(z_0)-f'(z_0)(z-z_0)||dz| \\
&\quad< \int_{\partial\Delta^{(n)}} |z-z_0|\varepsilon|dz| \\
&\quad< \frac{L}{2^n}\cdot\frac{L}{2^n}\varepsilon = \frac{L^2\varepsilon}{4^n}
\end{aligned}$$

が成り立つ．ここで，$f(z_0)+f'(z_0)(z-z_0)$ は多項式であるから，$\partial\Delta^{(n)}$ に沿った線積分は 0 になる(定理 2.11)ので，上の不等式から

$$\left|\int_{\partial\Delta^{(n)}} f(z)\,dz\right| < \frac{L^2}{4^n}\varepsilon$$

を得る．一方，

$$\left|\int_{\partial\Delta^{(n)}} f(z)\,dz\right| \geq \frac{A}{4^n}$$

であったので

$$\frac{A}{4^n} < \frac{L^2}{4^n}\varepsilon$$

が成り立たなければならない．すなわち

$$\frac{A}{L^2} < \varepsilon$$

が成り立たなければならない．三角形 Δ の周の長さ L は最初に与えられており，$\varepsilon>0$ は任意に選ぶことができるので，これは $A=0$ を意味する．**【証明終】**

系 4.2　複素数値関数 $f(z)$ が閉じた折れ線 γ の周と内部を含む領域で正則であれば

$$\int_\gamma f(z)\,dz = 0$$

が成り立つ．

[証明]　閉じた折れ線の端点と内部の点をいくつか選んで，これらの点を結んで，折れ線の内部と周を三角形に分割することができる．それぞれの三角形に沿っての積分が 0 になり，これらの線積分の和は折れ線に沿った積分になるので，主張が正しいことが分かる．**【証明終】**

上の定理の証明に使われた曲線を細かく分ける議論は以下でもしばしば使われる．

> **定理 4.3**（コーシーの定理）　関数 $f(z)$ は閉曲線 γ の内側と閉曲線の近傍で正則であれば
>
> $$\int_\gamma f(z)\,dz = 0$$
>
> が成り立つ.

閉曲線 γ:$[a,b]$→$\mathbb{C}$ の内側とは $\gamma(t)$ を t=a から t=b に向かって進むときに左側にある部分と解釈する．厳密に言うと問題があるが，具体的に与えられている曲線に対して内部は直観的に分かるので定理が適用できる.

［証明］　区間 $[a,b]$ を分割し

$$\sigma : a = t_0 < t_1 < t_2 < \cdots < t_{N-1} < t_N = b$$

z_n=$\gamma(t_n)$ とおく．z_n と z_{n+1} とを線分で結んで曲線 γ を折れ線 L_σ で近似する．区間 $[a,b]$ の分割を十分細かくとることによって L_σ で囲まれた部分でも $f(z)$ は正則であると仮定してよい．折れ線で囲まれた部分を三角形に分割することによって

$$\int_{L_\sigma} f(z)\,dz = 0$$

が成り立つ．また，L_σ から幅が小さな帯 F を作って $\gamma([a,b])$ を含むようにすることができる（図 4.2).

すると F は有界閉集合であり，したがって $f(z)$ は F で一様連続である. ε>0 が与えられたときに $[a,b]$ の分割を十分細かくすると，w_n が $\gamma([t_n,t_{n+1}])$ 上の点，または z_n と z_{n+1} を結ぶ線分上の点であり，ξ_n が z_n と z_{n+1} を結ぶ線分上にあるとき

$$|f(z_n)-f(w_n)| < \varepsilon, \quad n = 0,1,2,\ldots,N-1$$

$$\left|\int_\gamma f(z)\,dz - \sum_{n=0}^{N-1} f(\xi_n)(z_{n+1}-z_n)\right| < \varepsilon$$

および

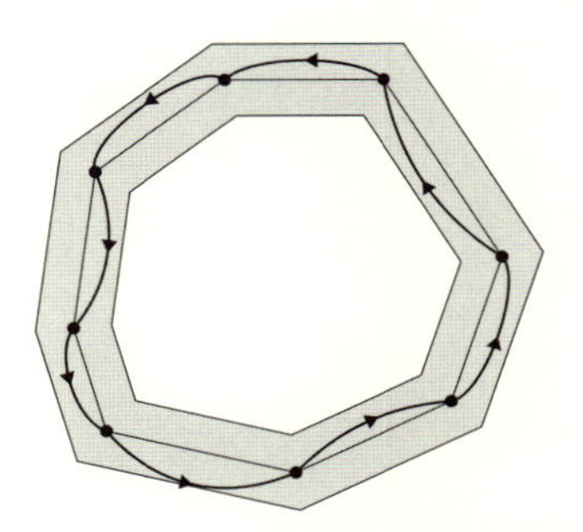

図 4.2　折れ線 L_σ から幅 η の帯 F を作る．

$$\left|\sum_{n=0}^{N-1}|z_{n+1}-z_n|-L\right|<\varepsilon$$

が成り立つような分割 σ を見出すことができる．ここで L は曲線 γ の長さである．

このとき $\xi_n=\gamma(t'_n)$, $t_n\leq t'_n\leq t_{n+1}$ とおくと

$$\begin{aligned}\left|\int_{z_n}^{z_{n+1}} f(z)\,dz-f(\xi_n)(z_{n+1}-z_n)\right| &= \left|\int_{z_n}^{z_{n+1}}(f(z)-f(\xi_n))\,dz\right| \\ &\leq \int_{z_n}^{z_{n+1}}|f(z)-f(\xi_n)|\,|dz| \\ &< \varepsilon\,|z_{n+1}-z_n|\end{aligned}$$

が成り立つ．したがって

$$\begin{aligned}&\left|\int_{L_\sigma} f(z)\,dz-\sum_{n=0}^{N-1}f(\xi_n)(z_{n+1}-z_n)\right| \\ &\quad=\left|\sum_{n=0}^{N-1}\int_{z_n}^{z_{n+1}}f(z)\,dz-\sum_{n=0}^{N-1}f(\xi_n)(z_{n+1}-z_n)\right| \\ &\quad\leq\sum_{n=0}^{N-1}\int_{z_n}^{z_{n+1}}|f(z)-f(\xi_n)|\,|dz| \\ &\quad<\varepsilon(L+\varepsilon)<(L+1)\varepsilon\end{aligned}$$

これより

$$\left|\int_\gamma f(z)\,dz-\int_{L_\sigma} f(z)\,dz\right|$$
$$=\left|\int_\gamma f(z)\,dz-\sum_{n=0}^{N-1} f(\xi_n)(z_{n+1}-z_n)+\sum_{n=0}^{N-1} f(\xi_n)(z_{n+1}-z_n)-\int_{L_\sigma} f(z)\,dz\right|$$
$$\leq\left|\int_\gamma f(z)\,dz-\sum_{n=0}^{N-1} f(\xi_n)(z_{n+1}-z_n)\right|+\left|\int_{L_\sigma} f(z)\,dz-\sum_{n=0}^{N-1} f(\xi_n)(z_{n+1}-z_n)\right|$$
$$<\varepsilon+(L+1)\varepsilon=(L+2)\varepsilon$$

上で証明したことにより

$$\int_{L_\sigma} f(z)\,dz=0$$

したがって

$$\left|\int_\gamma f(z)\,dz\right|<(L+2)\varepsilon$$

が成り立つ．ε は任意の正数であったのでこれは

$$\int_\gamma f(z)\,dz=0$$

を意味する．　**【証明終】**

長い証明が続いたので一息入れて次の問題を解いてみよう．

問題 4.1

e^{-z^2} は全複素平面で正則である．e^{-z^2} を $-S$, T, $T+ia$, $-S+ia$, $(S,T,a>0)$ を頂点とする長方形(図4.3)の周 γ に沿った積分を行い，$S\to\infty$, $T\to\infty$ とすることによって

$$\int_{-\infty}^{\infty} e^{-(x+ia)^2}\,dx=\int_{-\infty}^{\infty} e^{-x^2}\,dx$$

を示せ．また，この等式の両辺の実部をとり e^{-a^2} を掛けることによって

$$\int_{-\infty}^{\infty} e^{-x^2}\cos(2ax)\,dx=e^{-a^2}\int_{-\infty}^{\infty} e^{-x^2}\,dx$$
$$=\sqrt{\pi}e^{-a^2}$$

を示せ．

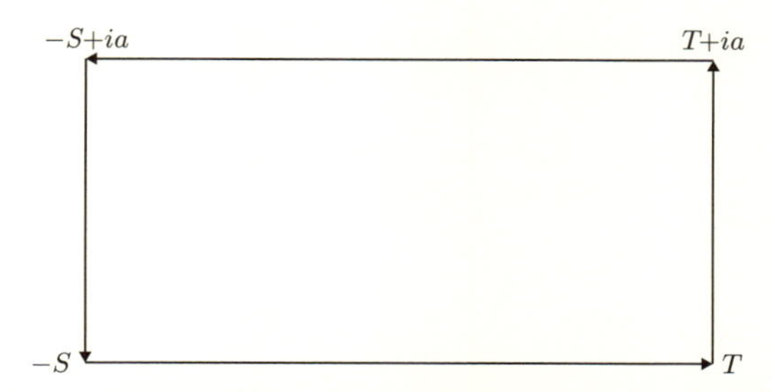

図 4.3　長方形の周 γ に沿って反時計回りに e^{-z^2} を積分するとコーシーの定理によって値は 0.

コーシーの定理によって

$$0=\int_\gamma e^{-z^2}\,dz=\int_{-S}^{T} e^{-x^2}\,dx+\int_{T}^{T+ia} e^{-z^2}\,dz-\int_{-S+ia}^{T+ia} e^{-z^2}\,dz -\int_{-S}^{-S+ia} e^{-z^2}\,dz \tag{4.3}$$

が成り立つ.

$$\int_{T}^{T+ia} e^{-z^2}\,dz=\int_0^a e^{-(T+it)^2}\,idt=i\int_0^a e^{-(T^2-t^2)-2Ti}\,dt$$

より

$$\left|\int_{T}^{T+ia} e^{-z^2}\,dz\right|\le\int_0^a e^{-(T^2-t^2)}\,dt\le\int_0^a e^{-(T^2-a^2)}\,dt=ae^{-(T^2-a^2)}$$

が成り立ち,

$$\lim_{T\to\infty}\left|\int_{T}^{T+ia} e^{-z^2}\,dz\right|=0$$

となる．同様に

$$\left|\int_{-S}^{-S+ia} e^{-z^2}\,dz\right|\le ae^{-(S^2-a^2)}$$

が成り立ち,

$$\lim_{S\to\infty}\left|\int_{-S}^{-S+ia} e^{-z^2}\,dz\right|=0$$

となる．したがって上の等式(4.3)より

$$\lim_{S,T\to\infty}\int_{-S}^{T} e^{-x^2}\,dx = \lim_{S,T\to\infty}\int_{-S+ia}^{T+ia} e^{-z^2}\,dz$$

を得る．これより

$$\int_{-\infty}^{\infty} e^{-x^2}\,dx = \int_{-\infty}^{\infty} e^{-(x+ia)^2}\,dx$$

を得る．両辺の実部をとると

$$\int_{-\infty}^{\infty} e^{-x^2}\,dx = \int_{-\infty}^{\infty} e^{-x^2+a^2}\cos(2ax)\,dx$$

が成り立つので

$$\int_{-\infty}^{\infty} e^{-x^2}\cos(2ax)\,dx = e^{-a^2}\int_{-\infty}^{\infty} e^{-x^2}\,dx = \sqrt{\pi}e^{-a^2}$$

を得る．$\int_{-\infty}^{\infty} e^{-x^2}dx=\sqrt{\pi}$ は『解析編』定理 3.3 (p. 135) を参照のこと．

次にもう少し複雑な積分を考えてみよう．

問題 4.2

$\dfrac{e^{iz}}{z}$ を図 4.4 の積分路で積分し，$R\to\infty$, $\varepsilon\to 0$ をとることによって

$$\int_{0}^{\infty}\frac{\sin x}{x}\,dx = \frac{\pi}{2}$$

を示せ．

$\sin x$ は偶関数なので，

$$\int_{0}^{\infty}\frac{\sin x}{x}\,dx = \lim_{R\to\infty}\int_{0}^{R}\frac{\sin x}{x}\,dx = \lim_{R\to\infty}\frac{1}{2}\int_{-R}^{R}\frac{\sin x}{x}\,dx$$

が成り立つ．一方，積分路(図 4.4)の内部で $\dfrac{e^{iz}}{z}$ は正則であるので

$$0 = \int_{-R}^{-\varepsilon}\frac{e^{ix}}{x}\,dx + \int_{\gamma_\varepsilon^+}\frac{e^{iz}}{z}\,dz + \int_{\varepsilon}^{R}\frac{e^{ix}}{x}\,dx + \int_{\gamma_R^+}\frac{e^{iz}}{z}\,dz \tag{4.4}$$

が成り立つ．このとき

$$\int_{-R}^{-\varepsilon}\frac{e^{ix}}{x}\,dx + \int_{\varepsilon}^{R}\frac{e^{ix}}{x}\,dx = \int_{-R}^{-\varepsilon}\frac{\cos x + i\sin x}{x}\,dx + \int_{\varepsilon}^{R}\frac{\cos x + i\sin x}{x}\,dx$$

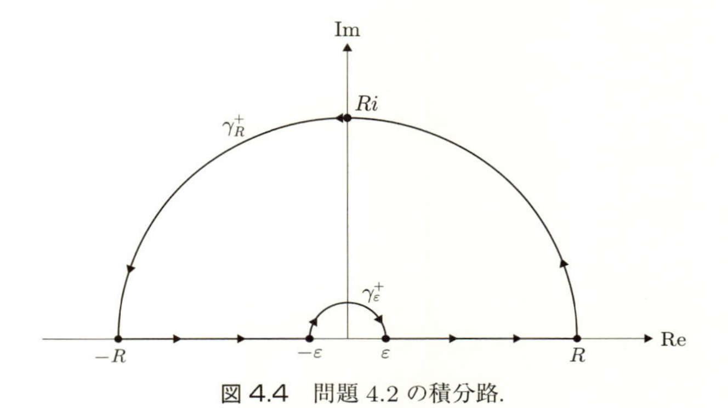

図 4.4　問題 4.2 の積分路.

$$
\begin{aligned}
&= \int_{-R}^{-\varepsilon} \frac{\cos x}{x}\,dx + \int_{\varepsilon}^{R} \frac{\cos x}{x}\,dx \\
&\quad + i\left(\int_{-R}^{-\varepsilon} \frac{\sin x}{x}\,dx + \int_{\varepsilon}^{R} \frac{\sin x}{x}\,dx\right) \\
&= 2i\int_{\varepsilon}^{R} \frac{\sin x}{x}\,dx \\
&\quad \left(\int_{-R}^{-\varepsilon} \frac{\cos x}{x}\,dx = -\int_{\varepsilon}^{R} \frac{\cos x}{x}\,dx \text{ を使った}\right)
\end{aligned}
$$

が成り立つ．$\delta>0$ が小さければ $\sin\theta>\dfrac{\theta}{2}$ がすべての $\theta\in[0,\delta]$ で成り立ち，一方，$\left[\delta, \dfrac{\pi}{2}\right]$ では $\sin\theta\geq\sin\delta>0$ が成り立つ．さらに

$$
\int_0^{\pi} e^{-R\sin\theta}\,d\theta = 2\int_0^{\pi/2} e^{-R\sin\theta}\,d\theta
$$

が成り立つので，積分路 γ_R^+ では，

$$
\begin{aligned}
\left|\int_{\gamma_R^+} \frac{e^{iz}}{z}dz\right| &= \left|\int_0^{\pi} \frac{e^{iR(\cos\theta+i\sin\theta)}}{Re^{i\theta}} Rie^{i\theta}\,d\theta\right| \\
&\leq \int_0^{\pi} \left|\frac{e^{iR(\cos\theta+i\sin\theta)}}{Re^{i\theta}} Rie^{i\theta}\right|\,d\theta \\
&= \int_0^{\pi} e^{-R\sin\theta}\,d\theta \\
&= 2\int_0^{\pi/2} e^{-R\sin\theta}\,d\theta = 2\int_0^{\delta} e^{-R\sin\theta}\,d\theta + 2\int_{\delta}^{\pi/2} e^{-R\sin\theta}\,d\theta \\
&\leq 2\int_0^{\delta} e^{-R\theta/2}\,d\theta + 2\int_{\delta}^{\pi/2} e^{-R\sin\delta}\,d\theta
\end{aligned}
$$

$$\leq 2\left[-\frac{2}{R}e^{-R\theta/2}\right]_0^{\delta}+\pi e^{-R\sin\delta}$$
$$=\frac{4}{R}\left(1-e^{-R\delta/2}\right)+\pi e^{-R\sin\delta}$$

が成り立つ．したがって

$$\lim_{R\to\infty}\int_{\gamma_R^+}\frac{e^{iz}}{z}dz=0$$

であることが分かる．また，$z=0$ の近傍では

$$\frac{e^{iz}}{z}=\frac{1}{z}\left(1+iz-\frac{z^2}{2}-\frac{iz^3}{3!}+\cdots\right)=\frac{1}{z}+G(z)$$

と展開できる．$\frac{e^{iz}}{z}$ は $z=0$ 以外では正則であるので $G(z)$ は全複素平面で正則である．したがって $r>0$ を一つ選んで固定すると $|z|\leq r$ で $|G(z)|\leq M$ が成り立つような $M>0$ が存在する．$\varepsilon<r$ にとれば

$$\left|\int_{\gamma_\varepsilon^+}G(z)\ dz\right|\leq\int_0^{\pi}\left|G(\varepsilon e^{i\theta})\varepsilon ie^{i\theta}\right|d\theta\leq\varepsilon\int_0^{\pi}M\ d\theta=\pi M\varepsilon$$

したがって

$$\lim_{\varepsilon\to 0}\int_{\gamma_\varepsilon^+}G(z)\ dz=0$$

一方，

$$\int_{\gamma_\varepsilon^+}\frac{dz}{z}=\int_{\pi}^{0}i\ d\theta=-\pi i$$

したがって

$$\lim_{\varepsilon\to 0}\int_{\gamma_\varepsilon^+}\frac{e^{iz}}{z}\ dz=-\pi i$$

が成り立ち，以上の議論を総合すると式(4.4)より

$$0=2i\lim_{R\to\infty}\int_0^{R}\frac{\sin x}{x}\ dx-\pi i$$

が成り立つことが分かる．

コーシーの定理の一般的な形は次のようになる．証明は割愛する．

定理 4.4（コーシーの定理（一般形））　正則関数 $f(z)$ の定義域 D 内の区分的に滑らかな閉曲線 γ が D 内で連続的に 1 点に収縮させることができれば

$$\int_\gamma f(z)\, dz = 0$$

が成り立つ．

閉曲線 γ:$[0,1]\to D$ が D 内で連続的に 1 点に収縮させることができるとは

$$\Gamma(0,t) = \gamma(t), \quad \Gamma(t,1) = z_0$$

という性質を持つ連続写像

$$\Gamma : [0,1]\times[0,1] \to D$$

が存在することを意味する．一般に領域の連続曲線を連続的に 1 点に収縮できるとは限らない．たとえば図 4.5 のように穴が開いた領域では 1 点に連続的に収縮させることができない閉曲線が存在する．一方，円板のようにすべての連続閉曲線は 1 点に連続的に収縮させることができる．このように，すべての連続閉曲線を 1 点に連続的に収縮させることができる領域は単連結であるといわれる．したがって単連結領域ではコーシーの定理は区分的に滑らかな閉曲線に対して常に成り立つことが分かる．

それでは閉曲線の内部の有限個の点で関数 $g(z)$ が正則でない場合は，積分はどうなるのであろうか．まず簡単な場合から考察してみよう．閉曲線 γ の内部の点 z_0 以外では $g(z)$ は正則としよう．

この場合は，点 z_0 を中心とする小円を描き閉曲線 γ の始点（= 終点）P_0 と小円の 1 点を結ぶ道 l を閉曲線の内部に描き，P_0 から閉曲線 γ を進み，次に l を進んで小円に至り，小円を時計回りに回って l を逆行して点 P_0 に戻る道に沿った $g(z)$ の積分は 0 である（図 4.6）．このことから

$$\int_\gamma g(z)\, dz = \int_{|z-z_0|=\delta} g(z)\, dz \tag{4.5}$$

が成り立つことが分かる．この結果を特に

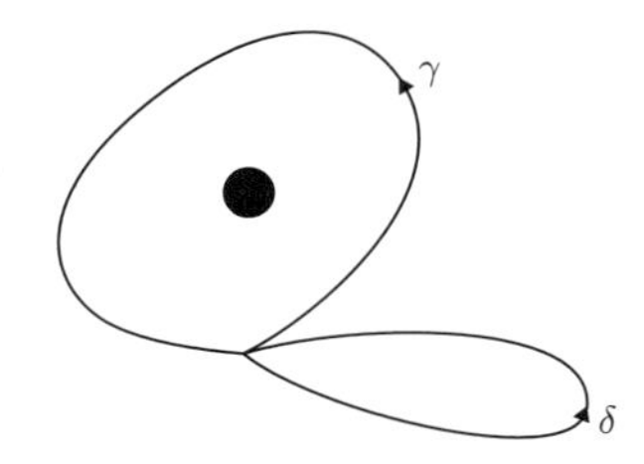

図 4.5　曲線 γ は連続的に 1 点に収縮させることはできない．一方，曲線 δ は連続的に 1 点に収縮させることができる．

$$g(z) = \frac{f(z)}{z-z_0}$$

の場合に考えてみよう．ここで $f(z)$ は $|z-a|<R$ で正則な関数と仮定し，$0<r<R$, $|z_0-a|<r$ に対して積分

$$\int_{|z-a|=r} g(z)\, dz$$

を考えてみよう．上の等式(4.5)より

$$\int_{|z-a|=r} \frac{f(z)}{z-z_0} dz = \int_{|z-z_0|=\delta} \frac{f(z)}{z-z_0} dz$$

が成り立つ．この右辺は $z=z_0+\delta e^{i\theta}$ とおけば，

$$\int_{|z-z_0|=\delta} \frac{f(z)}{z-z_0} dz = \int_0^{2\pi} f(z_0+\delta e^{i\theta}) id\theta$$

と書くことができる．この等式が任意の小さな δ に対して成り立つので，もし

$$\lim_{\delta\to 0} \int_0^{2\pi} f(z_0+\delta e^{i\theta})\, d\theta$$

が存在すれば

$$\int_{|z-z_0|=\delta} \frac{f(z)}{z-z_0} dz = i \lim_{\delta\to 0} \int_0^{2\pi} f(z_0+\delta e^{i\theta})\, d\theta$$

が成り立つことが分かる．そこで右辺の極限が存在することを示そう．$f(z)$ は点 z_0 で連続であるので任意の $\varepsilon>0$ に対して $|z-z_0|<\delta_1$ であれば

$$|f(z)-f(z_0)| < \varepsilon$$

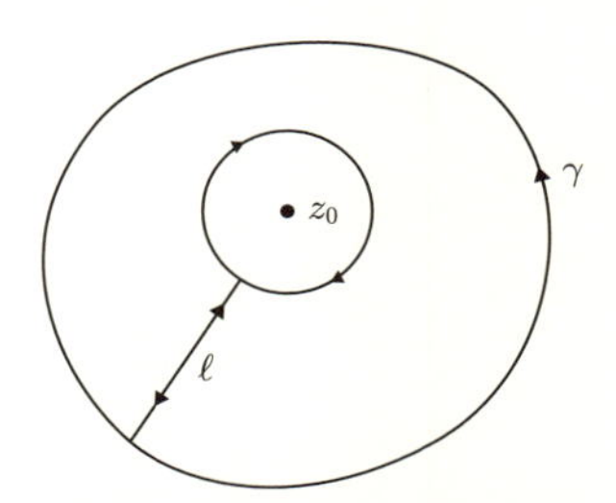

図 4.6　閉曲線 γ の内部の点 z_0 以外では $f(z)$ は正則.

が成り立つような $0<\delta_1$ が存在する．そこで $0<\delta<\delta_1$ であるように δ を選ぶと

$$|f(z_0+\delta e^{i\theta})-f(z_0)| \leq \varepsilon$$

が成り立つので

$$\begin{aligned}\left|\int_0^{2\pi} f(z_0+\delta e^{i\theta})\,d\theta-\int_0^{2\pi} f(z_0)\,d\theta\right| &= \left|\int_0^{2\pi}(f(z_0+\delta e^{i\theta})-f(z_0))\,d\theta\right| \\ &\leq \int_0^{2\pi}\left|f(z_0+\delta e^{i\theta})-f(z_0)\right|\,d\theta \\ &< \int_0^{2\pi}\varepsilon\,d\theta = 2\pi\varepsilon\end{aligned}$$

が成り立つ．ε は小さければ任意に選ぶことができるので，この不等式より

$$\lim_{\delta\to 0}\int_0^{2\pi} f(z_0+\delta e^{i\theta})\,d\theta = \int_0^{2\pi} f(z_0)\,d\theta = 2\pi f(z_0)$$

を得る．以上によって次の定理が証明された.

定理 4.5（コーシーの積分公式）　関数 $f(z)$ は $|z-a|\leq r$ を含む領域で正則と仮定する．このとき $|z-a|<r$ である任意の z に対して

$$f(z) = \frac{1}{2\pi i}\int_{|w-a|=r}\frac{f(w)}{w-z}\,dw \tag{4.6}$$

が成り立つ.

注意 4.1　積分路 γ が点 z を正の向きに 1 回転し，積分路とその内部を含む領域で $f(z)$ が正則であれば，上と同様に

$$f(z) = \frac{1}{2\pi i}\int_\gamma \frac{f(w)}{w-z}\,dw$$

が成り立つ.

この定理はたくさんの応用がある. 正則性から解析性が従うこともこの定理から導くことができる.

定理 4.6　ある点 z_0 の近傍で正則な関数は z_0 を中心としてテイラー展開ができる.

[証明]　関数 $f(z)$ は $|z-z_0|\leq r$ を含む領域で正則と仮定する. このときコーシーの積分公式より

$$f(z) = \frac{1}{2\pi i}\int_{|w-z_0|=r} \frac{f(w)}{w-z}\,dw$$

と書くことができる. $|w-z_0|=r$, $|z-z_0|<r$ のとき

$$\frac{1}{w-z} = \frac{1}{(w-z_0)-(z-z_0)} = \frac{1}{w-z_0}\frac{1}{1-\dfrac{z-z_0}{w-z_0}} = \sum_{n=1}^{\infty}\frac{(z-z_0)^n}{(w-z_0)^{n+1}}$$

が成り立ち, 最後のベキ級数は $|w-z_0|=r$ と $|z-z_0|\leq r'<r$ を満たす w, z に関して一様絶対収束する. なぜならば

$$\sum_{n=1}^{\infty}\frac{|z-z_0|^n}{|w-z_0|^{n+1}} \leq \sum_{n=1}^{\infty}\frac{1}{r}\cdot\left(\frac{r'}{r}\right)^n$$

が成り立ち, 右辺は z, w に無関係に収束するからである. したがって積分と無限和を交換することができて

$$\begin{aligned}\frac{1}{2\pi i}\int_{|w-z_0|=r}\frac{f(w)}{w-z}\,dw &= \frac{1}{2\pi i}\int_{|w-z_0|=r}\sum_{n=1}^{\infty}\frac{f(w)(z-z_0)^n}{(w-z_0)^{n+1}}\,dw \\ &= \frac{1}{2\pi i}\sum_{n=1}^{\infty}\left(\int_{|w-z_0|=r}\frac{f(w)}{(w-z_0)^{n+1}}\,dw\right)(z-z_0)^n\end{aligned} \tag{4.7}$$

と書くことができる. このことは次のように証明できる. 有限和に関しては積分と和は交換できるので, 任意の正数 ε に対して $m\geq M$ であれば

$$\left|\frac{1}{2\pi i}\int_{|w-z_0|=r}\sum_{n=1}^{\infty}\frac{f(w)(z-z_0)^n}{(w-z_0)^{n+1}}\,dw-\frac{1}{2\pi i}\sum_{n=1}^{m}\left(\int_{|w-z_0|=r}\frac{f(w)}{(w-z_0)^{n+1}}\,dw\right)(z-z_0)^n\right|$$
$$=\left|\frac{1}{2\pi i}\int_{|w-z_0|=r}\sum_{n=m+1}^{\infty}\frac{f(w)(z-z_0)^n}{(w-z_0)^{n+1}}\,dw\right|<\varepsilon \qquad (4.8)$$

が常に成り立つような自然数 M の存在が証明できればよい．有限和に対しては

$$\left|\frac{1}{2\pi i}\int_{|w-z_0|=r}\sum_{n=m+1}^{N}\frac{f(w)(z-z_0)^n}{(w-z_0)^{n+1}}\,dw\right|\leq\frac{1}{2\pi}\int_{|w-z_0|=r}\sum_{n=m+1}^{N}\left|\frac{f(w)(z-z_0)^n}{(w-z_0)^{n+1}}\right|\,|dw|$$

が成り立つので $N\to\infty$ を考えることによって

$$\left|\frac{1}{2\pi i}\int_{|w-z_0|=r}\sum_{n=m+1}^{\infty}\frac{f(w)(z-z_0)^n}{(w-z_0)^{n+1}}\,dw\right|\leq\frac{1}{2\pi}\int_{|w-z_0|=r}\sum_{n=m+1}^{\infty}\left|\frac{f(w)(z-z_0)^n}{(w-z_0)^{n+1}}\right|\,|dw|$$

が成り立つことが分かる．$|f(w)|$ が $|w-z_0|=r$ 上でとる最大値を L とすると

$$\frac{1}{2\pi}\int_{|w-z_0|=r}\left|\frac{f(w)(z-z_0)^n}{(w-z_0)^{n+1}}\right|\,|dw|\leq\frac{1}{2\pi}\cdot 2\pi rL\cdot\frac{r'^n}{r^{n+1}}=L\cdot\left(\frac{r'}{r}\right)^n$$

が成り立つ．したがって

$$\frac{1}{2\pi}\int_{|w-z_0|=r}\sum_{n=m+1}^{\infty}\left|\frac{f(w)(z-z_0)^n}{(w-z_0)^{n+1}}\right|\,|dw|\leq L\sum_{n=m+1}^{\infty}\left(\frac{r'}{r}\right)^n$$
$$=\frac{L\cdot\left(\dfrac{r'}{r}\right)^{m+1}}{1-\dfrac{r'}{r}}$$

が成り立つ．一方，

$$\frac{L\cdot\left(\dfrac{r'}{r}\right)^{M+1}}{1-\dfrac{r'}{r}}<\varepsilon$$

が成り立つような M を見出すことができる．すると $m\geq M$ であるすべての m に対して不等式(4.8)が成り立つことが分かり，積分と無限和を交換することができることが示された．r' は $r'<r$ であれば何でもよかったのですべての $|z-z_0|<r$ に対して(4.7)が成り立つことが分かる．

そこで

$$a_n = \frac{1}{2\pi i}\int_{|w-z_0|=r}\frac{f(w)}{(w-z_0)^{n+1}}\,dw \tag{4.9}$$

とおくと

$$f(z) = \sum_{n=0}^{\infty} a_n(z-z_0)^n$$

とテイラー展開できることが分かる.　**【証明終】**

この結果から

$$f(z) = \sum_{n=0}^{\infty} a_n(z-z_0)^n$$

とテイラー展開できれば

$$a_n = \frac{1}{n!}f^{(n)}(z_0) \qquad (f^{(n)}\text{ は } n \text{ 階微分係数})$$

が成り立つ．したがって(4.9)より

$$f^{(n)}(z_0) = \frac{n!}{2\pi i}\int_{|w-z_0|=r}\frac{f(w)}{(w-z_0)^{n+1}}\,dw \tag{4.10}$$

が成り立つことが分かる．この表示は z_0 を中心とする半径 r の円周に沿った積分ではあるが，円板 $|w-z_0|\leq r$ が円板 $|w-a|\leq R$ の中にあり，かつ円板 $|w-a|\leq R$ が領域 D に含まれていれば

$$\int_{|w-z_0|=r}\frac{f(w)}{(w-z_0)^{n+1}}\,dw = \int_{|w-a|=R}\frac{f(w)}{(w-z_0)^{n+1}}\,dw$$

が成り立つ．したがって次の定理が証明された.

定理 4.7　ある領域 D で正則な関数 $f(z)$ は D の各点を中心としてテイラー展開でき，D の各点で無限階複素微分可能である．また円板 $|z-a|<R$ が領域 D に含まれていれば $|z-a|<r<R$ であるすべての点 z に対して

$$f^{(n)}(z) = \frac{n!}{2\pi i}\int_{|z-a|=r}\frac{f(w)}{(w-z)^{n+1}}\,dw \tag{4.11}$$

が成り立つ.

注意 4.2　注意 4.1 と同様に積分路 γ が点 z を正の向きに 1 回転し，積分路とその内部を含む領域で $f(z)$ が正則であれば

$$f^{(n)}(z) = \frac{n!}{2\pi i}\int_\gamma \frac{f(w)}{(w-z)^{n+1}}\,dw$$

が成り立つ．

第 2 章の定理 2.13 と上の定理 4.7 を組み合わせることによってコーシーの定理の逆が成り立つことが分かる．

定理 4.8（モレラの定理）　領域 D で定義された複素数値関数 $f(z)$ に対して D 内の任意の区分的に滑らかな曲線 γ に対して

$$\int_\gamma f(z)\,dz = 0$$

が成り立てば $f(z)$ は D で正則である．

[証明]　定理 2.13 より

$$F(z) = \int_{z_0}^{z} f(z)\,dz$$

は D の正則関数であり，

$$F'(z) = f(z)$$

である．定理 4.7 より $f(z)$ も D の各点で複素微分可能であるので正則関数である．　**【証明終】**

一般に $f(z)$ が領域 D で正則であっても区分的に滑らかな曲線 γ に沿っての積分 $\int_\gamma f(z)\,dz$ は 0 となるとは限らない．たとえば $1/z$ は複素平面から原点を除いた領域 $\mathbb{C}\setminus\{0\}$ で正則であるが，すでに 2.7 節の問題 2.16 で計算したように

$$\int_{|z|=r} \frac{1}{z}\,dz = 2\pi i$$

である．これは原点を中心とする円は，原点を除いた領域では 1 点に連続的に収縮させることができず，コーシーの定理（定理 4.4）の条件を満たさないこ

とと関係している．一方，D が開円板 $D_r(a)=\{z||z-a|<r\}$ の場合は D 内の任意の連続閉曲線は 1 点に連続的に収縮させせることができる．そのこともあり，正則性を示すためには主として D が開円板の場合にモレラの定理を適用することが多い．

続いて正則関数の零点を考察する．

定義 4.1　関数 $f(z)$ が z_0 の近傍で正則であり，そのテイラー展開が

$$f(z) = a_m(z-z_0)^m + a_{m+1}(z-z_0)^{m+1} + a_{m+2}(z-z_0)^{m+2} + \cdots,$$

$$m \geq 1, \quad a_m \neq 0$$

の形をしているときに関数 $f(z)$ は点 z_0 で m 位の零点を持つという．

関数 $f(z)$ は点 z_0 で m 位の零点を持つことは

$$f(z) = (z-z_0)^m g(z), \quad g(z_0) \neq 0 \tag{4.12}$$

となる z_0 の近傍で正則な関数 $g(z)$ が存在することと同値である．なぜならば

$$\begin{aligned} f(z) &= a_m(z-z_0)^m + a_{m+1}(z-z_0)^{m+1} + a_{m+2}(z-z_0)^{m+2} + \cdots \\ &= (z-z_0)^m \left\{ a_m + a_{m+1}(z-z_0) + a_{m+2}(z-z_0)^2 + \cdots \right\} \end{aligned}$$

と書くことができ

$$g(z) = a_m + a_{m+1}(z-z_0) + a_{m+2}(z-z_0)^2 + \cdots$$

は z_0 の近傍で正則であり，逆に (4.12) であれば $g(z)$ の点 z_0 を中心とするテイラー展開を

$$g(z) = b_0 + b_1(z-z_0) + b_2(z-z_0)^2 + \cdots$$

とすると $b_0 \neq 0$ であり，

$$f(z) = b_0(z-z_0)^m + b_1(z-z_0)^{m+1} + b_2(z-z_0)^{m+2} + \cdots$$

が成り立つからである．

問題 4.3

正則関数 $f(z)$ が点 z_0 で m 位の零点を持つための必要十分条件は

$$f(z_0)=f'(z_0)=\cdots=f^{(m-1)}(z_0)=0,\quad f^{(m)}(z_0)\neq 0 \tag{4.13}$$

が成り立つことであることを示せ.

$f(z)$ が点 z_0 で m 位の零点を持てば

$$f(z)=(z-z_0)^m g(z),\quad g(z_0)\neq 0$$

である正則関数 $g(z)$ が存在する．このとき積の微分に関するライプニッツの公式より

$$f^{(n)}(z)=\sum_{k=0}^{n}\binom{n}{k}m(m-1)\cdots(m-k+1)(z-z_0)^{m-k}g^{(n-k)}(z)$$

が成り立つので

$$f^{(n)}(z_0)=0,\quad n=0,1,\ldots,m-1,\quad f^{(m)}(z_0)=m!g(z_0)\neq 0$$

が成り立つ．逆に(4.13)が成り立ったと仮定する．$f(z)$ を点 z_0 を中心にテイラー展開することによって

$$f(z)=(z-z_0)^n h(z),\quad h(z_0)\neq 0,\quad n\geq 0$$

と書くことができる．このとき上の議論から

$$f(z_0)=f'(z_0)=\cdots=f^{(n-1)}(z_0)=0,\quad f^{(n)}(z_0)\neq 0$$

が成り立つ．したがって $n=m$ でなければならない.

正則関数の零点に関しては次の事実は重要である.

> **定理 4.9**　領域 D で正則な関数 $f(z)\neq 0$ の零点は孤立している．すなわち z_0 が $f(z)$ の零点であれば $\{z||z-z_0|<\delta\}\subset D$ での $f(z)$ の零点は z_0 に限るような正数 δ が存在する.

[証明]　$f(z)\neq 0$ が点 z_0 で m 位の零点を持てば

$$f(z) = (z-z_0)^m g(z), \quad g(z_0) \neq 0$$

であるような正則関数 $g(z)$ が z_0 のある近傍に存在する．このとき $g(z_0)\neq 0$ かつ $|g(z)|$ は連続関数であるので $\{z||z-z_0|<\delta\}\subset D$ のとき $|g(z)|>0$ であるような $\delta>0$ を見出すことができる．$(z-z_0)^m$ は z_0 以外では 0 にはならないので，この δ が求める条件を満たしている．　**【証明終】**

この簡明な事実から次の驚くような定理が証明できる．

定理 4.10（一致の定理）　領域 D 内の点列 $\{z_n\}$ のある部分列は D のある点に収束すると仮定する[*1]．領域 D で正則な二つの関数 $f(z)$，$g(z)$ が点列 $\{z_n\}$ 上で値が一致すれば，すなわち

$$f(z_n) = g(z_n)$$

が成り立てば領域 D で，この正則関数は一致する．

$$f(z) \equiv g(z)$$

[証明]

$$F(z) = f(z)-g(z)$$

を考えると

$$F(z_n) = 0, \quad n = 1, 2, \ldots$$

が成り立つ．したがってこの定理を証明するためには D で正則な関数 $h(z)$ が D 内に集積点を持つ数列 $\{z_n\}$ 上で $h(z_n)=0$ であれば D 上で $h(z)\equiv 0$ であることを示せばよい．

数列 $\{z_n\}$ の部分列 $\{z_{n_j}\}$ が D の点 w に収束するとする．点 w で関数 $h(z)$ は連続であるので

---

*1　点列 $\{z_n\}$ の部分列が収束する点をこの点列の<u>集積点</u>という．この用語を使えば定理に出てくる点列 $\{z_n\}$ は「領域 D 内に集積点を持つ点列である」ということができる．

$$h(w) = \lim_{j\to\infty} h(z_{n_j}) = 0$$

が成り立ち，w は $h(z)$ の零点である．一方，$h(z)$ の零点である $\{z_{n_j}\}$ は点 w に収束する．したがって零点 w のどのような近くにも $h(z)$ の零点が存在する．これは，もし $h(z)$ が w の近傍で恒等的に 0 でなければ正則関数 $h(z)$ の零点は孤立するという定理 4.9 に反する．したがって点 w の近傍で $h(z)$ は恒等的に 0 でなければならない．

そこで

$$D_0 = \{\, z \in D \mid z \text{ のある近傍で } h(z) \equiv 0 \,\}$$

とおくと，以上の議論から D_0 は開集合である．

$D_1 = D \setminus D_0$ とおくと点 z_1 のまわりでは $h(z)$ は恒等的には 0 でない．これは点 z_1 を中心とする $h(z)$ のテイラー展開

$$h(z) = a_0 + a_1(z-z_1) + a_2(z-z_1)^2 + a_3(z-z_1)^3 + \cdots$$

を考えると，$a_j \neq 0$ である係数が存在することを意味する．これより $|z-z_1| < \delta$, $\delta > 0$ で $h(z) \neq 0$ であるような正数 δ が存在することが分かる．したがって D_1 は開集合である．よって

$$D = D_0 \cup D_1$$

となり D は互いに共通部分を持たない開集合の和集合となるが，D は領域であるので D_0 または D_1 は空集合でなければならない．仮定より $D_0 \neq \varnothing$ であったので $D_1 = \varnothing$ でなければならない．これは D で $h(z)$ は恒等的に 0 であることを意味する． **【証明終】**

たとえば複素平面上の実軸で三角関数 $\sin x$ と一致する正則関数はただ一つしかないことが一致の定理から分かる．このように，一致の定理が主張することは，正則関数は定義されている領域のごく一部で全体が決まってしまうということである．以下に示すように一致の定理は重要な働きをする．

手始めにオイラーの公式について考察しておこう．指数関数 e^{iz}, 三角関数 $\sin z$, $\cos z$ は複素数 z の関数として全複素平面で正則であった．

定理 4.11（オイラーの公式）　複素数 z の関数として等式

$$e^{iz} = \cos z + i \sin z$$

が成立する．

[証明]　z が実数 t であればオイラーの公式

$$e^{it} = \cos t + i \sin t$$

が成り立つ．したがって一致の定理よりすべての複素数 z に対して

$$e^{iz} = \cos z + i \sin z$$

が成立する．　**【証明終】**

問題 4.4

$\sin i$, $\cos i$ の値を求めよ．

オイラーの公式より

$$\sin z = \frac{e^{iz} - e^{-iz}}{2i}, \quad \cos z = \frac{e^{iz} + e^{-iz}}{2}$$

が成り立つので

$$\sin i = \frac{e^{-1} - e}{2i} = \frac{1}{2}\left(e - \frac{1}{e}\right)i, \quad \cos i = \frac{e^{-1} + e}{2} = \frac{1}{2}\left(e + \frac{1}{e}\right)$$

次節でガンマ関数について考察するので，その準備として正則関数列の極限関数の正則性について考察しておこう．

定理 4.12　領域 D の正則関数列 $\{f_n(z)\}$ が領域 D で関数 $f(z)$ に広義一様収束[*2]すれば $f(z)$ は D で正則である．

*2　領域 D に含まれる任意の有界閉集合で一様収束するときに，簡単のため広義一様収束するという．これは日本特有の用語で，外国ではコンパクト一様収束するということが多い．

［証明］　D の任意の点 a に対して $r>0$ を

$$\overline{D}_r(a) = \{\, z \in \mathbb{C} \mid |z-a| \leq r \,\} \subset D$$

が成り立つように選ぶ．すると仮定から $f_n(z)$ は $\overline{D}_r(a)$ で $f(z)$ に一様収束する．すなわち，任意の $\varepsilon>0$ に対して，$n>N$ であれば

$$|f_n(z)-f(z)| < \varepsilon, \quad \forall z \in \overline{D}_r(a)$$

が成り立つように N を選ぶことができる．N は z によらずに決まることが一様収束を意味する．γ を $\overline{D}_r(a)$ の区分的に滑らかな閉曲線とするとコーシーの定理より

$$\int_\gamma f_n(z)\, dz = 0$$

が成り立つ．したがって

$$\begin{aligned}\left|\int_\gamma f(z)\, dz\right| &= \left|\int_\gamma (f(z)-f_n(z))\, dz\right| \\ &\leq \int_\gamma |f(z)-f_n(z)|\ dz \\ &< \varepsilon \int_\gamma 1|dz| = \varepsilon l(\gamma)\end{aligned}$$

が成り立つ．ここで $l(\gamma)$ が曲線 γ の長さである．ε は任意の正数であったのでこの不等式は

$$\int_\gamma f(z) = 0$$

を意味する．するとモレラの定理（定理 4.8）によって $f(z)$ は $D_r(a)$ で正則である．a は D の任意の点であったので $f(z)$ は D で正則である．　　**［証明終］**

この証明を読むと定理の主張は当たり前のように思われるが，実はこれは正則関数特有の性質である．実関数の場合，微分可能関数列が一様収束しても極限関数は微分可能とは限らない．連続であることが保証されるだけである．ワイエルシュトラスの定理（『解析編』定理 6.13）によって閉区間 $[0,1]$ で連続な関数は多項式で一様に近似でき，そのことから $[0,1]$ で連続な任意の関数 $g(x)$ に対して $g(x)$ に一様収束する多項式列 $\{P_n(x)\}$ が存在することが分

かる．$[0,1]$ で連続ではあるが，微分可能でない関数はたくさん存在するので微分可能な関数列の一様収束先は微分可能とは限らない[*3]．

系 4.13　領域 D の正則関数列 $\{f_n(z)\}$ が領域 D で関数 $f(z)$ に広義一様収束すれば，任意の非負整数 m に対して m 次導関数列 $f_n^{(m)}(z)$ は $f^{(m)}(z)$ に D で広義一様収束する．

[証明]　D の任意の点 a に対して $r>0$ を

$$\overline{D}_r(a) = \{\ z \in \mathbb{C} \mid |z-a| \leq r\ \} \subset D$$

が成り立つように選ぶ．すると任意の $z \in D_r(a)$ に対して注意 4.2 より

$$f_n^{(m)}(z) = \frac{m!}{2\pi i}\int_{|w-a|=r} \frac{f_n(w)}{(w-z)^{m+1}}dw,$$
$$f^{(m)}(z) = \frac{m!}{2\pi i}\int_{|w-a|=r} \frac{f(w)}{(w-z)^{m+1}}dw$$

が成り立つ．これより任意の点 $z \in \overline{D}_{r/2}(a)$ に対して

$$\begin{aligned}\left|f_n^{(m)}(z)-f^{(m)}(z)\right| &= \left|\frac{m!}{2\pi i}\int_{|w-a|=r} \frac{(f_n(w)-f(w))}{(w-z)^{m+1}}dw\right| \\ &= \frac{m!}{2\pi}\int_{|w-a|=r} \frac{|f_n(w)-f(w)|}{|w-z|^{m+1}}|dw| \\ &\leq \frac{m!}{2\pi}\int_{|w-a|=r} \frac{|f_n(w)-f(w)|}{(r/2)^{m+1}}|dw|\end{aligned}$$

が成り立つ．ところで関数列 $\{f_n(z)\}$ は $\overline{D}_r(a)$ で $f(z)$ に一様収束するので，任意の $\varepsilon>0$ に対して，$n>N$ であれば

$$|f_n(z)-f(z)| < \varepsilon, \quad \forall z \in \overline{D}_r(a)$$

が成り立つような N を見出すことができる．したがって上の評価式より $n>$

---

*3　多項式は複素数まで定義域を拡大でき正則であるので，これは上の定理と矛盾するように見えるが，多項式列 $\{P_n(x)\}$ の収束は閉区間 $[0,1]$ で保証されているだけで，$[0,1]$ を含む複素平面の領域で収束するわけではないことに注意する．

N であれば

$$\left|f_n^{(m)}(z)-f^{(m)}(z)\right| < \frac{m!}{2\pi}\int_{|w-a|=r} \frac{2^{m+1}\varepsilon}{r^{m+1}}|dw| = \frac{2^{m+1}m!}{r^m}\cdot\varepsilon, \quad \forall z \in \overline{D}_{r/2}(a)$$

を得る．これは関数列 $\{f_n^{(m)}(z)\}$ が $\overline{D}_{r/2}(a)$ で $f^{(m)}(z)$ に一様収束することを意味する．

任意の有界閉集合は有限個の閉円板で覆うことができるので，関数列 $\{f_n^{(m)}(z)\}$ は有界閉集合上で $f^{(m)}(z)$ に一様収束することが示された．

【証明終】

最後に次の定理を証明する．

定理 4.14　複素平面の領域 D と閉区間 $[a,b]$ の直積 $D\times[a,b]$ 上で定義された 2 変数関数 $F(z,t)$ が以下の条件を満たすと仮定する．

(1)　$F(z,t)$ は $D\times[a,b]$ 上で連続である．

(2)　$F(z,t)$ は $t\in[a,b]$ を任意に選んで固定すると D の正則関数である．

このとき

$$f(z) = \int_a^b F(z,t)\,dt$$

は D で正則である．

[証明]　D の任意の点 a に対して閉円板 $\overline{D}_r(a)\subset D$ が成り立つように正数 r を選んでおく．γ を開円板 $D_r(a)$ の区分的に滑らかな任意の閉曲線とする．このとき t を固定すると $F(z,t)$ は正則関数であるのでコーシーの定理により

$$\int_\gamma f(z)\,dz = \int_\gamma\left(\int_a^b F(z,t)\,dt\right)dz = \int_a^b\left(\int_\gamma F(z,t)\,dz\right)dt = 0$$

が成り立つ．したがってモレラの定理(定理 4.8)より $f(z)$ は $D_r(a)$ で正則である．a は D の任意の点であったので $f(z)$ は D で正則である．

これで証明が終了するが，正確には上の積分で積分の順序を交換できることを証明する必要がある．証明することは可能であるが，2 変数の積分の理論を

必要とするので，ここでは積分を有限和で近似して上の定理 4.12 を適用する証明を考えてみよう．簡単のため閉区間 $[a,b]$ は $[0,1]$ であると仮定する．このとき $[0,1]$ を n 等分して

$$f_n(z) = \frac{1}{n}\sum_{k=1}^{n} F\left(z, \frac{k}{n}\right)$$

とおくと，積分の定義より

$$\lim_{n\to\infty} f_n(z) = f(z)$$

であることが分かる．このとき関数列 $\{f_n(z)\}$ は閉円板 $\overline{D}_r(a) \subset D$ 上で $f(z)$ に一様収束することを示そう．$F(z,t)$ は $D\times[0,1]$ の連続関数であるので，有界閉集合 $\overline{D}_r(a)\times[0,1]$ 上で一様連続である．すなわち，任意の $\varepsilon>0$ に対して $|t_1-t_2|<\delta,\ |z-z'|<\delta,\ z,z'\in\overline{D}_r(a)$ であれば

$$\left|F(z,t_1)-F(z',t_2)\right| < \varepsilon$$

が成り立つように $\delta>0$ を見出すことができる．そこで正整数 n を $n>1/\delta$ であるようにとると，$z\in\overline{D}_r(a)$, $(k-1)/n\le t\le k/n$ のとき $|F(z,k/n)-F(z,t)|<\varepsilon$ が成り立つので

$$\begin{aligned}
|f_n(z)-f(z)| &= \left|\sum_{k=1}^{n}\int_{(k-1)/n}^{k/n}\left(F\left(z,\frac{k}{n}\right)-F(z,t)\right)dt\right| \\
&\le \sum_{k=1}^{n}\int_{(k-1)/n}^{k/n}\left|F\left(z,\frac{k}{n}\right)-F(z,t)\right|dt \\
&< \sum_{k=1}^{n}\frac{\varepsilon}{n} = \varepsilon
\end{aligned}$$

が成り立つ．これは $f_n(z)$ が $\overline{D}_r(a)$ 上で $f(z)$ に一様収束することを意味する．したがって定理 4.12 より $f(z)$ は $D_r(a)$ で正則である．　**【証明終】**

4.2　孤立特異点とローラン展開

関数 $f(z)$ が $0<|z-z_0|<R$ で正則であるが点 z_0 では複素微分可能ではないときに $f(z)$ は点 z_0 で孤立特異点を持つという．このときに $f(z)$ は z_0 を中心

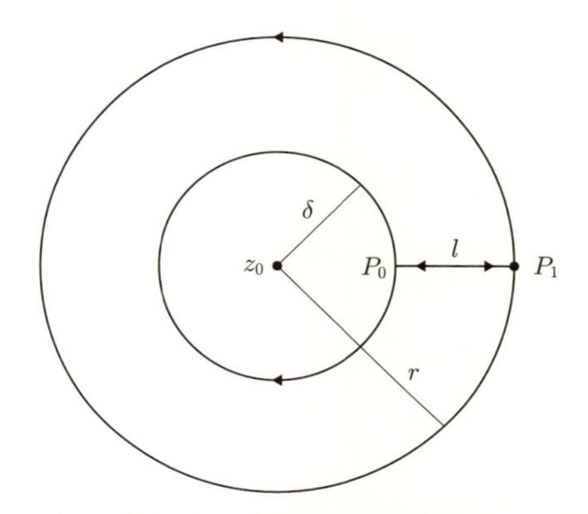

図 4.7　点 z_0 を中心に半径 $r<R$ と半径 $\delta<r$ の円を描き，外側の円周上の点 P_1 と内側の円周上の点 P_0 とを線分 l で結ぶ．点 P_1 から出発して反時計回りに外側の円周を一周して P_1 に戻り，続いて線分 l 上を P_0 まで進み，P_0 から時計回りに内側の円周上を進み P_0 に戻り，さらに l 上を P_1 まで進む．

として

$$\sum_{n=-\infty}^{\infty} a_n(z-z_0)^n \tag{4.14}$$

の形に展開できることを証明しよう．テイラー展開と違うのは $z-z_0$ の負ベキの項が存在する点である．無限級数(4.14)の収束は M, N を任意の自然数とするときに部分和

$$\sum_{n=-M}^{N} a_n(z-z_0)^n$$

が M, N 独立に $M\to\infty$, $N\to\infty$ のとき一定の値に収束することと定義する．これは $\sum_{n=0}^{\infty} a_n(z-z_0)^n$, $\sum_{m=1}^{\infty} a_{-m}(z-z_0)^{-m}$ がそれぞれ収束することと定義することと同値である．

図 4.7 のように点 z_0 を中心に半径 $r<R$ と半径 $\delta<r$ の円を描き，外側の円周上の点 P_1 と内側の円周上の点 P_0 とを線分 l で結ぶ．点 P_1 から出発して反時計回りに外側の円周を一周して P_1 に戻り，続いて線分 l 上を P_0 まで進み，P_0 から時計回りに内側の円周上を進み P_0 に戻り，さらに l 上を P_1 まで進む閉曲線 γ を考える．この曲線の内部の点 z，すなわち $\delta<|z-z_0|<r$ でかつ $z\notin l$

である点 z のまわりをこの曲線は正の向きに一周する．また，$0<|z-z_0|\leq r$ 内でこの曲線 γ は 1 点に連続的に変形できるので

$$f(z) = \frac{1}{2\pi i}\int_\gamma \frac{f(w)}{w-z}\,dw$$

が成り立つ．一方，l 上での積分は打ち消しあうので

$$\int_\gamma \frac{f(w)}{w-z}\,dw = \int_{|w-z_0|=r}\frac{f(w)}{w-z}\,dw - \int_{|w-z_0|=\delta}\frac{f(w)}{w-z}\,dw$$

が成り立っている．内側の円周上では積分を時計回りにとったことによって負号がついていることに注意しよう．これより

$$f(z) = \frac{1}{2\pi i}\int_{|w-z_0|=r}\frac{f(w)}{w-z}\,dw - \frac{1}{2\pi i}\int_{|w-z_0|=\delta}\frac{f(w)}{w-z}\,dw \qquad (4.15)$$

が任意の $0<\delta<r$ で成り立つ．また $\delta<|z-z_0|<r$ で，ある z が線分 l 上にあるときは P_0，P_1 の位置が変わることで l の位置も変わるが，この z に対しても(4.15)が成り立つ．したがって $\delta<|z-z_0|<r$ を満たすすべての z に対して(4.15)が成り立つことが分かる．

このとき定理 4.6 の証明と同様に

$$a_m = \frac{1}{2\pi i}\int_{|w-z_0|=r}\frac{f(w)}{(w-z_0)^{m+1}}\,dw \qquad (4.16)$$

とおくと

$$\frac{1}{2\pi i}\int_{|w-z_0|=r}\frac{f(w)}{w-z}\,dw = \sum_{m=0}^{\infty} a_m(z-z_0)^m$$

と展開でき，しかもこの級数は $0<r'<r$ である任意の r' に対して $|z-z_0|\leq r'$ で絶対かつ一様収束することが証明できる．

一方，

$$\begin{aligned}\int_{|w-z_0|=\delta}\frac{f(w)}{w-z}\,dw &= \int_{|w-z_0|=\delta}\frac{f(w)}{(w-z_0)-(z-z_0)}\,dw \\ &= -\frac{1}{z-z_0}\int_{|w-z_0|=\delta}\frac{f(w)}{1-\dfrac{w-z_0}{z-z_0}}\,dw \\ &= -\int_{|w-z_0|=\delta}\left\{\sum_{n=0}^{\infty}\left(\frac{f(w)(w-z_0)^n}{(z-z_0)^{n+1}}\right)\right\}dw\end{aligned}$$

であるが，$\delta<\delta'<r$ である任意の δ' に対して $\delta'\leq|z-z_0|<r$ かつ $|w-z_0|=\delta$ のとき

$$\left|\frac{w-z_0}{z-z_0}\right| = \frac{\delta}{\delta'} < 1$$

が成り立つので $|w-z_0|=\delta$ 上での $|f(w)|$ の最大値を L' とすると

$$\sum_{n=0}^{\infty}\left|\frac{f(w)(w-z_0)^n}{(z-z_0)^{n+1}}\right| \leq \sum_{n=0}^{\infty}\frac{L'}{\delta'}\cdot\left(\frac{\delta}{\delta'}\right)^n$$

となり右辺は収束する．このことから

$$\sum_{n=0}^{\infty}\left(\frac{f(w)(w-z_0)^n}{(z-z_0)^{n+1}}\right)$$

は $|w-z_0|=\delta,\ \delta'\leq|z-z_0|<r$ で絶対一様収束するので積分と無限和が交換できて

$$\int_{|w-z_0|=\delta}\frac{f(w)}{w-z}\,dw = -\sum_{n=0}^{\infty}\int_{|w-z_0|=\delta}\frac{f(w)(w-z_0)^n}{(z-z_0)^{n+1}}\,dw$$

が成り立ち，右辺の無限級数は $\delta'\leq|z-z_0|<r$ で絶対一様収束することが分かる．したがって自然数 m に対して

$$a_{-m} = \frac{1}{2\pi i}\int_{|w-z_0|=\delta} f(w)(w-z_0)^{m-1}\,dw \tag{4.17}$$

とおくと

$$\frac{1}{2\pi i}\int_{|w-z_0|=\delta}\frac{f(w)}{w-z}\,dw = -\sum_{m=1}^{\infty}a_m(z-z_0)^{-m}$$

が成り立ち，この無限級数は $\delta'\leq|z-z_0|<r$ で絶対一様収束する．したがって(4.15)より

$$f(z) = \sum_{n=-\infty}^{\infty}a_n(z-z_0)^n$$

が成り立ち，しかも $0<\delta<\delta'\leq|z-z_0|\leq r'<r<R$ で絶対一様収束する．さらに $f(z)$ は $0<|z-z_0|<R$ で正則であることから(4.16)，(4.17)より任意の $0<s<R$ に対して

$$a_n = \frac{1}{2\pi i}\int_{|w-z_0|=s}\frac{f(w)}{(w-z_0)^{n+1}}\,dw \tag{4.18}$$

であることが分かる．以上をまとめて次の定理を得る．

定理 4.15（ローラン展開）　関数 $f(z)$ が $0<|z-z_0|<R$ で正則であれば

$$f(z) = \sum_{n=-\infty}^{\infty} a_n(z-z_0)^n, \quad a_n = \frac{1}{2\pi i}\int_{|w-z_0|=s} \frac{f(w)}{(w-z_0)^{n+1}}\,dw$$

と展開でき，$0<|z-z_0|<R$ で絶対かつ広義一様収束する．

定義 4.2　関数 $f(z)$ が点 z_0 で孤立特異点を有するとき

(1)　負ベキの項が無限にあるとき $f(z)$ は点 z_0 で真性特異点を持つという．

(2)　負ベキの項があり，かつ有限個のとき $f(z)$ は点 z_0 で極を持つという．このとき $a_{-m}\neq 0$, $a_n=0$, $n\leq -m-1$ である自然数 m を $f(z)$ の点 z_0 での極の位数という．

(3)　負ベキの項がないときは $f(z)$ は点 z_0 で除去可能特異点，あるいは除ける特異点を持つという．このとき $f(z_0)=a_0$ と定義し直すと $f(z)$ は z_0 でも正則になる．

除ける特異点に関しては少し説明が必要かもしれない．ローラン展開が負ベキの項を含まない，すなわち

$$f(z) = a_0+a_1(z-z_0)+a_2(z-z_0)^2+\cdots$$

の場合，右辺のベキ級数は点 z_0 の近傍で正則関数を定義し $z\neq z_0$ では $f(z)$ と一致している．したがって $f(z_0)=a_0$ であれば $f(z)$ は点 z_0 でも正則である．仮定では $f(z)$ は z_0 で正則ではないので，これは $f(z_0)\neq a_0$ であることを意味している．そこで z_0 での $f(z)$ での値を a_0 と定義し直すと正則性が回復されるので，除去可能特異点，あるいは除ける特異点と呼ぶわけである．

一方，$f(z)$ が点 z_0 で m 位の極を持つことはローラン展開が

$$f(z) = \frac{a_{-m}}{(z-z_0)^m}+\frac{a_{-m+1}}{(z-z_0)^{m-1}}+\cdots+\frac{a_{-1}}{z-z_0}+a_0+a_1(z-z_0)+a_2(z-z_0)^2+\cdots$$

の形を持ち，$a_{-m}\neq 0$ を意味する．したがって

$$(z-z_0)^m f(z) = a_{-m}+a_{-m+1}(z-z_0)+a_{-m+2}(z-z_0)^2+\cdots$$

となって $(z-z_0)^m f(z)$ は $z=z_0$ の近傍で正則となり，かつ

$$\lim_{z\to z_0}(z-z_0)^m f(z) = a_{-m}\neq 0$$

となる．この逆も成立する(演習問題 4.3 を参照のこと)．

4.3　ガンマ関数

第 1 章でガンマ関数 $\Gamma(s)$ は複素数の関数として 0 および負の整数以外で定義できることを示した．この節ではその議論を精密化して，ガンマ関数 $\Gamma(s)$ は複素平面から 0 および負の整数を除いてできる領域 D で正則で，0 および負の整数では 1 位の極を持つことを示そう．

第 1 章では積分

$$\Gamma(s) = \int_0^\infty e^{-x}x^{s-1}\,dx \tag{4.19}$$

は $\mathrm{Re}\,s>0$ で収束して複素数値関数を定義できることを示した．ここではまず $\mathrm{Re}\,s>0$ で $\Gamma(s)$ は正則であることを示そう．そのためには $0<r<R$ である任意の正数 r, R に対して

$$S_{r,R} = \{\, s\in\mathbb{C} \mid r<\mathrm{Re}\,s<R \,\}$$

で $\Gamma(s)$ が正則関数であることを示せばよい．ガンマ関数を定義する積分範囲は無限区間であるが，$\varepsilon>0$ を使って，$s\in S_{r,R}$ に対して

$$\Gamma(s) = \lim_{\varepsilon\to 0+}\int_\varepsilon^{1/\varepsilon} e^{-x}x^{s-1}\,dx$$

が成り立つので，まず積分

$$\Gamma_\varepsilon(s) = \int_\varepsilon^{1/\varepsilon} e^{-x}x^{s-1}\,dx$$

を考える．$F(s,x)=e^{-x}x^{s-1}$ は $S_{r,R}\times[\varepsilon,1/\varepsilon]$ で連続であり，x を固定すると

s の正則関数である[*4]ので定理 4.14 の条件を満たす．したがって $\Gamma_\varepsilon(s)$ は $s\in S_{r,R}$ で正則である．

そこで $\Gamma_\varepsilon(s)$ は $\varepsilon\to0$ のとき $S_{r,R}$ で $\Gamma(s)$ に一様収束することを示す．$\sigma=\mathrm{Re}\,s$ とおくと

$$|\Gamma(s)-\Gamma_\varepsilon(s)| \le \int_0^\varepsilon e^{-x}x^{\sigma-1}\,dx+\int_{1/\varepsilon}^\infty e^{-x}x^{\sigma-1}\,dx$$

が成り立つ．

以下，$0<\varepsilon<1$ のときを考える．$s\in S_{r,R}$ であれば $r<\mathrm{Re}\,s=\sigma$ であるので，

$$\int_0^\varepsilon e^{-x}x^{\sigma-1}\,dx \le \int_0^\varepsilon x^{\sigma-1}\,dx \le \frac{\varepsilon^\sigma}{\sigma}$$

が成り立つ．よって $\int_0^\varepsilon e^{-x}x^{\sigma-1}dx$ は $r<\sigma$ で $\varepsilon\to0$ のとき 0 に一様収束する．

一方，$\sigma<R$ のとき

$$\lim_{x\to\infty}\frac{e^{-x}x^{R-1}}{e^{-x/2}}=0$$

が成り立つので，区間 $[1/\varepsilon,\infty]$ で

$$e^{-x}x^{R-1}\le Ce^{-x/2}$$

が成り立つような定数 C が存在する．したがって

$$\int_{1/\varepsilon}^\infty e^{-x}x^{\sigma-1}\,dx \le \int_{1/\varepsilon}^\infty e^{-x}x^{R-1}\,dx \le C\int_{1/\varepsilon}^\infty e^{-x/2}\,dx = 2Ce^{-1/(2\varepsilon)}$$

が成り立つ．この不等式の最後の式は σ に関係せず $\varepsilon\to0$ のとき 0 に近づくので，$\int_{1/\varepsilon}^\infty e^{-x}x^{\sigma-1}dx$ は $\sigma<R$ であれば $\varepsilon\to0$ のとき一様に 0 に収束する．

以上二つをあわせて $S_{r,R}$ で $\Gamma_\varepsilon(s)$ は $\Gamma(s)$ に一様収束する．よって，定理 4.12 より $\Gamma(s)$ は $S_{r,R}$ で正則である．以上によってガンマ関数 $\Gamma(s)$ は $\mathrm{Re}\,s>0$ で正則である．

補題 4.16　$\mathrm{Re}\,s>0$ のとき

$$\Gamma(s+1)=s\Gamma(s) \tag{4.20}$$

*4　$x>0$ に対して $x^{s-1}=e^{(s-1)\log x}$ と定義するので s の正則関数である．

が成立する．

[証明]　s が実数であれば $s>0$ のとき等式(4.20)が成立することは『解析編』第4章の問題4.1で示した．したがって一致の定理(定理4.10)によって等式(4.20)が $\mathrm{Re}\,s>0$ で成り立つことが分かる．　**【証明終】**

さて等式(4.20)より

$$\Gamma(s)=\frac{\Gamma(s+1)}{s} \tag{4.21}$$

と書き換えると，右辺は $s\neq0$ で $\mathrm{Re}\,s>-1$ であれば意味を持っている．そこで $\mathrm{Re}\,s>-1$ のときに等式(4.21)の右辺によってガンマ関数 $\Gamma(s)$ を定義する．$\mathrm{Re}\,s>0$ であればこれは本来のガンマ関数と一致するので，ガンマ関数の自然な拡張と考えられる．ただ，例外の点 $s=0$ があるが，ここでの関数の挙動を調べておこう．$\Gamma(s+1)$ は $s=0$ のまわりで正則であるのでテイラー展開できる．$\Gamma(1)=1$ に注意すると

$$\Gamma(s+1)=1+a_1s+a_2s^2+\cdots$$

と $s=0$ を中心としてテイラー展開ができる．したがって

$$\frac{\Gamma(s+1)}{s}=\frac{1}{s}+a_1+a_2s+\cdots \tag{4.22}$$

とローラン展開できることが分かる．これは上のように $\mathrm{Re}\,s>-1$ まで定義域を拡張したガンマ関数 $\Gamma(s)$ が $s=0$ で1位の極を持ち，その留数(後の4.5節を参照のこと)が1であることを意味している．また，一致の定理より等式(4.20)は $\mathrm{Re}\,s>-1$ で成立することが分かる．$s=0$ でも等式が成り立つことは上のローラン展開(4.22)から分かる．したがって再び等式(4.21)を考えると，こんどは右辺は $\mathrm{Re}\,s>-2$ で定義されている．したがって，等式(4.21)を使って $\mathrm{Re}\,s>-2$ でガンマ関数 $\Gamma(s)$ を定義する．これは $\mathrm{Re}\,s>-1$ で定義したガンマ関数の自然な拡張になっていて，$s\neq0,\ -1$ 以外で正則である．このとき

$$\Gamma(s)=\frac{\Gamma(s+1)}{s}=\frac{\Gamma(s+2)}{s(s+1)},\quad \mathrm{Re}\,s>-2 \tag{4.23}$$

が成り立つことが分かる．この等式よりガンマ関数は $s=-1$ で1位の極を持

ち留数は -1 であることが分かる．

再び一致の定理より等式(4.20)は $\mathrm{Re}\, s>-2$ で成立することが分かる．そこで等式(4.21)を使ってガンマ関数を $\mathrm{Re}\, s>-3$ まで拡張することができる．こんどは $s\neq 0,\ -1,\ -2$ 以外でガンマ関数は正則である．また

$$\Gamma(s)=\frac{\Gamma(s+1)}{s}=\frac{\Gamma(s+2)}{s(s+1)}=\frac{\Gamma(s+3)}{s(s+1)(s+2)},\quad \mathrm{Re}\, s>-2 \tag{4.24}$$

が成り立つことが分かり，$s=-2$ でガンマ関数は 1 位の極を持ち，留数は

$$\lim_{s\to -2}(s+2)\Gamma(s)=\lim_{s\to -2}\frac{\Gamma(s+3)}{s(s+1)}=\frac{1}{2}$$

であることが分かる．以下この操作を繰り返すことによって次の定理が証明できる．

定理 4.17　ガンマ関数は複素平面から 0 と負の整数を除いた領域に正則関数として一意的に拡張できる．また整数 $-m$, $m\geq 0$ でガンマ関数は 1 位の極を持ち，そこでの留数は $\dfrac{(-1)^m}{m!}$ である．

[証明]　ガンマ関数が複素平面から 0 と負の整数を除いた領域に正則関数として拡張できることは上の議論から明らかであろう．より正確には正整数 m に対して $\mathrm{Re}\, s>-m$ まで拡張できることを m に関する数学的帰納法で証明することができる．また

$$\Gamma(s)=\frac{\Gamma(s+m+1)}{s(s+1)\cdots(s+m)}$$

が成り立つことも上と同様に証明できる．これより $s=-m$ でガンマ関数は極を持ち，

$$(s+m)\Gamma(s)=\frac{\Gamma(s+m+1)}{s(s+1)\cdots(s+m-1)}$$

は $s=-m$ で正則であるので 1 位の極であることが分かる．また

$$\lim_{s\to -m}(s+m)\Gamma(s)=\frac{\Gamma(1)}{(-1)^m m!}=(-1)^m\frac{1}{m!}$$

である．　**【証明終】**

次にガンマ関数の無限積展開を考えてみよう．すでに『解析編』4.4 節の式(4.14)で，実ガンマ関数 $\Gamma(x)$ に対して

$$\frac{1}{\Gamma(x)} = xe^{Cx}\prod_{k=1}^{\infty}\left\{\left(1+\frac{x}{k}\right)e^{-\frac{x}{k}}\right\} \tag{4.25}$$

が成り立つことを示した．ここで C はオイラーの定数

$$C = \lim_{n\to\infty}\left(1+\frac{1}{2}+\frac{1}{3}+\cdots+\frac{1}{n}-\log n\right)$$

である．この無限積展開が複素数でも成り立つことを示そう．そのためには右辺の無限積の収束をきちんと定義する必要がある．そのためにまず複素数列 $\{\alpha_n\}$ に対して無限積 $\prod_{k=1}^{\infty}\alpha_k$ の収束を定義する．

定義 4.3　まず，すべての $k\geq 1$ に対して $\alpha_k\neq 0$ の場合を考える．任意の自然数 m に対して

$$\beta_m = \prod_{k=1}^{m}\alpha_k$$

とおくとき

$$\lim_{m\to\infty}\beta_m$$

が存在し，かつ 0 でないとき<u>無限積は収束する</u>といい

$$\prod_{k=1}^{\infty}\alpha_k = \lim_{m\to\infty}\beta_m$$

と定義する．$\lim_{m\to\infty}\beta_m=0$ のときは<u>無限積は 0 に発散する</u>という．また $\lim_{m\to\infty}\beta_m$ が収束しないときも<u>無限積は発散する</u>という．

一般の場合は $\{\alpha_n\}_{n=1}^{\infty}$ は $\alpha_k=0$ となる項が有限個しかなく，0 となる項を取り除いてできる無限積が収束するときに無限積は収束するという．このとき，もし 0 となる項があれば無限積の収束値は 0 と定義する．それ以外のときは無限積は発散するという．

このように一見奇妙な定義をするのは α_k が正則関数の場合を取り扱うことに由来する．

領域 D で定義された関数列 $\{f_n(z)\}$ に対しては z を固定したときに無限積

$\prod_{k=1}^{\infty} f_n(z)$ が収束するときに，点 z で無限積は収束するという．さらにすべての点 $z \in D$ で無限積が収束するときに，無限積 $\prod_{k=1}^{\infty} f_k(z)$ は D の各点で収束するという．

補題 4.18　無限積 $\prod_{k=1}^{\infty} \alpha_k$ が収束すれば $\lim_{n\to\infty} \alpha_n = 1$ が成り立つ．

[証明]　すべての自然数 k に対して $\alpha_k \neq 0$ と仮定しても一般性を失わない．このとき

$$\beta_m = \prod_{k=1}^{m} \alpha_k$$

とおくと

$$\lim_{k\to\infty} \beta_m = p \neq 0$$

が成り立つ．すると

$$\alpha_n = \frac{\beta_{n+1}}{\beta_n}$$

より

$$\lim_{n\to\infty} \alpha_n = \lim_{n\to\infty} \frac{\beta_{n+1}}{\beta_n} = \frac{\lim_{n\to\infty} \beta_{n+1}}{\lim_{n\to\infty} \beta_n} = \frac{p}{p} = 1$$

が成り立つ．　**【証明終】**

この補題の証明を見れば，$\lim_{m\to\infty} \beta_m = 0$ の場合になぜ 0 に発散するというかが理解できるであろう．また，この補題によって，無限積を考える場合は $\alpha_k = 1 + a_k$ の形に書くことが多い．無限積の収束に関しては次の補題が基本的である．

補題 4.19　複素数列 $\{a_n\}$ は有限個の項を除いて $a_k + 1 \neq 0$ であると仮定する．もし

$$\sum_{k=1}^{\infty} |a_k| < \infty$$

であれば無限積

$$\prod_{k=1}^{\infty} (1+a_k)$$

は収束する．またこのときこの無限積は絶対収束するという[*5]．

[証明] $\log(1+z)$ は $|z|<1$ で正則関数として定義され

$$\log(1+z) = \sum_{k=1}^{\infty} (-1)^{k-1} \frac{z^k}{k}$$

とテイラー展開できる[*6]．

$\sum_{k=1}^{\infty} |a_k|$ が収束するので $\lim_{k\to\infty} |a_k|=0$ が成り立つ．したがって自然数 N を $n\geq N$ であれば $\log(1+a_n)$ が定義できるように選ぶことができる．無限積の収束に関しては有限個の項は収束に関係しないので，簡単のためにすべての n に対して $1+a_n\neq 0$ が成り立ち，しかも $|a_n|<\dfrac{1}{2}$ が成り立つと仮定する．すると $\log(1+z)$ のテイラー展開より $|z|<\dfrac{1}{2}$ であれば

$$|\log(1+z)| \leq \sum_{k=1}^{\infty} \left|\frac{z^k}{k}\right| = |z| \sum_{k=1}^{\infty} \left|\frac{z^{k-1}}{k}\right| \leq |z| \sum_{n=0}^{\infty} \left(\frac{1}{2}\right)^n = 2|z|$$

を得る．したがって $b_n=\log(1+a_n)$ とおくと $|b_n|<2|a_n|$ が成り立ち

$$\sum_{k=1}^{\infty} b_n$$

は収束する．その収束値を B とすると

$$\prod_{k=1}^{m} (1+a_k) = \prod_{k=1}^{m} e^{b_n} = e^{\sum_{k=1}^{m} b_m}$$

であるので

---

*5 無限積に関しては絶対収束の定義が $\prod_{k=1}^{\infty} |1+a_k|$ の収束とは異なることに注意を要する．

*6 $|z|<1$ で $\int_1^z \dfrac{dz}{1+z}$ は正則関数を定義する．これを $\log(1+z)$ の定義として採用する．z が実数であればこれは通常の対数と一致する．次節の問題 4.5 で $\log(1-z)$ を $|z|<1$ で考察するが，z を $-z$ に変えれば $\log(1+z)$ の議論となる．詳しくは次節を参照せよ．

$$\lim_{m\to\infty}\prod_{k=1}^{m}(1+a_k)=\lim_{m\to\infty}e^{\sum_{k=1}^{m}b_m}=e^B$$

が成り立ち，無限積は収束する．　　　　　　　　　　　　　　　　　【証明終】

以上の準備のもとで無限積

$$\prod_{k=1}^{\infty}\left\{\left(1+\frac{z}{k}\right)e^{-\frac{z}{k}}\right\}$$

が収束するかどうかを考える．

$$a_k(z)=\left(1+\frac{z}{k}\right)e^{-\frac{z}{k}}-1$$

とおく．そこで

$$g(z)=(1+z)e^{-z}-1$$

とおくと，$g(z)$ は全複素平面で正則である．

$$\begin{aligned}g(z)&=(1+z)\left\{1-z+\frac{z^2}{2!}-\frac{z^3}{3!}+\cdots+(-1)^n\frac{z^n}{n!}+\cdots\right\}-1\\&=-\frac{z^2}{2}+\left(\frac{1}{2!}-\frac{1}{3!}\right)z^3-\left(\frac{1}{3!}-\frac{1}{4!}\right)z^4+\cdots\\&\quad+(-1)^n\left(\frac{1}{n!}-\frac{1}{(n+1)!}\right)z^{n+1}+\cdots\\&=z^2h(z)\end{aligned}$$

と書くことができ，$h(z)$ も全複素平面で正則である．したがって $|z|\leq R$ で

$$|h(z)|\leq M$$

が成り立つような正数 M が存在する．すると

$$a_k(z)=g\left(\frac{z}{k}\right)=\frac{z^2}{k^2}h\left(\frac{z}{k}\right)$$

であるので，$|z|\leq R$ では

$$|a_k(z)|=\frac{|z|^2}{k^2}\left|h\left(\frac{z}{k}\right)\right|\leq\frac{R^2}{k^2}\cdot M,\quad k=1,2,\ldots$$

が成り立つ．したがって $|z|\leq R$ では

$$\sum_{k=1}^{\infty}|a_k(z)| \leq \sum_{k=1}^{\infty}\frac{MR^2}{k^2} = MR^2\sum_{k=1}^{\infty}\frac{1}{k^2} = MR^2\zeta(2)$$

となり $\sum_{k=1}^{\infty}|a_k(z)|$ は $|z| \leq R$ で一様収束することが分かる．ここで $\zeta(2)$ はゼータ関数 $\zeta(s)$ の $s=2$ での値である．したがって無限積は $|z| \leq R$ で一様収束することが分かる．R は任意の正数であったので，無限積は複素平面で広義一様収束することが分かる．一方，

$$\prod_{k=1}^{m} a_n(z)$$

は複素平面上で正則であるので，その広義一様収束先である無限積

$$\prod_{k=1}^{\infty}\left\{\left(1+\frac{z}{k}\right)e^{-\frac{z}{k}}\right\}$$

は複素平面で正則であることが分かる．

以上の議論によってワイエルシュトラスの無限積展開は全複素平面で成り立つことが示される．

定理 4.20（ワイエルシュトラスの無限積展開）　ガンマ関数 $\Gamma(z)$ に対して全複素平面上で

$$\frac{1}{\Gamma(z)} = ze^{Cz}\prod_{k=1}^{\infty}\left\{\left(1+\frac{z}{k}\right)e^{-\frac{z}{k}}\right\} \tag{4.26}$$

が成り立つ．

［証明］　複素平面 $\mathbb{C}$ から $\Gamma(z)$ の零点を除いてできる領域を D とすると $1/\Gamma(z)$ は D で正則関数である．一方，D で式(4.26)の右辺は正則である．実数の場合のワイエルシュトラスの無限積展開(『解析編』第 4 章 4.4 節)から，等式(4.26)は z が実数の場合は成立する．したがって一致の定理(定理 4.10)により等式(4.26)は領域 D で成立する．

一方，等式(4.26)の右辺は全複素平面で正則である．再び一致の定理によって $1/\Gamma(z)$ も全複素平面で正則であり，等式(4.26)は全複素平面で成り立つ．

【証明終】

系 4.21　ガンマ関数 $\Gamma(z)$ は複素平面上で零点を持たない．

[証明]　もしガンマ関数 $\Gamma(z)$ が点 z_0 で m 位の零点を持てば $1/\Gamma(z)$ は点 z_0 で m 位の極を持つことになり，全複素平面で正則であることに反する．

【証明終】

最後にガンマ関数と正弦関数の関係を示す定理を複素数まで拡張する．これも一致の定理によって証明はすでに完了している．

定理 4.22　次の関数等式が複素平面上で成立する．

$$\Gamma(z)\Gamma(1-z) = \frac{\pi}{\sin \pi z} \tag{4.27}$$

[証明]　z が実数のとき関数等式が成り立つことが証明されている(『解析編』4.5 節の定理 4.5)．したがって複素数のときも成立する．より正確には $\Gamma(z)$ は $z=0$ と負の整数でのみ 1 位の極を持ち，他の点では正則であり，$\Gamma(1-z)$ は z が自然数のときも 1 位の極を持つ．したがって(4.27)の左辺は z が整数のときのみ 1 位の極を持ち他の点では正則である．また，(4.27)の右辺も同様である．さらに(4.27)は z が整数以外の実数で成立する．したがって一致の定理によって複素平面から整数を除いた領域で等式(4.27)が成立する．さらにローラン展開(定理 4.15)を使うと整数 n を中心とするローラン展開は(4.27)の右辺と左辺で一致する．したがって等式(4.27)は有理型関数として全複素平面で成り立つ．

【証明終】

4.4　対数関数

すでに $|z|<1$ の範囲で対数関数 $\log(1+z)$ を考えたが，本節では対数関数 $\log z$ はどこで正則関数として定義することができるのかをコーシーの定理を使って考えてみよう．

$$L(z) = \int_1^z \frac{dz}{z} \tag{4.28}$$

とおくと，これは $z \neq 0$ で定義された関数となる．ただし，終点が z であっても積分路のとり方によって値が違ってくる．どれだけの違いがあるかを調べてみよう．そのためにはまず

$$\int_{|z|=r} \frac{dz}{z} = \int_0^{2\pi} id\theta = 2\pi i \tag{4.29}$$

であることに注意する．z から z_1 へ行く二つの積分路 γ_1，γ_2 を考え，$\gamma = \gamma_2^{-1}\gamma_1$ とおくと γ は閉曲線となる．γ が原点のまわりを n 回正の向きにまわっているとする（n が負のときは $|n|$ 回負の向き，すなわち時計回りにまわると考える）と

$$\int_{\gamma_1} \frac{dz}{z} - \int_{\gamma_2} \frac{dz}{z} = \int_{\gamma} \frac{dz}{z} = 2\pi n i$$

となることが分かる．これは $L(z)$ は積分路によって値は変わるが，その違いは $2\pi i$ の整数倍であることを意味する．

そこで一致の定理（定理 4.10）を使って次の定理を示そう．

定理 4.23　式(4.28)で与えられる関数 $L(z)$ に対して

$$L(z_1 z_2) \equiv L(z_1) + L(z_2) \pmod{2\pi i} \tag{4.30}$$

［証明］　一致の定理は多価関数に対してはそのままの形では成り立たないので，$L(z)$ の定義域を制限して考える．複素平面から原点と負の実軸を除いてできる領域を D とする（図 4.8）．

領域 D で

$$L(z) = \int_1^z \frac{dw}{w}$$

を考えると 1 と z を結ぶ曲線は原点をまわることはないので $L(z)$ は z によって一意的に値が決まる．したがって $L(z)$ は一価正則関数である．さらに $L(z)$ を実軸の正の部分に制限して考えると通常の対数関数と一致する．

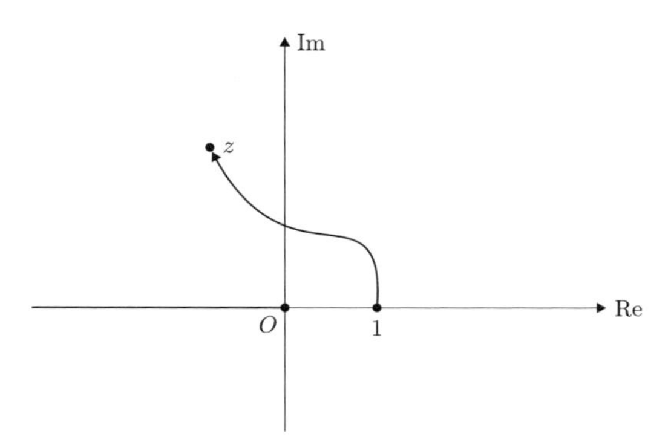

図 4.8　複素平面から原点と負の実軸を除いてできる領域 D 内で積分 $\displaystyle\int_1^z \frac{dw}{w}$ を考えると一価正則関数を定義できる.

$$L(x) = \log x, \quad x > 0$$

したがって D 上で正則で実軸の正の部分で $\log x$ と一致する関数は一致の定理より $L(z)$ しかない．さらに $x_1>0$, $x_2>0$ であれば

$$L(x_1x_2) = L(x_1)+L(x_2)$$

が成り立つ．そこで $x_1>0$ を一つ固定して，D 上で関数

$$h(z) = L(x_1z)$$

を考える．この関数を実軸の正の部分に制限して考えると $h(x)=L(x_1x)=\log x_1+\log x$ が成り立つので再び一致の定理によって

$$L(x_1z) = h(z) = \log x_1+L(z) = L(x_1)+L(z)$$

が成り立つことが分かる．x_1 は正の実数であれば何でもよかったので $x>0$ のとき

$$L(xz) = L(x)+L(z)$$

が成り立つことが示された．そこで $z_1\in D$ を一つ固定して

$$g(z) = L(z_1 z)$$

を考える．$g(z)$ を実軸の正の部分に制限して考えると，上と同じ論法によって

$$L(z_1 z) = L(z_1) + L(z)$$

が示される．z_1 は D の点であれば何でもよかったので $z_1, z_2 \in D$ に対して

$$L(z_1 z_2) = L(z_1) + L(z_2)$$

が証明されたことになる．次に z_1 または z_2 が負の実数のときを考える必要がある．$x_1 < 0$ としよう．このとき

$$L(x_1 z) = \lim_{z_1 \to x_1} L(z_1 z_2)$$

であるが，左辺は積分路のとり方，極限のとり方によって値が変わってくる．しかし，その違いは $2\pi i$ の整数倍の違いしかない．このことから定理が証明されたことになる．　**【証明終】**

以上のことから $L(z)$ を通常 $\log z$ と記すことが多い．ただし $\log z$ は値が一意的に決まらず $2\pi i$ の不定性があることに注意する必要がある．特に $\log z$ の定義域を制限して(ただし実軸の正の部分を一部含むとして)一価正則になるようにするときに，z が正の実数のときに $\log z$ の値を指定することによって $\log z$ を一価正則関数として一意的に定義することができる．このことを対数関数の分枝を選ぶという．特に z が正の実数のとき $\log z$ が実数となるように $\log z$ を選んだときに，この分枝を対数関数の主枝と呼ぶことがある．異なる分枝の間には $2\pi i$ の整数倍の違いがある．

高校数学では定義不能であった $\log(-1)$ も意味を持つが

$$\log(-1) = \pi i + 2\pi n i, \quad n \text{ は任意の整数}$$

である．

実数の対数関数は指数関数の逆関数であった．再び一致の定理を使うことによって次の定理が証明できる．

定理 4.24　$z\neq0$ のとき

$$e^{\log z}=z \tag{4.31}$$

が成り立つ.

[証明]　正の実数 $x>0$ に対して

$$e^{\log x}=x$$

が成り立つ．そこで z が複素平面より原点と実軸の負の部分を除いた領域 D の点を動くとき $\log z$ は一価正則になるので一致の定理によって

$$e^{\log z}=z,\quad z\in D$$

が成り立つ．さらに

$$e^{2\pi i}=1$$

に注意すると等式(4.31)はすべての複素数 $z\neq0$ に対して成り立つことが分かる.

【証明終】

── 問題 4.5 ──

$|z|<1$ で

$$\log(1-z)=-\int_0^z\frac{dw}{1-w}$$

が成り立つことを示し，これより

$$\log(1-z)=-\sum_{n=1}^{\infty}\frac{z^n}{n}$$

が成り立つことを示せ．ただし log は主枝とする．すなわち z がその絶対値が 1 より小さい実数のとき $\log(1-z)$ は実数値をとるとする.

さらに

$$\sum_{k=1}^{\infty}\log\left(1-\frac{z^2}{k^2}\right) \tag{4.32}$$

は $|z|<1$ で広義一様収束し

$$\frac{d}{dz}\left(\sum_{k=1}^{\infty}\log\left(1-\frac{z^2}{k^2}\right)\right)=\sum_{k=1}^{\infty}\frac{d}{dz}\left(\log\left(1-\frac{z^2}{k^2}\right)\right)$$

が成り立つことを示せ．

解答 $\displaystyle\int_0^z \frac{dw}{1-w}$ は $|z|<1$ で一価正則関数 $g(z)$ を定義する．$g'(z)=\dfrac{1}{1-z}$ であるので $g(z)=-\log(1-z)$ であることが分かる．また $|z|<1$ で z が実数であればこの積分値は実数である．したがって log は主枝をとればよい．

$$\left|\int_0^{z_0}\frac{dw}{1-w}\right|=\left|\int_0^1\frac{z_0dt}{1-tz_0}\right|\leq\int_0^1\frac{|z_0|dt}{|1-tz_0|}\leq\int_0^1\frac{|z_0|dt}{1-t|z_0|}\leq\frac{|z_0|}{1-|z_0|}$$

が成り立つ．そこで $|z|\leq r<1$ に対して

$$\left|\log\left(1-\frac{z^2}{k^2}\right)\right|\leq\frac{|z|^2/k^2}{1-|z|^2/k^2}\leq\frac{r^2}{k^2-r^2}$$

が成り立つ．$k\geq2$ であれば

$$k^2-r^2>k^2-1>(k-1)^2$$

が成り立つ．したがって $|z|\leq r<1$ のとき

$$\sum_{k=2}^{\infty}\left|\log\left(1-\frac{z^2}{k^2}\right)\right|\leq\sum_{k=2}^{\infty}\frac{r^2}{k^2-r^2}\leq\sum_{k=2}^{\infty}\frac{1}{(k-1)^2}$$

となるが，最後の級数は収束するので級数(4.32)は絶対一様収束する．

$$f_n(z)=\sum_{k=1}^{n}\log\left(1-\frac{z^2}{k^2}\right)$$

とおくと，系 4.13 を適用することができ，微分と無限和が交換できることが示された．

この問題によって『解析編』5.3 節のところで述べた微分と無限和の交換がより一般的に証明されたことになる．

4.5　留数と定積分

関数 $f(z)$ が点 z_0 を含む領域 D で z_0 以外では正則であるとき，点 z_0 を正の向きに 1 回転する閉曲線 γ に沿った積分

$$\int_\gamma f(z)\,dz$$

を考えてみよう．$f(z)$ は点 z_0 を中心にローラン展開できる．

$$f(z) = \sum_{n=-\infty}^{\infty} a_n(z-z_0)^n$$

このローラン級数が $0<|z-z_0|<R$ で収束するときに $0<r<R$ を曲線 γ の内部に円板 $|z-z_0|\leq r$ が入るようにとる．すると

$$\int_\gamma f(z)\,dz = \int_{|z-z_0|=r} f(z)\,dz$$

が成り立つ．さらに

$$\int_{|z-z_0|=r} f(z)\,dz = \int_{|z-z_0|=r} \left\{\sum_{n=-\infty}^{\infty} a_n(z-z_0)^n\right\} dz$$

と書けるが，以前と同じ論法によって積分と無限和を交換することができる．これより

$$\int_{|z-z_0|=r} f(z)\,dz = \sum_{n=-\infty}^{\infty} a_n \int_{|z-z_0|=r} (z-z_0)^n\,dz = 2\pi i a_{-1}$$

であることが分かる．ローラン展開の $(z-z_0)^{-1}$ の係数 a_{-1} は関数 $f(z)$ の点 z_0 での留数と呼ばれる．点 z_0 での留数 a_{-1} を

$$\mathrm{Res}_{z_0} f(z)$$

と記すことがある．以下ではこの記号をしばしば使う．

以上の議論は次のように一般化できる．

定理 4.25　関数 $f(z)$ は領域 D 内の点 $z_1, z_2, \ldots, z_m$ 以外で正則であるとき，これらの点を内側に含む D 内の閉曲線 γ が，これらの点が左側に存在す

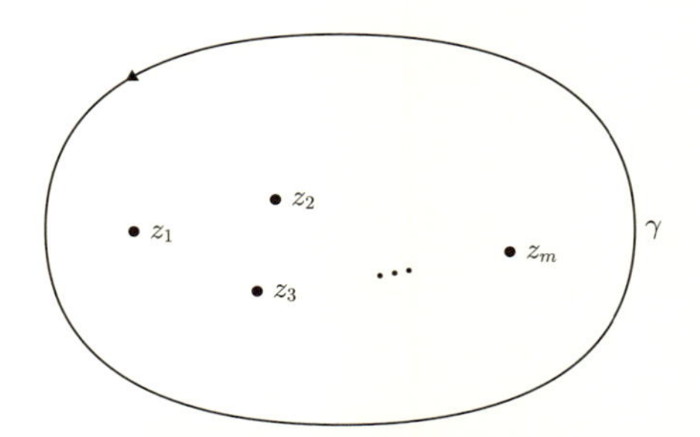

図 4.9　孤立特異点のまわりを一度だけ正の向きにまわる閉曲線に沿った積分は孤立特異点での留数の和の $2\pi i$ 倍である.

るように，ただ一度だけまわるとすると

$$\frac{1}{2\pi i}\int_\gamma f(z)\,dz = \sum_{k=1}^{m} \mathrm{Res}_{z_k} f(z)$$

が成り立つ(図 4.9).

この定理はさまざまに応用できる.

定理 4.26(偏角の原理)　領域 D 内に極のみを持ち，それ以外の点で正則な関数 $f(z)$ が D 内の閉曲線 γ の内部に点 $z_1, z_2, \dots, z_a$ でそれぞれ $m_1, m_2, \dots, m_a$ 位の零点を持ち，点 $w_1, w_2, \dots, w_b$ でそれぞれ $n_1, n_2, \dots, n_b$ 位の極を持ち，それ以外の点は零点でも極でもなければ

$$\frac{1}{2\pi i}\int_\gamma \frac{f'(z)}{f(z)}dz = (m_1+m_2+\cdots+m_a)-(n_1+n_2+\cdots+n_b)$$

が成り立つ.

[証明]　$f'(z)/f(z)$ は $f(z)$ の零点と極以外では極を持たない．$f(z)$ での零点 z_k での留数を計算する．点 z_k の近傍で $f(z)$ は

$$f(z) = (z-z_k)^{m_k} g(z), \quad g(z_k) \neq 0$$

と書けるので

$$\frac{f'(z)}{f(z)} = \frac{m_k(z-z_k)^{m_k-1}g(z)+(z-z_k)^{m_k}g'(z)}{(z-z_k)^{m_k}g(z)} = \frac{m_k}{z-z_k}+\frac{g'(z)}{g(z)}$$

となるが，$g(z_k)\neq 0$ より $g'(z)/g(z)$ は z_k で正則である．したがって

$$\mathrm{Res}_{z_k}\frac{f'(z)}{f(z)} = m_k$$

である．一方，極 w_j の近傍では

$$f(z) = \frac{h(z)}{(z-w_j)^{n_j}}, \quad h(z) \text{ は } w_j \text{ で正則かつ } h(w_k) \neq 0$$

と書くことができる．すると上と同様の計算によって

$$\frac{f'(z)}{f(z)} = \frac{-n_j}{z-w_j}+\frac{h'(z)}{h(z)}$$

が成り立ち

$$\mathrm{Res}_{w_j}\frac{f'(z)}{f(z)} = -n_j$$

が成り立つことが分かる．したがって定理 4.25 より定理が従う．　**【証明終】**

留数を使って定積分の計算ができる．

問題 4.6

図 4.10 のように $(R,0)$ から反時計回りに半径 R の半円上を進む道を Γ_R と記す．実軸を $-R$ から R に進み，次に半円 Γ_R 上を進んで $(-R,0)$ に戻ってくる道に沿っての積分を考えて定積分

$$\int_{-\infty}^{\infty}\frac{dx}{x^2+a^2}, \quad a > 0$$

を求めよ．

$\dfrac{1}{z^2+a^2}$ は上半平面では点 ai に 1 位の極を持ち，そこでの留数は

$$\lim_{z\to ai}(z-ai)\frac{1}{z^2+a^2} = \frac{1}{2ai}$$

である．したがって

$$\int_{-R}^{R}\frac{dx}{x^2+a^2}+\int_{\Gamma_R}\frac{dz}{z^2+a^2} = 2\pi i\cdot\frac{1}{2ai} = \frac{\pi}{a}$$

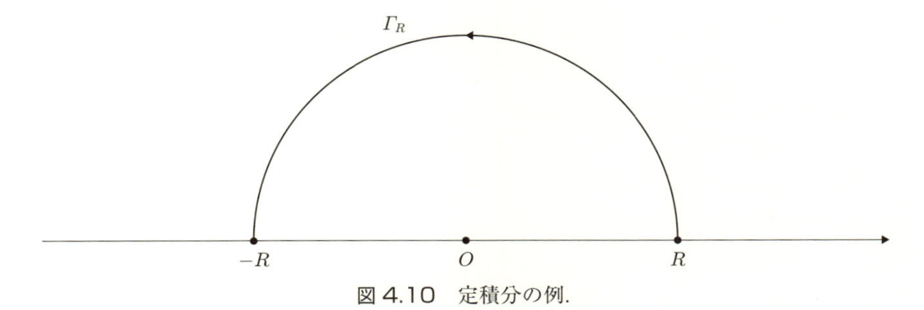

図 4.10　定積分の例.

である．一方，

$$\left|\int_{\Gamma_R}\frac{dz}{z^2+a^2}\right| = \left|\int_0^\pi \frac{Rie^{i\theta}d\theta}{R^2e^{2i\theta}+a^2}\right| \leq \int_0^\pi \frac{Rd\theta}{|R^2e^{2i\theta}+a^2|} \leq \int_0^\pi \frac{d\theta}{R-a^2/R}$$
$$= \frac{\pi}{R-a^2/R}$$

が成り立つので

$$\lim_{R\to\infty}\int_{\Gamma_R}\frac{dz}{z^2+a^2} = 0$$

である．したがって

$$\frac{\pi}{a} = \lim_{R\to\infty}\int_{-R}^{R}\frac{dx}{x^2+a^2} = \int_{-\infty}^{\infty}\frac{dx}{x^2+a^2}$$

が成立する．

コラム

$y^2=1-x^2$, $y^2=(1-x^2)(1-k^2x^2)$ から定まる閉リーマン面

第 2 章 2.2 節や 2.3 節で述べたように積分

$$\int\frac{dx}{\sqrt{1-x^2}},\quad \int\frac{dx}{\sqrt{(1-x^2)(1-k^2x^2)}}$$

は (x,y) の全体を考えて，その上での積分 $\displaystyle\int\frac{dx}{y}$ と考えることができる．(x,y) の全体には複素座標を導入することができ，リーマン面と呼ばれる．リーマン球面を考えたように x の変域を無限遠点まで拡げると (x,y) の全体は閉じた曲面と考えられ，閉リーマン面と呼ばれる．まず $y^2=1-x^2$ の場合

を考えてみよう．$y^2=1-x^2$ より $x\neq\pm1$ であれば y は異なる二つの値をとる．一方，$x=1$ であれば $y=0$ となる．また x が無限遠点のときは $u=1/x$ を無限遠点を中心とする座標とすると $y^2=1-(1/u)^2=\dfrac{1}{u^2}(u^2-1)$ と書き直せるので $v=uy$ とおき直すと $v^2=u^2-1$ となる．この式によって無限遠点 $u=0$ に対して $v=\pm i$ の2点が対応すると考えることができる．$u\neq0$ であれば (x,y) と (u,v) の間には $(x,y)=(1/u,v/u)$ と対応がつく．

このように考えて (x,y) と $(u,v)=(0,\pm i)$ を併せてできる“図形”を R と記すことにする．R からリーマン球面への写像 $\varphi{:}R\to S$ は $(x,y)\mapsto x$，$(u,v)\mapsto u$ で与えられる．S に複素座標を導入してみよう．$x_0\neq\pm1$ であれば $y=\pm\sqrt{1-x^2}$ は x_0 を中心とする小円板 $D_r(x_0)=\{x\in\mathbb{C}\,|\,|x-x_0|<r\}$ (r は十分小さい)で x の正則関数である．実際は $D_r(x_0)$ が ±1 を含まなければ $\sqrt{1-x^2}$，$-\sqrt{1-x^2}$ は x の正則関数である．したがって $\varphi^{-1}(D_r(x_0))$ (これは二つの交わらない集合 $W(x_0,y_0)$，$W(x_0,-y_0)$ からなる，y 座標が互いに -1 倍になっている)の複素座標を $x-x_0$ とする．これは $x=x_0$ のとき $y=\pm y_0$ とすると，点 $P_+=(x_0,y_0)$，$P_-=(x_0,-y_0)$ で座標が0になるようにとったので P_+，P_- を中心とする複素座標と呼ばれる．無限遠点 $(u,v)=(0,\pm i)$ でも同様に $V(0,i)$，$V(0,-i)$ を $\varphi^{-1}(\{u\,|\,|u|<r\})$ の二つの連結成分とするとき，これらの点を中心とする複素座標として u をとる．このとき $W(x_1,y_1)$ と $W(x_2,y_2)$ が共通部分を持てばそれぞれの複素座標 $x-x_1$，$x-x_2$ は互いに他の複素座標の正則関数になっている．たとえば $x-x_1=(x-x_2)+(x_2-x_1)$ と $x-x_1$ は $x-x_2$ の1次関数となり $x-x_2$ の正則関数である．

また $W(x_1,y_1)$ と $V(0,i)$，あるいは $V(0,-i)$ が共通部分を持つときは $x-x_1=1/u-x_1$ と書くことができ，$x-x_1$ は u の正則関数，u も $x-x_1$ の正則関数であることが分かる．

最後に $W(1,0)$，$W(-1,0)$ の複素座標として y をとる．もし $W(\pm1,0)\cap W(x_1,y_1)\neq\varnothing$ であれば $y=\pm\sqrt{1-x^2}=\pm\sqrt{1-\{(x-x_1)+x_1\}^2}$ であるが，$W(x_1,y_1)$ は $(\pm1,0)$ を含んでいないので y は $x-x_1$ の一価正則関数である．一方，$x=\pm\sqrt{1-y^2}$ であるが $W(x_1,y_1)$ では y に対して x が一意的に対応しているので $x=\sqrt{1-y^2}$ または $x=-\sqrt{1-y^2}$ が成り立たなければならない(正確には $\sqrt{1-y^2}$ は $y\neq\pm1$ では局所的に一価正則関数である事実を使う)．したがって $x-x_1$ は y の正則関数である．

以上のように，各点のまわりに複素座標が導入でき，座標が重なりあう部分では互いに他の座標の正則関数になっているような図形をリーマン面という．ここで導入したリーマン面 R はリーマン球面への写像 $\varphi:R\to S$ を考えることによって，その形がどのようなものであるかが分かる．$\sqrt{1-x^2}$ を $-1<x<1$ のとき正であると決める．この関数の値を図 4.11 のように -1 を中心とする円に沿ってその変わり具合を調べると，円が実軸を出て再び実軸に戻ると $\sqrt{1-x^2}$ は $-\sqrt{1-x^2}$ に変わっている．

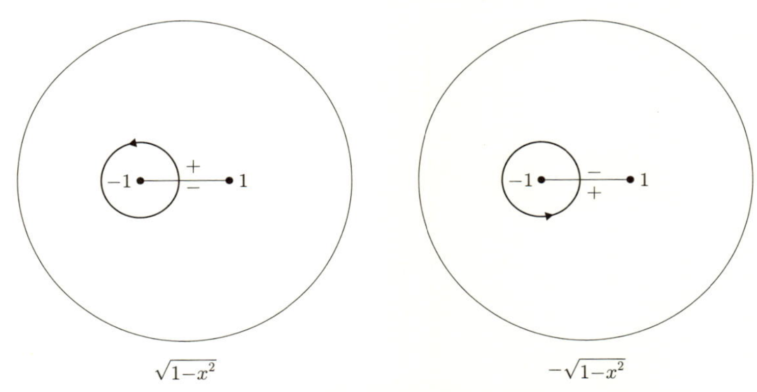

図 4.11　リーマン球面から閉区間 $[-1,1]$ を除いたものは単連結となるので $\sqrt{1-x^2}$ は一価正則関数と考えることができる．この関数を実軸の上から閉区間 $[-1,1]$ に近づけたとき正の値になる分枝を選んだものを $\sqrt{1-x^2}$，負となる分枝を選んだものを $-\sqrt{1-x^2}$ と記す．

そこでリーマン球面 $[-1,1]$ に切り目を入れてこの切り目を切り開き，図 4.11 の二つの分枝のように切り開いた両側に $+$，$-$ を入れると，(x,y) の図形は $+$ 同士，$-$ 同士を貼り合わせたものになる．

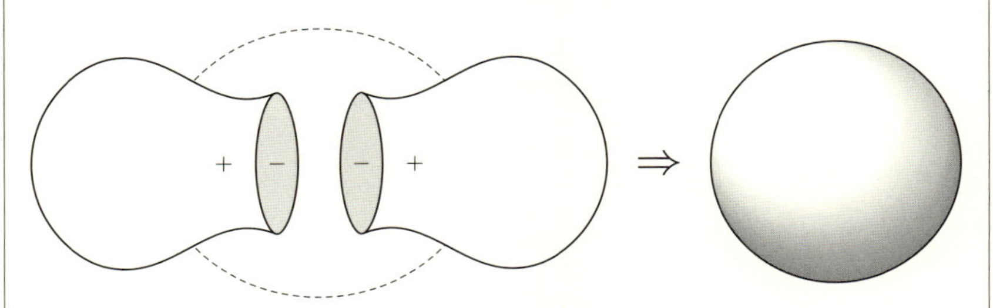

図 4.12　図 4.11 の二つのリーマン球面を貼り合わせると，球面ができる．

これは球面になっている(図 4.12). 実は閉リーマン面 R はリーマン球面である. これは円 $x^2+y^2=1$ の径数表示

$$(x,y)=\left(\frac{1-t^2}{1+t^2},\frac{2t}{1+t^2}\right)$$

を複素数に拡張することによって確かめることができる. 実際 $\left(\frac{1-t^2}{1+t^2},\frac{2t}{1+t^2}\right)$ は $x^2+y^2=1$ を満たす. 一方, $x\neq -1$ であれば $x=\frac{1-t^2}{1+t^2}$ を満たす t が $x\neq 1$ のとき 2 個存在する. このとき

$$y^2=1-\left(\frac{1-t^2}{1+t^2}\right)^2=\frac{4t^2}{(1+t^2)^2}$$

となり

$$y=\pm\frac{2t}{1+t^2}$$

となる. 符号は t の符号に吸収できる. ところで $x=-1$ のとき対応する t が存在しないが, これは $t=\infty$, 無限遠点のときに対応する. さらに $t=\pm i$ のとき対応する (x,y) は定義できないが, このときは

$$u=\frac{1}{x}=\frac{1+t^2}{1-t^2}=0,\quad v=uy=\frac{1+t^2}{1-t^2}\cdot\frac{2t}{1+t^2}=\frac{2t}{1-t^2}=\pm i$$

となって S の無限遠点に対応している. このとき

$$\int\frac{dx}{y}=\int\frac{\dfrac{dx}{dt}}{\dfrac{2t}{1+t^2}}dt=-2\int\frac{dt}{t^2+1}$$

となっている. この最後の積分の被積分関数は $t=\pm i$ のところに 1 位の極を持っていて他では正則である. よく知られているように t が実数であれば

$$\theta(x)=\int_0^x\frac{dt}{t^2+1}=\arctan x$$

である. これは

$$\tan\theta=x$$

を意味する. リーマン球面上の積分 $\int_0^x\frac{dt}{t^2+1}$ を考えることによって, $\tan\theta$ が複素変数の周期関数であることを示すことができる. 周期が出てくる理由は

$\dfrac{1}{1+t^2}$ が 1 位の極を持つことから積分が道のとり方によって留数の $2\pi i$ の整数倍だけ異なることから説明することができる．対数関数と指数関数の場合の類似が成り立っている．

$y^2=(1-x^2)(1-k^2x^2)$ のリーマン面 R も同様に考えることができるが，こんどは事情が少し異なっている．$x=\pm 1$, $x=\pm 1/k$ の 4 点で y の値は 0 のみで，他の x では y の値は 2 個だからである．上と類似の考えで R はトーラス (ドーナツの表面) と位相同型であることが示される (図 4.13)．

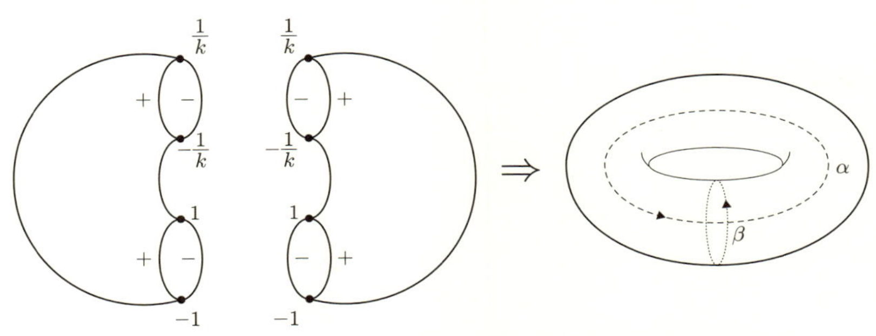

図 4.13　-1 と 1 を結ぶ道と $-1/k$ と $1/k$ を結ぶ道を交わらないようにひき，これらの道に沿って二つのリーマン球面を貼り合わせるとトーラスができる．

こんどは積分 $\displaystyle\int \frac{dz}{y}$ の被積分関数は極を持たず正則であるが，トーラス上には 1 点に縮めることのできない道がたくさん存在する．これらの道に沿った積分にはコーシーの積分定理を適用することができず，積分値は 0 ではない．積分 $\displaystyle\int_{x_0}^{x_1} \frac{dz}{y}$ は図 4.13 の道 α, β に沿った積分値の整数倍だけ道のとり方によって異なってくる．この積分の逆関数として二重周期関数が現れるが，これが第 5 章で議論する楕円関数に他ならない．歴史的にはこの積分の逆関数として楕円積分が発見された．

4.6 最大値の原理と代数学の基本定理

コーシーの積分定理にはたくさんの応用がある．まず最大値の原理を示そう．

> **定理 4.27**　領域 D で正則な関数 $f(z)$ に関して $|f(z)|$ が D の点 z_0 で最大値をとれば $f(z)$ は定数である．

[証明]　$f(z)$ は点 z_0 の近傍で定数であることを示す．$\overline{D}_r(z_0)\subset R$ であるように $r>0$ を一つ選ぶ．このとき仮定から

$$|f(z)| \le |f(z_0)|, \quad |z-z_0| \le r$$

が成り立つ．もし $|f(z_1)|<|f(z_0)|$ である点 z_1 が存在したとすると z_1 のある小近傍 U では $|f(z)|<|f(z_0)|$ が成り立つ．そこで $|z_1-z_0|=r_1\le r$ とおくと，コーシーの積分公式より

$$\begin{aligned} f(z_0) &= \frac{1}{2\pi i}\int_{|w-z_0|=r_1}\frac{f(w)}{w-z_0}dw = \frac{1}{2\pi i}\int_0^{2\pi}\frac{f(z_0+r_1e^{i\theta})}{r_1e^{i\theta}}r_1ie^{i\theta}d\theta \\ &= \frac{1}{2\pi}\int_0^{2\pi} f(z_0+r_1e^{i\theta})\,d\theta \end{aligned}$$

が成り立つので

$$|f(z_0)| \le \frac{1}{2\pi}\int_0^{2\pi}|f(z_0+r_1e^{i\theta})|\,d\theta$$

が成り立つ．ところで

$$|f(z_0+r_1e^{i\theta})| \le |f(z_0)|$$

であり，仮定より

$$|f(z_0+r_1e^{i\theta_1})| < |f(z_0)|$$

となる θ_1 が存在するので，θ_1 の近くでも真の不等号が成り立つ．したがって

$$\frac{1}{2\pi}\int_0^{2\pi}|f(z_0+r_1e^{i\theta})|\,d\theta < \frac{1}{2\pi}\int_0^{2\pi}|f(z_0)|\,d\theta = |f(z_0)|$$

が成り立たなければならない．これは上の不等式に矛盾する．これは $|f(z_1)| < |f(z_0)|$ である点 z_1 が存在したと仮定したことに起因する．したがって z_0 の近傍では $|f(z)|=|f(z_0)|$ が成り立つ．問題 2.14 より，これは $f(z)$ が z_0 の近傍で定数であることを意味する．

そこで

$U=\{w\in D|w$ のある近傍 U_w で考えると $|f(z)|$ は w で最大値をとる$\}$

$V=\{w\in D|w$ の任意の近傍 V_w において $|f(z)|$ は w で最大値をとらない$\}$

とおくと

$$D = U\cup V$$

である．V は開集合である．一方，上の議論から U の各点 w のある近傍 U_w では $f(z)$ は定数関数であるので w のある近傍は U に含まれなければならない．したがって U も開集合である．また定理の仮定より $U\neq\varnothing$ であり，D は連結であったので $D=U$ でなければならない．すなわち $f(z)$ は D で定数関数である．【証明終】

この最大値の原理はもっと一般的な原理の帰結でもある．そのために少し準備をする．

定理 4.28（ルーシェの定理）　円周 γ およびその内部を含むある領域 D で正則な関数 $f(z)$ と $g(z)$ に関して

$$|f(z)| > |g(z)|$$

が円周 γ のすべての点 z で成立すれば $f(z)$ と $f(z)+g(z)$ は γ の内部で同じ個数の零点を持つ．

[証明]　定理の仮定より $f(z)$ は円周上で零点を持たない．また任意の実数 $0\leq t\leq 1$ に対して $f(z)+tg(z)$ は円周上で零点を持たない．そこで積分

$$\frac{1}{2\pi i}\int_{\gamma}\frac{f'(z)+tg'(z)}{f(z)+tg(z)}\,dz$$

を考えると，偏角の原理(定理 4.26)より積分値は各 t に関して整数である．一方，この積分値は t の連続関数である．よって積分値は定数でなければならない．$t=0$ のときは，積分値は $f(z)$ の円周 γ の内部の零点の個数，$t=1$ のときは $f(z)+g(z)$ の円周 γ の内部の零点の個数を表すので，両者は一致する．

【証明終】

以上の準備のもとで次の開写像定理を証明することができる．

> **定理 4.29**(開写像定理)　領域 D で定義された定数関数でない正則関数 $f(z)$ を D から複素平面 $\mathbb{C}$ への写像と考えると開写像である．

開写像というのは D の任意の開集合 O の $f(z)$ による像 $f(O)$ が複素平面の開集合であることを意味する．

[証明]　$z_0\in D$ に対して $w_0=f(z_0)$ とおくと w_0 の近くの点 w が $f(z)$ の像に含まれることを示せばよい．$g(z)=f(z)-w$, $G(z)=f(z)-w_0$, $H(z)=g(z)-G(z)=w_0-w$ とおくと

$$g(z)=G(z)+H(z)$$

である．$\delta>0$ を $\overline{D}_\delta(z_0)=\{z||z-z_0|\leq\delta\}\subset D$ が成り立つように，さらに円周 $|z-z_0|=\delta$ 上で $f(z)\neq w_0$ であるようにとる．$f(z)=w_0$ となる点 z は z_0 の近傍では孤立しているので，このように δ を選ぶことは可能である．円周 $|z-z_0|=\delta$ はコンパクトであるので $|f(z)-w_0|$ はこの円周上で最小値をとるが $f(z)\neq w_0$ であるので，この最小値は正である．そこで $\varepsilon>0$ を円周 $|z-z_0|=\delta$ 上で $|G(z)|=|f(z)-w_0|>\varepsilon$ が成り立つように選ぶ．すると $|w-w_0|<\varepsilon$ であれば $|G(z)|>\varepsilon>|w-w_0|=|H(z)|$ が成り立つ．よって $G(z)$ が開円板 $D_\delta(z_0)$ 内に零点を一つ持つことからルーシェの定理(定理 4.28)により $g(z)=G(z)+H(z)=f(z)-w$ も開円板 $D_\delta(z_0)$ 内に零点を一つ持つ．これは $f(z_1)=w$ となる $z_1\in D$ が存在することを意味する．すなわち $|w-w_0|<\varepsilon$ である w はすべて $f(z)$ の像になっている．したがって $f(z)$ は開写像である．　**【証明終】**

問題 4.7

開写像定理を使って最大値の原理を証明せよ．

解答　領域 D で正則な関数 $f(z)$ に対して $|f(z)|$ は D の点 z_0 で最大値をとったとする．正数 ε を点 z_0 を中心とする半径 ε の閉円板が D に含まれる（$\overline{D}_\varepsilon(z_0)\subset D$）ように選ぶ．もし $f(z)$ が定数関数でなければ $f(z)$ による開円板 $D_\varepsilon(z_0)$ の像 $f(D_\varepsilon(z_0))$ は複素平面の開集合である．したがって $w_0=f(z_0)$ とおくと $D_\delta(w_0)\subset f(D_\varepsilon(z_0))$ となる正数 $\delta>0$ が存在する．これは $|w_1|=|f(z_1)|>|w_0|=|f(z_0)|$ となる点 $z_1\in D_\varepsilon(z_0)\subset D$ が存在することを意味し，仮定に反する．したがって $f(z)$ は定数関数でなければならない．

最後に代数学の基本定理を証明してみよう．そのためにまず次のリューヴィルの定理を証明しよう．

> **定理 4.30**（リューヴィルの定理）　複素平面全体で正則な関数 $f(z)$ が有界である，すなわち
>
> $$|f(z)| < M$$
>
> がすべての複素数 z に対して成り立つような定数 M が存在すれば $f(z)$ は定数である．

[証明]　導関数の積分公式（式(4.11)）より $|z|<R$ である任意の複素数 z に対して

$$f'(z) = \frac{1}{2\pi i}\int_{|w|=R}\frac{f(w)}{(w-z)^2}\,dw$$

が成り立つ．このとき

$$|f'(z)| \le \frac{1}{2\pi}\int_0^{2\pi}\frac{|f(Re^{i\theta})|}{|Re^{i\theta}-z|^2}R\,d\theta \le \frac{R}{2\pi}\int_0^{2\pi}\frac{|f(Re^{i\theta})|}{(R-|z|)^2}\,d\theta$$

が成り立つ．そこで $|z|\le R/2$ である z を考えると

$$|f'(z)| \leq \frac{R}{2\pi}\int_0^{2\pi}\frac{|f(Re^{i\theta})|}{(R-R/2)^2}d\theta < \frac{2}{\pi R}\int_0^{2\pi} M\, d\theta = \frac{4M}{R}$$

したがって z を固定して $R\to\infty$ を考えると $f'(z)=0$ が成り立つことが分かる．複素平面 $\mathbb{C}$ で正則な関数 $f(z)$ に対しては

$$f(z) = \int_0^z f'(z)\, dz + f(0)$$

が成り立つので，$f'(z)=0$ であれば $f(z)=f(0)$ となり $f(z)$ は定数関数であることが分かる．　　　　【証明終】

定理 4.31（代数学の基本定理）　複素数係数の1変数代数方程式は複素数内に必ず根を持つ．

［証明］　背理法で証明する．多項式

$$f(z) = z^n + a_1 z^{n-1} + \cdots + a_n, \quad n \geq 1$$

が複素平面 $\mathbb{C}$ 上で0にならないと仮定する．すると $g(z)=1/f(z)$ も複素平面上で正則な関数となる．

$$|g(z)| = \frac{1}{|z^n + a_1 z^{n-1} + \cdots + a_n|} = \frac{1}{|z|^n}\cdot\frac{1}{\left|1+\dfrac{a_1}{z}+\cdots+\dfrac{a_n}{z^n}\right|}$$

が成り立つので正数 R を

$$\frac{|a_k|}{R^k} < \frac{1}{2n}, \quad k = 1, 2, \ldots, n$$

であるように選ぶと $|z|>R$ であれば

$$|g(z)| \leq \frac{1}{|z|^n}\cdot\frac{1}{1-\left(\dfrac{|a_1|}{|z|}+\cdots+\dfrac{|a_n|}{|z|^n}\right)}$$
$$< \frac{1}{R^n}\cdot\frac{1}{1-\dfrac{|a_1|}{R}-\cdots-\dfrac{|a_n|}{R^n}} < \frac{1}{R^n}\cdot\frac{1}{1-\dfrac{1}{2n}\cdot n} = \frac{2}{R^n}$$

が成り立つ．$|z|\leq R$ のとき $|g(z)|$ は最大値を持つ．それを L とすると

$$|g(z)| \leq \max\left\{L, \frac{2}{R^n}\right\}$$

がすべての z に対して成り立つので $g(z)$ は有界である．したがってリューヴィルの定理によって $g(z)$ は定数関数でなければならない．これは多項式 $f(z)$ の次数は1以上であると仮定したことに反する．これは $f(z)$ が複素平面上で0になることはないと仮定したことから生じた矛盾である．したがって多項式 $f(z)$ は $f(z_0)=0$ となる複素数 z_0 を必ず持つ．　　　　**【証明終】**

第4章　演習問題

4.1　e^{-z^2} を図4.14の積分路で積分し，

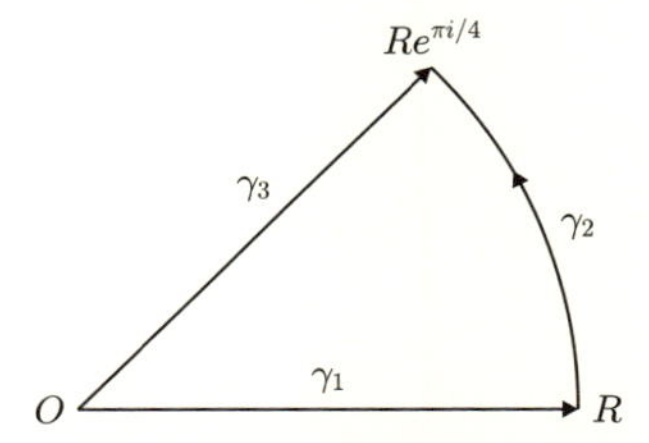

図4.14　問題4.1の積分路．0から R へ向かう線分を γ_1，点 R から $Re^{\pi i/4}$ へ向かう円弧を γ_2，0から点 $Re^{\pi i/4}$ に向かう線分を γ_3 と記す．積分路は $\gamma_3^{-1} \circ \gamma_2 \circ \gamma_1$ となる．

$R \to \infty$ をとることによって

$$\int_0^\infty \sin(x^2)\,dx = \int_0^\infty \cos(x^2)\,dx = \frac{\sqrt{2\pi}}{4}$$

を示せ．

4.2　$|a|<1$ のとき

$$\int_0^{2\pi} \frac{d\theta}{1-2a\cos\theta+a^2} = \frac{2\pi}{1-a^2}$$

を示せ．

4.3　$(z-z_0)^m f(z)$ が $z=z_0$ の近傍で正則であり，かつ

$$\lim_{z\to z_0}(z-z_0)^m f(z)=\alpha\neq 0$$

であれば $f(z)$ は点 z_0 で m 位の極を持つことを示せ．

4.4　$\cot z=\dfrac{1}{\tan z}$, $\operatorname{cosec} z=\dfrac{1}{\sin z}$ の $z=0$ を中心とするローラン展開を求め，その収束半径を求めよ．

4.5　$a_n\geq 0$, $n=1, 2, \ldots$ のとき無限積 $\prod_{k=1}^{\infty}(1+a_n)$ が収束するための必要十分条件は $\sum_{k=1}^{\infty}a_k$ が収束することである．ただし，$a_n=0$ である n は有限個と仮定する．（$a_n<0$ となる n が無数に存在するときは，この事実は正しくない．略解に示した例を参照のこと．）

4.6　$|z|<1$ であれば無限積

$$(1+z)(1+z^2)(1+z^4)(1+z^8)\cdots=(1+z)\prod_{k=1}^{\infty}(1+z^{2^k})$$

は絶対収束し，収束値は $\dfrac{1}{1-z}$ であることを証明せよ．（ヒント $(1-z)(1+z)(1+z^2)(1+z^4)\cdots(1+z^{2^k})=1-z^{2^{k+1}}$ を使う．）

4.7　複素数 $a\neq 0$ に対して a^z を

$$a^z=e^{z\log a}$$

と定義する．$\log a$ は $2\pi i$ の整数倍の不定性を持っているので a^z は一般に多価関数である．i^i はどのような値をとるか．

5 楕円関数

この章ではガウスが考えた幾何相乗平均の理論を現代的な観点から考えてみよう．正則関数の理論が大活躍することが見てとれるよい例になっている．

5.1 二重周期関数

正弦関数 $\sin z$ は 2π の整数倍を周期として持っている．

$$\sin(z+2m\pi) = \sin z, \quad m \in \mathbb{Z}$$

2π を正弦関数 $\sin z$ の基本周期という．同様に指数関数 e^z は $2\pi i$ を基本周期とする周期関数である．このことを念頭に次の問題を考えてみよう．

問題 5.1

複素平面で定義された定数でない有理型関数[*1] $f(z)$ が 2 個の実数 $a \neq 0$, $b \neq 0$ を周期として持つ

$$f(z+a) = f(z), \quad f(z+b) = f(z)$$

ならば b は a の有理数倍である．

もし $a<0$ であれば

$$f(z) = f(z-a+a) = f(z-a)$$

が成り立つので $-a$ も周期である．したがって $a>0$, $b>0$ と仮定しても一般性を失わない．

*1　領域 D で定義され，特異点として極しか持たず極以外では正則な関数を D の有理型関数という．

b/a が無理数であると仮定して矛盾を示す．b/a を無限連分数に展開する[*2]．

$$b/a = c_0 + \cfrac{1}{c_1 + \cfrac{1}{c_2 + \cfrac{1}{c_3 + \cdots}}}, \quad c_0 \in \mathbb{Z},\ 0 \le c_j \le 9,\ j = 1, 2, 3, \ldots$$

そこでこの無限連分数の $n-1$ 位までとってできる分数

$$c_0 + \cfrac{1}{c_1 + \cfrac{1}{\ddots\, c_{n-2} + \cfrac{1}{c_{n-1}}}}$$

を α_n と記す．

$$p_0 = 1, \quad p_1 = c_0, \quad p_n = c_{n-1}p_{n-1} + p_{n-2}, \quad n = 2, 3, \ldots$$
$$q_0 = 0, \quad q_1 = 1, \quad q_n = c_{n-1}q_{n-1} + q_{n-2}, \quad n = 2, 3, \ldots$$

と定めると

$$\alpha_n = p_n/q_n, \quad n = 1, 2, \ldots$$

となり，

$$\left| \frac{b}{a} - \frac{p_n}{q_n} \right| < \frac{1}{q_n^2}$$

が成り立つ．よって $|q_n b - p_n a| < \dfrac{a}{q_n}$ が成り立ち，したがって n を大きくすると $q_n b - p_n a$ は $q_n \to \infty$ より 0 に近づくことが分かる．

一方，a, b は $f(z)$ の周期であるので

$$f(z + p_n b - q_n a) = f(z)$$

が成り立つ．任意の複素数 z の実部 x は $q_n b - p_n a$ の整数倍 β_n で近似できる．β_n は $f(z)$ の周期であるので

*2　連分数に関してはたとえば　高木貞治著『初等整数論講義』(共立出版)を参照されたい．

$$f(x+iy) = \lim_{n\to\infty} f(\beta_n+iy) = f(iy)$$

が成り立つ．すなわち $f(z)$ は z の虚部のみの関数となる．すると

$$f'(z) = \lim_{h\to 0, h\in\mathbb{R}} \frac{f(x+h+iy)-f(x+iy)}{h} = 0$$

となり，$f(z)$ は定数関数でなければならない．これは仮定に反する．

さて複素平面 $\mathbb{C}$ で定義された有理型関数 $f(z)$ が $\mathbb{Q}$ 上独立な二重周期を持つとする．

$$f(z+\alpha) = f(z), \quad f(z+\beta) = f(z)$$

上の問題から，二重周期を持つならば α, β の少なくとも一方は実数でない複素数でなければならないことが分かる．また変数 z の代わりに $w=\alpha z$ を新しい変数とすると $g(w)=f(z)$ は 1 と β/α を周期として持つ．このとき $\mathrm{Im}\,\beta/\alpha \neq 0$ である．したがって有理型関数 $f(z)$ の周期は 1 と $\tau\in\mathbb{C}\backslash\mathbb{R}$ と仮定しても一般性を失わない．さらに τ が周期であれば $-\tau$ も周期であるので $\mathrm{Im}\,\tau>0$ と仮定しても一般性を失わない．そこで 1 と τ を周期とする複素平面 $\mathbb{C}$ で定義された有理型関数 $f(z)$ を以下で構成する．このような二重周期を持つ関数を**楕円関数**と呼ぶ．

問題 5.2

$\mathrm{Im}\,\tau>0$ である複素数 τ によってすべての複素数 z は

$$z = x_0+y_0\tau, \quad x_0, y_0 \in \mathbb{R}$$

と実数 x_0, y_0 を用いて一意的に表すことができることを示せ．またすべての複素数 z は整数 m, n を適当に選ぶと

$$z-(m+n\tau) = u_0+v_0\tau, \quad u_0, v_0 \in \mathbb{R}$$

と記すとき

$$0 \le u_0 < 1, \quad 0 \le v_0 < 1$$

とできることを示せ．

$\tau=a+ib,\ b>0$ であり，$z=x+iy$ とすると

$$x+iy = x_0+y_0\tau$$

が成り立つためには $x_0,\ y_0$ に関する連立方程式

$$x_0+ay_0 = x$$

$$by_0 = y$$

を解く必要がある．$b>0$ であるので，この連立方程式は一意的に解くことができる．またこのとき

$$0 \leq u_0 = x_0-m < 1, \quad 0 \leq v_0 = y_0-n < 1$$

が成り立つように整数 $m,\ n$ を求めることができる．

ところで楕円関数 $f(z)$ では

$$f(z+m+n\tau) = f(z), \quad m, n \in \mathbb{Z}$$

が成り立つので，$f(z)$ は τ で決まる基本平行四辺形

$$\{\ z \mid z = s+t\tau, \quad 0 \leq s, t \leq 1\ \}$$

内での挙動ですべてが決まることが分かる（図 5.1）．

定理 5.1　正則な楕円関数は定数のみである．

［証明］　$|f(z)|$ は基本平行四辺形で連続であるので基本平行四辺形内で有界である．すなわち

$$|f(z)| \leq M$$

が成り立つ．これは $|f(z)|$ が複素平面上で有界であることを意味し，リューヴィルの定理（定理 4.30）によって $f(z)$ は定数である．　**【証明終】**

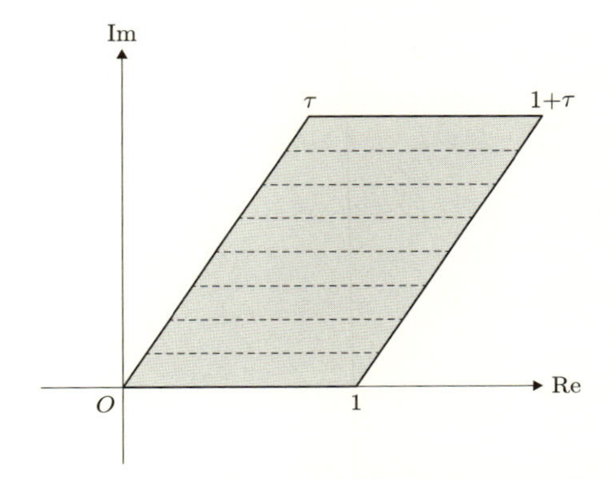

図 5.1　アミカケ部分が τ から定まる基本平行四辺形.

定理 5.2　基本平行四辺形内の点

$$z_0 = s_0 + t_0\tau, \quad 0 \leq s_0 < 1,\ 0 \leq t_0 < 1$$

で 1 位の極を持ち，他の点 $s+t\tau$, $0 \leq s < 1$, $0 \leq t < 1$ では正則であるような楕円関数は存在しない.

[証明]　必要であれば $g(z)=f(z+a)$ を考えることによって z_0 は基本平行四辺形の辺上にないと仮定してよい.

$$z_0 = s_0 + t_0\tau, \quad 0 < s_0 < 1,\ 0 < t_0 < 1$$

点 z_0 での $f(z)$ の留数を α とすると

$$\int_{\partial\square} f(z)\, dz = 2\pi i\alpha$$

が成り立つ．ここで $\partial\square$ は基本平行四辺形の辺上を反時計回りにまわる積分路を意味する．具体的に計算すると

$$\begin{aligned}\int_{\partial\Box} f(z)\,dz &= \int_0^1 f(z)\,dz+\int_1^{1+\tau} f(z)\,dz+\int_{1+\tau}^{\tau} f(z)\,dz+\int_{\tau}^{0} f(z)\,dz \\ &= \int_0^1 f(s)\,ds+\int_0^1 f(1+t\tau)\,\tau dt+\int_1^0 f(s+\tau)\,ds+\int_1^0 f(t\tau)\,\tau dt \\ &= \int_0^1 f(s)\,ds-\int_0^1 f(s+\tau)\,ds+\int_0^1 f(1+t\tau)\,\tau dt-\int_0^1 f(t\tau)\,\tau dt\end{aligned}$$

であるが，$f(z)$ が楕円関数であることより

$$f(s+\tau) = f(s), \quad f(t\tau+1) = f(t\tau)$$

が成り立つので

$$\int_{\partial\Box} f(z)\,dz = 0$$

でなければならない．これは z_0 での留数 $\alpha=0$ を意味するが．それは $f(z)$ が z_0 で 1 位の極を持たないことを意味し，仮定に反する．　　　　【証明終】

では 2 位の極のみを持つ楕円関数は存在するのであろうか．そのために次の無限和を考える．

定義 5.1　無限和

$$\wp(z) = \frac{1}{z^2}+\sum_{(m,n)\in\mathbb{Z}^2\setminus\{(0,0)\}}\left\{\frac{1}{(z-m-n\tau)^2}-\frac{1}{(m+n\tau)^2}\right\} \tag{5.1}$$

で定義される $\mathbb{C}$ 上の有理型関数をワイエルシュトラスのペー関数と呼ぶ．

この定義が意味をなすためには上の無限和が収束することを示す必要がある．$\dfrac{1}{(z-m-n\tau)^2}$ の無限和ではなく $\dfrac{1}{(z-m-n\tau)^2}-\dfrac{1}{(m+n\tau)^2}$ の無限和をとっているのは収束と深く関係している．

収束の証明のために記号をいくつか準備する．整数 m, n に対して $\omega=m+n\tau$ を格子点を呼び，格子点の全体を L と記す．

$$L = \{\, m+n\tau \mid m, n \in \mathbb{Z} \,\}$$

自然数 m に対して複素平面上で頂点が $-m-m\tau$, $m-m\tau$, $m+m\tau$, $-m+m\tau$ の平行四辺形の辺上にある格子点の全体を L_m と記す（図 5.2 参照）．さらに

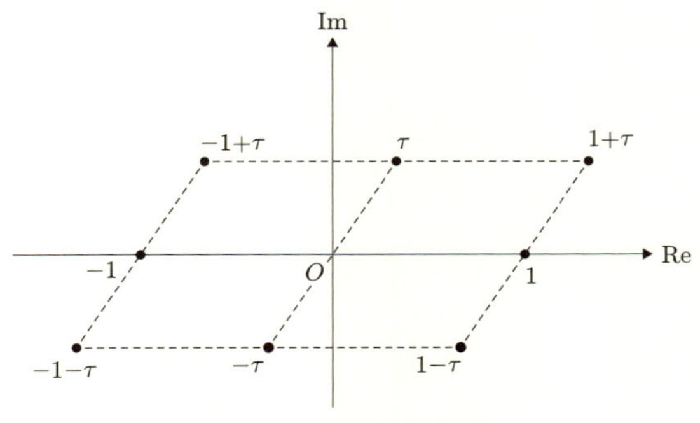

図 5.2　格子点 L_1 の図.

$$r = \min\{\ |\omega| \mid \omega \in L_1\ \}$$

$$R = \max\{\ |\omega| \mid \omega \in L_1\ \}$$

とおく．このとき L_m が作る平行四辺形は L_1 が作る平行四辺形の m 倍になっているので

$$mr \leq |\omega| \leq mR, \quad \forall \omega \in L_m$$

が成り立つ．まず次の補題を証明する．

補題 5.3　自然数 k に関して無限和

$$\sum_{\omega \in L}{}' \frac{1}{\omega^k}$$

は $k \geq 3$ のとき絶対収束する．ここで $\sum'$ は $\omega=0$ 以外の和をとったことを意味する．

[証明]　格子点の集合 L_1 は 8 個の格子点からなり L_m は $8m$ 個の格子点からなる．無限和の絶対収束をいうためには

$$\sum_{\omega \in L}{}' \frac{1}{|\omega|^k} = \sum_{m=1}^{\infty} \sum_{\omega \in L_m} \frac{1}{|\omega|^k}$$

の収束をいえばよい．

$$mr \leq |\omega| \leq mR, \quad \forall \omega \in L_m$$

より

$$\sum_{\omega \in L_m} \frac{1}{|\omega|^k} \leq 8m \cdot \frac{1}{(mr)^k} = \frac{8}{r^k m^{k-1}}$$

が成り立つ.

$$\sum_{m=1}^{\infty} \frac{1}{m^s}$$

は $s>1$ のとき収束するので，自然数 k に対して $\sum_{\omega \in L}' \frac{1}{|\omega|^k}$ は $k>2$ のとき収束する.

【証明終】

定理 5.4　無限和(5.1)は格子点以外で広義一様絶対収束して格子点以外では正則，格子点では 2 位の極を有する複素平面上の有理型関数を定義する.

［証明］　無限和(5.1)は任意の正数 K に対して格子点以外の $|z|\leq K$ で絶対一様収束することを示す．より強く自然数 m を $mR>K$ であるように選ぶと

$$\sum_{\omega \in L \setminus \left(\bigcup_{k=1}^{m-1} L_k \cup \{0\} \right)} \left(\frac{1}{(z-\omega)^2} - \frac{1}{\omega^2} \right) \tag{5.2}$$

が $|z|\leq K$ で一様絶対収束することを示す.

$$\frac{1}{(z-\omega)^2} - \frac{1}{\omega^2} = \frac{2\omega z - z^2}{(z-\omega)^2 \omega^2} = \frac{\dfrac{(2\omega z - z^2)\omega}{(z-\omega)^2}}{\omega^3}$$

および $\omega \in L_n$, $n \geq m > K/R$ のとき

$$\left| \frac{(2\omega z - z^2)\omega}{(z-\omega)^2} \right| \leq \frac{\left| z \left(2 - \dfrac{z}{\omega} \right) \right|}{\left| 1 - \left| \dfrac{z}{\omega} \right| \right|^2} \leq \frac{|z| \left(2 + \left| \dfrac{z}{\omega} \right| \right)}{\left(1 - \left| \dfrac{z}{\omega} \right| \right)^2} \leq \frac{K \left(2 + \dfrac{K}{mr} \right)}{\left(1 - \dfrac{K}{mR} \right)^2}$$

が成り立つ．この右辺の定数を A とおくと，$\omega \in L_n$, $n \geq m$ のとき

$$\left|\frac{1}{(z-\omega)^2}-\frac{1}{\omega^2}\right| \leq \frac{A}{|\omega|^3}$$

が成り立つことが分かる．したがって $|z|\leq K$ であれば

$$\sum_{\omega\in L\setminus\left(\bigcup_{k=1}^{m-1} L_k\cup\{0\}\right)} \left|\frac{1}{(z-\omega)^2}-\frac{1}{\omega^2}\right| \leq \sum_{\omega\in L\setminus\left(\bigcup_{k=1}^{m-1} L_k\cup\{0\}\right)} \frac{A}{|\omega|^3}$$

となり一様絶対収束することが示された．　　　　　　　　　　　**【証明終】**

次にワイエルシュトラスのペー関数の微分 $\wp'(z)$ を考える．級数が絶対収束することから微分と無限和とは交換でき

$$\wp'(z) = -2\sum_{\omega\in L}\frac{1}{(z-\omega)^3} \tag{5.3}$$

が成り立つ．$\wp'(z)$ も $\wp(z)$ 同様に格子点以外で広義一様絶対収束し，格子点では3位の極，それ以外では正則であり，複素平面上の有理型関数を定義する．(5.3) より

$$\wp'(z+\omega) = \wp'(z), \quad \forall\omega \in L$$

が成り立つ．したがって $\wp'(z)$ は1と τ を基本周期とする二重周期関数，したがって楕円関数である．

これより

$$\wp(z+\omega) = \wp(z)+c_\omega$$

が成り立つ．c_ω は ω に依存する定数である．ところでワイエルシュトラスのペー関数の定義式(5.1)よりペー関数は偶関数である．またその微分は奇関数である．

$$\wp(-z) = \wp(z), \quad \wp'(-z) = -\wp'(z)$$

これより

$$\wp(z) = \wp(z-\omega+\omega) = \wp(z-\omega)+c_\omega = \wp(z)+c_{-\omega}+c_\omega$$

が成り立つことが分かり

$$c_{-\omega} = -c_\omega$$

であることが分かる．すると

$$\wp(z)+c_\omega = \wp(z+\omega) = \wp(-z-\omega) = \wp(-z)+c_{-\omega} = \wp(z)-c_\omega$$

となり

$$c_\omega = 0$$

であることが分かる．これより $\wp(z)$ も基本周期 $1, \tau$ の楕円関数であることが分かった．ワイエルシュトラスのペー関数は次の著しい性質を持つ．以下の定理の証明のために正則関数の性質がフルに使われる．

定理 5.5　ペー関数に対して

$$\wp'(z)^2 = 4\wp(z)^4+g_2(\tau)\wp(z)+g_3(\tau)$$

が成り立つ．ここで

$$g_2(\tau) = 60 \sum_{\omega\in L}{}' \frac{1}{\omega^4} \tag{5.4}$$

$$g_3(\tau) = 140 \sum_{\omega\in L}{}' \frac{1}{\omega^6} \tag{5.5}$$

［証明］　$\wp(z)$ の原点でのローラン展開を考えると，偶関数であることから

$$\wp(z) = \frac{1}{z^2}+\sum_{n=0}^{\infty} a_n z^{2n}$$

と書くことができる．さらに $f(z)=\wp(z)-1/z^2$ は原点の近傍で正則であり

$$f(z) = \sum_{\omega\in L}{}' \left(\frac{1}{(z-\omega)^2} - \frac{1}{\omega^2} \right)$$

であるので $f(0)=0$ である．これは $a_0=0$ を意味する．さらに原点の近傍では

$$\frac{1}{(z-\omega)^2}-\frac{1}{\omega^2} = \frac{1}{\omega^2}\left\{1+2\frac{z}{\omega}+3\left(\frac{z}{\omega}\right)^2+4\left(\frac{z}{\omega}\right)^3+5\left(\frac{z}{\omega}\right)^4+\cdots\right\}-\frac{1}{\omega^2}$$
$$= 2\frac{z}{\omega^3}+3\frac{z^2}{\omega^4}+4\frac{z^3}{\omega^5}+5\frac{z^4}{\omega^6}+\cdots$$

とテイラー展開できる．そこで自然数 $k\geq 3$ に対して

$$E_k(\tau) = \sum_{\omega\in L}{}' \frac{1}{\omega^k}$$

と定義する．この級数は上の補題 5.3 より収束する．$\omega\in L$ であれば $-\omega\in L$ であるので奇数 $k\geq 3$ に対しては

$$E_k(\tau) = 0$$

である．

以上の考察によって $f(z)$ は原点の近傍では

$$\wp(z) = \frac{1}{z^2}+3E_4(\tau)z^2+5E_6(\tau)z^4+7E_8(\tau)z^6+\cdots$$

とローラン展開できることが分かる．したがって $\wp'(z)$ の原点を中心とするローラン展開は

$$\wp'(z) = -\frac{2}{z^3}+6E_4(\tau)z+20E_6(\tau)z^3+42E_8(\tau)z^5+z\text{ の 7 次以上の項}$$

であることが分かる．すると $\wp(z)^3$, $\wp'(z)^2$ の原点を中心とするローラン展開は

$$\wp(z)^3 = \frac{1}{z^6}+\frac{9E_4(\tau)}{z^2}+15E_6(\tau)+z\text{ の 1 次以上の項}$$
$$\wp'(z)^2 = \frac{4}{z^6}-\frac{24E_4(\tau)}{z^2}-80E_6(\tau)+z\text{ の 1 次以上の項}$$

となる．したがって $\wp'(z)^2-4\wp(z)^3$ の原点でのローラン展開は

$$\wp'(z)^2-4\wp(z)^3 = -\frac{60E_4(\tau)}{z^2}-140E_6(\tau)+z\text{ の 1 次以上の項}$$

となる．よって $\wp'(z)^2-4\wp(z)^3+60E_4(\tau)\wp(z)+140E_6(\tau)$ は原点で正則であり，しかも原点での値は0である．一方，$\wp'(z)^2-4\wp(z)^3+60E_4(\tau)\wp(z)+$

$140E_6(\tau)$ は基本周期が 1 と τ の楕円関数であり，原点で正則であるのですべての格子点で正則，よって複素平面で正則な楕円関数である．このような楕円関数は定数であるが(定理 5.1)，原点での値が 0 であるので，この定数は 0 である．　**【証明終】**

一般の楕円関数を考える場合に，次の定理は基本的である．

定理 5.6　楕円関数 $\varphi(z)$ の基本平行四辺形内での零点を $a_1,\ a_2,\ \ldots,\ a_n$，極を $b_1,\ b_2,\ \ldots,\ b_m$ とする．ただし k 位の零点では k 個同じ点を繰り返して記すこととする．このとき $n=m$ であり，

$$\sum_{j=1}^{n} a_j - \sum_{j=1}^{n} b_j \in L = \mathbb{Z}+\mathbb{Z}\tau$$

である．

[証明]　基本平行四辺形の周上に零点や極がある場合は図 5.3 のように平行四辺形を平行移動して周上に零点も極もないようにすることができる．記号を簡単にするために基本平行四辺形上で零点も極も持たないと仮定しよう．このとき $\varphi'(z)/\varphi(z)$ も周期 1, τ を持つ楕円関数であるので，定理 5.2 の証明中の計算と同様にして

$$\int_{\partial\square} \frac{\varphi'(z)}{\varphi(z)}\, dz = 0$$

が成り立つ．これは定理 4.26 より $n=m$ を意味する．一方

$$\int_{\partial\square} z\cdot\frac{\varphi'(z)}{\varphi(z)}\, dz$$

も同様に計算できる．$f(z)=\varphi'(z)/\varphi(z)$ とおいて $f(z+1)=f(z)$, $f(z+\tau)=f(z)$ を使うと

$$\begin{aligned}\int_{\partial\square} zf(z)\, dz &= \int_0^1 zf(z)\, dz+\int_1^{1+\tau} zf(z)\, dz+\int_{1+\tau}^{\tau} zf(z)\, dz+\int_{\tau}^{0} zf(z)\, dz\\ &= \int_0^1 sf(s)\, ds+\int_0^1 (1+t\tau)f(1+t\tau)\,\tau dt\\ &\quad +\int_1^0 (s+\tau)f(s+\tau)\, ds+\int_1^0 t\tau f(t\tau)\,\tau dt\end{aligned}$$

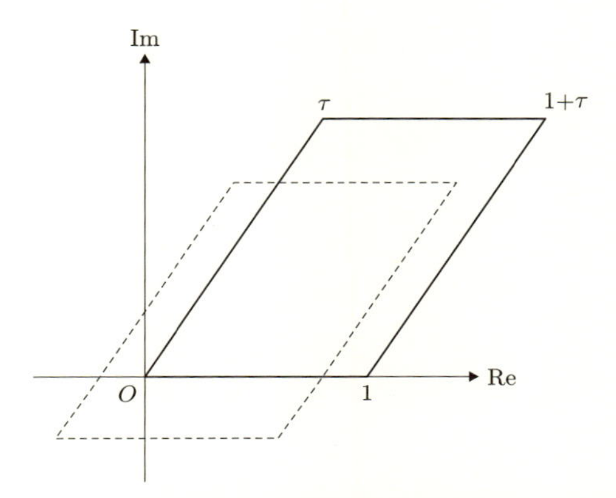

図 5.3　基本平行四辺形の周上に零点がある場合は基本平行四辺形を平行移動して点線の平行四辺形を考えればよい．

$$
\begin{aligned}
&= \int_0^1 sf(s)\,ds - \int_0^1 (s+\tau)f(s)\,ds \\
&\quad + \int_0^1 (1+t\tau)f(t\tau)\,\tau dt - \int_0^1 t\tau f(t\tau)\,\tau dt \\
&= \tau \int_0^1 f(s)\,ds + \int_0^1 f(t\tau)\,\tau dt
\end{aligned}
$$

が成り立つ．また

$$f(z) = \frac{\varphi'(z)}{\varphi(z)} = \frac{d}{dz}\log\varphi(z)$$

であるので，$\varphi(0)=\varphi(1)=\varphi(\tau)$ より

$$\int_0^1 f(s)\,ds = [\log\varphi(s)]_0^1 \in 2\pi i\mathbb{Z}$$

$$\int_0^1 f(t\tau)\tau\,dt = [\log\varphi(t\tau)]_0^1 \in 2\pi i\mathbb{Z}$$

が成り立つ．　**【証明終】**

この定理の応用としてペー関数の加法公式を証明しよう．$\wp(z_1)\neq\wp(z_2)$ であるように複素数 z_1, z_2 を選ぶ．そこで

$$\wp'(z_1) - a\wp(z_1) - b = 0$$

$$\wp'(z_2) - a\wp(z_2) - b = 0$$

が成り立つように a, b を定める．簡単な計算により

$$a = \frac{\wp'(z_1)-\wp'(z_2)}{\wp(z_1)-\wp(z_2)}$$
$$b = \frac{\wp(z_1)\wp'(z_2)-\wp(z_2)\wp'(z_1)}{\wp(z_1)-\wp(z_2)}$$

であることが分かる．ところで $f(z)=\wp'(z)-a\wp(z)-b$ は $1, \tau$ を周期に持つ楕円関数である．また $f(z)$ は格子点でのみ3位の極を持つ．したがって上の定理5.6より，$f(z)$ は基本平行四辺形内で重複度も込めて3個の零点 w_1，w_2，w_3 を持つ．a, b の定義より z_1, z_2 を

$$w_1 \equiv z_1 \pmod{L}, \quad w_2 \equiv z_2 \pmod{L}$$

が成り立つと仮定しても一般性を失わない．すると定理5.6より

$$w_3 \equiv -(z_1+z_2) \pmod{L}$$

が成り立つ．そこで

$$x_1 = \wp(w_1) = \wp(z_1), \quad x_2 = \wp(w_2) = \wp(z_2),$$
$$x_3 = \wp(w_3) = \wp(-(z_1+z_2)) = \wp(z_1+z_2)$$

とおくと

$$\wp'(-(z_1+z_2)) = a\wp(-(z_1+z_2))+b$$

が成り立つので $\wp'(z)^2=4\wp(z)^3-g_2\wp(z)-g_3$ に注意すると3次方程式

$$(ax+b)^2 = 4x^3-g_2x-g_3$$

は x_1, x_2, x_3 を根として持つことが分かる．根と係数の関係より

$$x_1+x_2+x_3 = \frac{a^2}{4}$$

を得る．これを書き直すと次の定理を得る．

> **定理 5.7**（加法公式）　ペー関数に対して，次の式が成り立つ．
> $$\wp(z_1+z_2) = -\wp(z_1)-\wp(z_2)+\frac{1}{4}\cdot\left(\frac{\wp'(z_1)-\wp'(z_2)}{\wp(z_1)-\wp(z_2)}\right)^2$$

この加法公式は重要な幾何学的な解釈がある．それについては楕円曲線に関する教科書を参照してほしい．

5.2　テータ関数

いささか天下りであるが $\mathrm{Im}\,\tau>0$ と複素変数 z に対して

$$\theta(\tau, z) = \sum_{n=-\infty}^{\infty} e^{\pi i n^2\tau+2\pi i n z} \tag{5.6}$$

とおく．M, N を任意の自然数とするとき

$$S_{MN} = \sum_{n=-M}^{N} e^{\pi i n^2\tau+2\pi i n z}$$

が M と N を独立にどんどん大きくしていくにつれて S_{MN} が一定の値に収束するとき(5.6)の右辺は収束するという．(5.6)の右辺を以下しばしば

$$\sum_{n\in\mathbb{Z}} e^{\pi i n^2\tau+2\pi i n z}$$

と記す．ところで

$$H = \{\,\tau\in\mathbb{C} \mid \mathrm{Im}\,\tau > 0\,\}$$

とおいて H を上半平面と呼ぶ．複素平面の実軸より上の部分であるのでこのように呼ばれる．$\tau\in H$ を固定すると(5.6)の右辺は広義一様収束し z に関する正則関数を定義する[*3]．このとき式(5.6)で定義される関数をテータ関数と呼ぶ．テータ関数は擬周期性を有している．すなわち

$$\theta(\tau, z+1) = \theta(\tau, z) \tag{5.7}$$

＊3　実際には z と τ の級数として広義一様収束し $H\times\mathbb{C}$ で 2 変数の正則関数となる．

$$\theta(\tau, z+\tau) = e^{-\pi i\tau-2\pi iz}\theta(\tau, z) \tag{5.8}$$

が成り立つ．等式(5.7)は定義から明らかである．等式(5.8)は次のように示される．

$$\begin{aligned}\theta(\tau, z+\tau) &= \sum_{n\in\mathbb{Z}} e^{\pi in^2\tau+2\pi in(z+\tau)} \\ &= \sum_{n\in\mathbb{Z}} e^{\pi in^2\tau+2\pi in\tau+2\pi inz} \\ &= \sum_{n\in\mathbb{Z}} e^{\pi i(n+1)^2\tau-\pi i\tau+2\pi i(n+1)z-2\pi iz} \\ &= e^{-\pi i\tau-2\pi iz}\sum_{n\in\mathbb{Z}} e^{\pi i(n+1)^2\tau+2\pi i(n+1)z} \\ &= e^{-\pi i\tau-2\pi iz}\theta(\tau, z)\end{aligned}$$

この擬周期性によってテータ関数を調べるには本質的に τ で決まる基本平行四辺形(図 5.1)

$$\{\, z \mid z = s+t\tau,\ 0 \le s, t \le 1 \,\}$$

での挙動を調べればよいことが分かる．

以上をまとめて次の定理を得る．

定理 5.8　テータ関数 $\theta(\tau, z)$ は $\tau\in H$ を固定すると全複素平面で正則かつ擬周期性(5.7)，(5.8)を持つ．

次に a, b は 0 または 1 をとるとして，上のテータ関数を次のように一般化する．

$$\theta_{ab}(\tau, z) = \sum_{n=-\infty}^{\infty} e^{\pi i\left(n+\frac{a}{2}\right)^2\tau+2\pi i\left(n+\frac{a}{2}\right)\left(z+\frac{b}{2}\right)} \tag{5.9}$$

この新しい記号を使えば $\theta(\tau, z)=\theta_{00}(\tau, z)$ である[*4]．

*4　テータ関数に関しては 19 世紀以来さまざまな記号が使われている．19 世紀の文献では変数 z の代わりに v がよく使われる．また記号 $\vartheta_k(v|\tau)$, $k=0,1,2,3$ もよく使われる．そこでは記号 $q=e^{\pi i\tau}$, $z=e^{\pi iv}$ がよく使われる．z の意味が本書と異なるので注意を要する．

補題 5.9 式(5.9)より

$$\theta_{ab}(\tau,z)=e^{\frac{\pi i a^2\tau}{4}+\pi i a\left(z+\frac{b}{2}\right)}\theta\left(\tau,z+\frac{a}{2}\tau+\frac{b}{2}\right)$$

が成り立つ.

[証明] $\theta_{11}(\tau,z)$ に関して等式を証明する.

$$\begin{aligned}\theta_{11}(\tau,z)&=\sum_{n=-\infty}^{\infty}e^{\pi i\left(n+\frac{1}{2}\right)^2\tau+2\pi i\left(n+\frac{1}{2}\right)\left(z+\frac{1}{2}\right)}\\&=\sum_{n=-\infty}^{\infty}e^{\pi i n^2\tau+\pi i n\tau+\frac{\pi i\tau}{4}+2\pi i n\left(z+\frac{1}{2}\right)+\pi i\left(z+\frac{1}{2}\right)}\\&=e^{\frac{\pi i\tau}{4}+\pi i\left(z+\frac{1}{2}\right)}\sum_{n=-\infty}^{\infty}e^{\pi i n^2\tau+2\pi i n\left(z+\frac{\tau}{2}+\frac{1}{2}\right)}\\&=e^{\frac{\pi i\tau}{4}+\pi i\left(z+\frac{1}{2}\right)}\theta\left(\tau,z+\frac{\tau}{2}+\frac{1}{2}\right)\end{aligned}$$

他の場合も同様に示される. **【証明終】**

テータ関数 $\theta_{ab}(\tau,z)$ は次の擬周期性を持つ.

補題 5.10

$$\theta_{ab}(\tau,z+1)=e^{\pi i a}\theta_{ab}(\tau,z) \tag{5.10}$$

$$\theta_{ab}(\tau,z+\tau)=e^{-\pi i\tau-2\pi i(z+b/2)}\theta_{ab}(\tau,z) \tag{5.11}$$

---

19 世紀の文献でよく使われ, 現在も使われている定義と本書で定義したテータ関数との関係を記しておく.

$$\vartheta_1(v|\tau)=i\sum_{n=-\infty}^{\infty}(-1)^n q^{\left(\frac{2n-1}{2}\right)^2}z^{2n-1}=-\theta_{11}(\tau,v)$$

$$\vartheta_2(v|\tau)=\sum_{n=-\infty}^{\infty}q^{\left(\frac{2n-1}{2}\right)^2}z^{2n-1}=\theta_{10}(\tau,v)$$

$$\vartheta_3(v|\tau)=\sum_{n=-\infty}^{\infty}q^{n^2}z^{2n}=\theta_{00}(\tau,v)$$

$$\vartheta_0(v|\tau)=\sum_{n=-\infty}^{\infty}(-1)^n q^{n^2}z^{2n}=\theta_{01}(\tau,v)$$

[証明]　補題 5.9 および(5.7)より

$$\begin{aligned}\theta_{ab}(\tau, z+1) &= e^{\frac{\pi i a^2\tau}{4}+\pi i a\left(z+1+\frac{b}{2}\right)}\theta\left(\tau, z+1+\frac{a}{2}\tau+\frac{b}{2}\right)\\ &= e^{\pi i a}e^{\frac{\pi i a^2\tau}{4}+\pi i a\left(z+\frac{b}{2}\right)}\theta\left(\tau, z+\frac{a}{2}\tau+\frac{b}{2}\right)\\ &= e^{\pi i a}\theta_{ab}(\tau, z)\end{aligned}$$

同様に補題 5.9 および(5.8)より

$$\begin{aligned}\theta_{ab}(\tau, z+\tau) &= e^{\frac{\pi i a^2\tau}{4}+\pi i a\left(z+\tau+\frac{b}{2}\right)}\theta\left(\tau, z+\tau+\frac{a}{2}\tau+\frac{b}{2}\right)\\ &= e^{\pi i a\tau}e^{\frac{\pi i a^2\tau}{4}+\pi i a\left(z+\frac{b}{2}\right)}e^{-\pi i\tau-2\pi i\left(z+\frac{a}{2}\tau+\frac{b}{2}\right)}\theta\left(\tau, z+\frac{a}{2}\tau+\frac{b}{2}\right)\\ &= e^{-\pi i\tau-2\pi i\left(z+\frac{b}{2}\right)}\theta_{ab}(\tau, z)\end{aligned}$$

が成り立つ．　　　　　　　　　　　　　　　　　　　　　　　　【証明終】

ところで $\theta_{ab}(\tau, 0)$ をテータ零値という．これは τ の関数である．$\theta_{11}(\tau, 0)=0$ であることは以下で示す．

テータ関数は等式(5.8)から明らかなように周期関数ではない．しかしながら(5.8)の右辺の $\theta(\tau, z)$ の前についている関数は 0 にはならないので $\theta(\tau, z_0)=0$ であれば

$$\theta(\tau, z_0+1)=0$$

$$\theta(\tau, z_0+\tau)=0$$

が成り立つ．そこで基本周期平行四辺形

$$D=\{\ z \mid z=s+t\tau,\ 0\le s, t\le 1\ \}$$

の中での $\theta(\tau, z)$ の零点の位数と位置を調べてみよう．記号を簡単にするためにしばらくの間 $\theta(\tau, z)$ を $\theta(z)$ と略記する．また以下しばらくの間 z に関する微分を $'$ で表す．すなわち

$$\theta(z)'=\frac{\partial}{\partial z}\theta(z)$$

である．以下基本平行四辺形の周上に $\theta(z)$ の零点はないと仮定して議論する

(実際，零点は存在しないことが以下の議論から帰結される)が，万一零点があれば基本平行四辺形を図 5.3 のように平行移動して周上に零点がないようにして議論すればよい．

まず

$$\frac{1}{2\pi i}\int_{\partial D}\frac{\theta(z)'}{\theta(z)}\,dz$$

を計算する．この値は基本平行四辺形内の $\theta(z)$ の零点の位数の和を表す．

$$\begin{aligned}\int_{\partial D}\frac{\theta(z)'}{\theta(z)}\,dz = &\int_0^1\frac{\theta(z)'}{\theta(z)}\,dz+\int_1^{1+\tau}\frac{\theta(z)'}{\theta(z)}\,dz\\ &-\int_\tau^{1+\tau}\frac{\theta(z)'}{\theta(z)}\,dz-\int_0^\tau\frac{\theta(z)'}{\theta(z)}\,dz\end{aligned}$$

と書くことができる．(5.7)より

$$\begin{aligned}\int_1^{1+\tau}\frac{\theta(z)'}{\theta(z)}\,dz &= \int_0^\tau\frac{\theta(z+1)'}{\theta(z+1)}\,dz\\ &= \int_0^\tau\frac{\theta(z)'}{\theta(z)}\,dz\end{aligned}$$

が成り立つ．同様に(5.8)より

$$\begin{aligned}\int_\tau^{1+\tau}\frac{\theta(z)'}{\theta(z)}\,dz &= \int_0^1\frac{\theta(z+\tau)'}{\theta(z+\tau)}\,dz\\ &= \int_0^1\frac{-2\pi ie^{-\pi i\tau-2\pi iz}\theta(z)+e^{-\pi i\tau-2\pi iz}\theta(z)'}{e^{-\pi i\tau-2\pi iz}\theta(z)}\,dz\\ &= -2\pi i+\int_0^1\frac{\theta(z)'}{\theta(z)}\,dz\end{aligned}$$

したがって

$$\frac{1}{2\pi i}\int_{\partial D}\frac{\theta(z)'}{\theta(z)}\,dz = 1$$

となり，$\theta(z)$ は基本平行四辺形内に 1 位の零点を 1 個持つことが分かった．そこで零点の位置を求めてみよう．そのためには

$$\frac{1}{2\pi i}\int_{\partial D} z\cdot\frac{\theta(z)'}{\theta(z)}\,dz$$

を計算すればよい．上と同様の計算によって

$$\int_1^{1+\tau} z\cdot\frac{\theta(z)'}{\theta(z)}\,dz=\int_0^{\tau}(z+1)\cdot\frac{\theta(z+1)'}{\theta(z+1)}\,dz=\int_0^{\tau}(z+1)\cdot\frac{\theta(z)'}{\theta(z)}\,dz$$

および

$$\begin{aligned}\int_\tau^{1+\tau} z\cdot\frac{\theta(z)'}{\theta(z)}\,dz&=\int_0^1(z+\tau)\cdot\frac{\theta(z+\tau)'}{\theta(z+\tau)}\,dz\\&=\int_0^1(z+\tau)\cdot\frac{-2\pi ie^{-\pi i\tau-2\pi iz}\theta(z)+e^{-\pi i\tau-2\pi iz}\theta(z)'}{e^{-\pi i\tau-2\pi iz}\theta(z)}\,dz\\&=-2\pi i\int_0^1(z+\tau)\,dz+\int_0^1(z+\tau)\cdot\frac{\theta(z)'}{\theta(z)}\,dz\\&=-\pi i-2\pi i\tau+\int_0^1(z+\tau)\cdot\frac{\theta(z)'}{\theta(z)}\,dz\end{aligned}$$

を得る．一方，

$$\begin{aligned}\int_{\partial D} z\cdot\frac{\theta(z)'}{\theta(z)}\,dz=&\int_0^1 z\cdot\frac{\theta(z)'}{\theta(z)}\,dz+\int_1^{1+\tau} z\cdot\frac{\theta(z)'}{\theta(z)}\,dz\\&-\int_\tau^{1+\tau} z\cdot\frac{\theta(z)'}{\theta(z)}\,dz-\int_0^{\tau} z\cdot\frac{\theta(z)'}{\theta(z)}\,dz\end{aligned}$$

であるが，式(5.7)，(5.8)より

$$\theta(1)=\theta(0),\quad \theta(\tau)=e^{-\pi i\tau}\theta(0)$$

が成り立つので

$$\begin{aligned}\int_{\partial D} z\cdot\frac{\theta(z)'}{\theta(z)}\,dz&=\pi i+2\pi i\tau-\tau\int_0^1\frac{\theta(z)'}{\theta(z)}\,dz+\int_0^{\tau}\frac{\theta(z)'}{\theta(z)}\,dz\\&=\pi i+2\pi i\tau-\tau\,[\log\theta(z)]_0^1+[\log\theta(z)]_0^{\tau}\\&=\pi i+2\pi i\tau-\pi i\tau\\&=\pi i+\pi i\tau\end{aligned}$$

が成り立つ．したがって

$$\frac{1}{2\pi i}\int_{\partial D} z\cdot\frac{\theta(z)'}{\theta(z)}\,dz=\frac{1}{2}+\frac{1}{2}\tau$$

であることが分かった．この結果を定理として記しておこう．

定理 5.11　テータ関数 $\theta(\tau,z)=\theta_{00}(\tau,z)$ の基本平行四辺形内での零点は

$$\frac{1}{2}+\frac{1}{2}\tau$$

ただ一つであり，零点の位数は 1 である．したがってテータ関数 $\theta(\tau,z)$ は 1 位の零点を点

$$\frac{1}{2}\tau+\frac{1}{2}+p\tau+q, \quad p,q\in\mathbb{Z}$$

で持ち，それ以外の点では零点を持たない．

補題 5.9 より次の系を得る．

系 5.12　テータ関数 $\theta_{ab}(\tau,z)$ は

$$\left(\frac{1}{2}-\frac{a}{2}\right)\tau+\left(\frac{1}{2}-\frac{b}{2}\right)+p\tau+q, \quad p,q\in\mathbb{Z}$$

で 1 位の零点を持ち，それ以外の点では零点を持たない．

この系より

$$\theta_{11}(\tau,0)=0$$

であることが分かった．

5.3　リーマンの関係式

テータ関数は種々の興味ある関係式を持っている．それらを導く有力な方法としてリーマンの関係式をこの節では考えることにする．行列の簡単な考え方を使うと便利であるが，ここでは行列の使用は避け，脚注＊5 に行列を使った場合のことを記しておく．行列に関しては線型代数の入門書を参照していただきたい．本書の続編『幾何編』でも論じる予定である．

この節では指数関数の指数部分が重要となるので $e^{2\pi iz}$ を $\mathbf{e}(z)$ と記すこと

にする．したがってテータ関数 $\theta_{ab}(\tau,z)$ は

$$\theta_{ab}(\tau,z)=\sum_{m\in\mathbb{Z}}\mathbf{e}\left(\frac{1}{2}\left(m+\frac{a}{2}\right)^2\tau+\left(m+\frac{a}{2}\right)\left(z+\frac{b}{2}\right)\right)$$

と書くことができる．

まず，4 個の独立な変数 x_1, x_2, x_3, x_4 を使ってテータ関数の積

$$\theta_{00}(\tau,x_1)\theta_{00}(\tau,x_2)\theta_{00}(\tau,x_3)\theta_{00}(\tau,x_4)$$

を考える．簡単な計算により

$$\begin{aligned}\prod_{j=1}^{4}\theta_{00}(\tau,x_j)&=\prod_{j=1}^{4}\sum_{m_j=-\infty}^{\infty}\mathbf{e}\left(\frac{1}{2}m_j^2\tau+m_jx_j\right)\\&=\sum_{m_1,m_2,m_3,m_4=-\infty}^{\infty}\mathbf{e}\left(\frac{1}{2}\left(\sum_{k=1}^{4}m_k^2\right)\tau+\sum_{k=1}^{4}m_kx_k\right)\end{aligned}$$

であることが分かる．同様に

$$\begin{aligned}&\prod_{j=1}^{4}\theta_{01}(\tau,x_j)\\&\quad=\prod_{j=1}^{4}\sum_{m_j=-\infty}^{\infty}\mathbf{e}\left(\frac{1}{2}m_j^2\tau+m_j\left(x_j+\frac{1}{2}\right)\right)\\&\quad=\sum_{m_1,m_2,m_3,m_4=-\infty}^{\infty}\mathbf{e}\left(\frac{1}{2}\left(\sum_{k=1}^{4}m_k^2\right)\tau+\sum_{k=1}^{4}m_kx_k+\frac{1}{2}\left(\sum_{k=1}^{4}m_k\right)\right)\\&\prod_{j=1}^{4}\theta_{10}(\tau,x_j)\\&\quad=\sum_{m_1,m_2,m_3,m_4=-\infty}^{\infty}\mathbf{e}\left(\frac{1}{2}\sum_{k=1}^{4}\left(m_k+\frac{1}{2}\right)^2\tau+\sum_{k=1}^{4}\left(m_k+\frac{1}{2}\right)x_k\right)\\&\prod_{j=1}^{4}\theta_{11}(\tau,x_j)\\&\quad=\sum_{m_1,m_2,m_3,m_4=-\infty}^{\infty}\mathbf{e}\left(\frac{1}{2}\sum_{k=1}^{4}\left(m_k+\frac{1}{2}\right)^2\tau+\sum_{k=1}^{4}\left(m_k+\frac{1}{2}\right)x_k+\frac{1}{2}\left(\sum_{k=1}^{4}m_k\right)\right)\end{aligned}$$

が成り立つ．そこで $\prod_{j=1}^{4}\theta_{00}(\tau,x_j)+\prod_{j=1}^{4}\theta_{01}(\tau,x_j)$ を考えると $\sum_{j=1}^{4}m_j$ が奇数のときは正・負の項が打ち消し合うので

$$\prod_{j=1}^{4}\theta_{00}(\tau,x_j)+\prod_{j=1}^{4}\theta_{01}(\tau,x_j)=2\sum_{m_1,m_2,m_3,m_4\in\mathbb{Z}}{}'\,\mathbf{e}\left(\frac{1}{2}\left(\sum_{k=1}^{4}m_k^2\right)\tau+\sum_{k=1}^{4}m_kx_k\right)$$

となる．ここで $\sum'$ は $\sum_{k=1}^{4} m_k$ が偶数となるすべての整数 m_k にわたる和を意味する．また $\prod_{j=1}^{4} \theta_{10}(\tau, x_j) + \prod_{j=1}^{4} \theta_{11}(\tau, x_j)$ は同様に

$$\prod_{j=1}^{4} \theta_{10}(\tau, x_j) + \prod_{j=1}^{4} \theta_{11}(\tau, x_j)$$
$$= 2 \sum_{m_1, m_2, m_3, m_4 \in \mathbb{Z}}{}' \mathbf{e}\left(\frac{1}{2}\left(\sum_{k=1}^{4}\left(m_k + \frac{1}{2}\right)^2\right)\tau + \sum_{k=1}^{4}\left(m_k + \frac{1}{2}\right)x_k\right)$$

と書くことができる．ここで $\sum'$ は $\sum_{k=1}^{4} m_k$ が偶数となるすべての m_k にわたる和，言い換えると $\sum_{k=1}^{4}\left(m_k + \frac{1}{2}\right)$ が偶数となる，整数ではないすべての半整数 $m_k + \frac{1}{2}$ の和を意味する．

そこでこれらを足しあわせると

$$\prod_{j=1}^{4} \theta_{00}(\tau, x_j) + \prod_{j=1}^{4} \theta_{01}(\tau, x_j) + \prod_{j=1}^{4} \theta_{10}(\tau, x_j) + \prod_{j=1}^{4} \theta_{11}(\tau, x_j)$$
$$= 2 \sum{}'_{m_1, m_2, m_3, m_4 \in \frac{1}{2}\mathbb{Z}} \mathbf{e}\left(\frac{1}{2}\left(\sum_{k=1}^{4} m_k^2\right)\tau + \sum_{k=1}^{4} m_k x_k\right) \tag{5.12}$$

と書くことができる．ただし $\sum'$ は次の(1)または(2)を満たすすべての m_j, $j=1,2,3,4$ にわたる和である．

(1) m_j はすべて整数であり，かつ

$$\sum_{j=1}^{4} m_j \in 2\mathbb{Z}$$

が成り立つ．

(2) $m_j \in \frac{1}{2}\mathbb{Z} \backslash \mathbb{Z}$，すなわち m_j は整数ではない半整数であり，かつ

$$\sum_{j=1}^{4} m_j \in 2\mathbb{Z}$$

が成り立つ．

次に，いささか天下りではあるが上記の(1)，(2)の整数，または半整数の組 (m_1, m_2, m_3, m_4) に対して整数，または半整数の組 (n_1, n_2, n_3, n_4) を

$$\begin{cases} n_1 = \dfrac{1}{2}(m_1+m_2+m_3+m_4) \\ n_2 = \dfrac{1}{2}(m_1+m_2-m_3-m_4) \\ n_3 = \dfrac{1}{2}(m_1-m_2+m_3-m_4) \\ n_4 = \dfrac{1}{2}(m_1-m_2-m_3+m_4) \end{cases} \tag{5.13}$$

で定義する．このとき次の補題が成り立つ．

補題 5.13　(m_1, m_2, m_3, m_4) に関する以下の条件は同値である．

(i)　(m_1, m_2, m_3, m_4) は上の条件(1), (2)を満たす．

(ii)　n_1, n_2, n_3, n_4 はすべて整数である．

[証明]　(i)⟹(ii)

$\sum_{j=1} m_j \in 2\mathbb{Z}$ であるので n_1 は整数である．また，m_j は整数または半整数であるので，n_2 の定義式に出てくる $m_1+m_2-m_3-m_4=m_1+m_2+m_3+m_4-2(m_3+m_4)$ は偶数である．なぜなら m_3, m_4 が整数でない半整数のとき m_3+m_4 は整数となるからである．したがって n_2 も整数である．n_3, n_4 も同様である．

(ii)⟹(i)

上の n_j の定義式を逆に解くと

$$m_1 = \frac{1}{2}(n_1+n_2+n_3+n_4)$$
$$m_2 = \frac{1}{2}(n_1+n_2-n_3-n_4)$$
$$m_3 = \frac{1}{2}(n_1-n_2+n_3-n_4)$$
$$m_4 = \frac{1}{2}(n_1-n_2-n_3+n_4)$$

が成り立つ．したがって n_j がすべて整数であれば m_j は整数または半整数である．また，$\sum_{j=1}^{4} n_j$ が偶数であれば，m_j, $j=1$, 2, 3, 4 はすべて整数である．

一方，$\sum_{j=1}^{4} n_j$ が奇数であれば m_j, $j=1, 2, 3, 4$ はすべて整数でない半整数である．さらに

$$\sum_{j=1}^{4} m_j = 2n_1$$

が成り立つので和は偶数である．以上によって条件(1)または(2)が成り立つことが分かる．　**【証明終】**

一般に

$$\begin{cases} u'_1 = \dfrac{1}{2}(u_1+u_2+u_3+u_4), & v'_1 = \dfrac{1}{2}(v_1+v_2+v_3+v_4) \\ u'_2 = \dfrac{1}{2}(u_1+u_2-u_3-u_4), & v'_2 = \dfrac{1}{2}(v_1+v_2-v_3-v_4) \\ u'_3 = \dfrac{1}{2}(u_1-u_2+u_3-u_4), & v'_3 = \dfrac{1}{2}(v_1-v_2+v_3-v_4) \\ u'_4 = \dfrac{1}{2}(u_1-u_2-u_3+u_4), & v'_4 = \dfrac{1}{2}(v_1-v_2-v_3+v_4) \end{cases} \tag{5.14}$$

とおくと次の事実が成り立つ．

補題 5.14

$$\sum_{j=1}^{4} u'_j v'_j = \sum_{j=1}^{4} u_j v_j$$

[証明]　直接計算すればよい[*5]．　**【証明終】**

変数 x_j, $j=1, 2, 3, 4$ に対して変数 y_j, $j=1, 2, 3, 4$ を上と同様に

---

*5　行列の記号を使うと次のように簡単に証明できる．4 次の行列 A

$$A = \begin{pmatrix} 1 & 1 & 1 & 1 \\ 1 & 1 & -1 & -1 \\ 1 & -1 & 1 & -1 \\ 1 & -1 & -1 & 1 \end{pmatrix}$$

と定義すると A は対称行列であり，$A^2=4E_4$ が成り立つ．ここで E_4 は 4 次の単位行列．また，

$$\begin{cases} y_1 = \dfrac{1}{2}(x_1+x_2+x_3+x_4) \\ y_2 = \dfrac{1}{2}(x_1+x_2-x_3-x_4) \\ y_3 = \dfrac{1}{2}(x_1-x_2+x_3-x_4) \\ y_4 = \dfrac{1}{2}(x_1-x_2-x_3+x_4) \end{cases} \tag{5.15}$$

で導入する．このとき，上の補題から次のことが成り立つことが分かる．

系 5.15

(1)　式(5.13)の関係を持つ (m_1, m_2, m_3, m_4) と (n_1, n_2, n_3, n_4) に関して

$$\sum_{j=1}^{4} m_j^2 = \sum_{j=1}^{4} n_j^2 \tag{5.16}$$

が成立する．

(2)　式(5.15)で y_j を定義すると，式(5.13)の関係を持つ (m_1, m_2, m_3, m_4) と (n_1, n_2, n_3, n_4) に関して

$$\sum_{j=1}^{4} m_j x_j = \sum_{j=1}^{4} n_j y_j \tag{5.17}$$

が成立する．

$$\begin{pmatrix} u_1' \\ u_2' \\ u_3' \\ u_4' \end{pmatrix} = \frac{1}{2}A \begin{pmatrix} u_1 \\ u_2 \\ u_3 \\ u_4 \end{pmatrix}, \quad \begin{pmatrix} v_1' \\ v_2' \\ v_3' \\ v_4' \end{pmatrix} = \frac{1}{2}A \begin{pmatrix} v_1 \\ v_2 \\ v_3 \\ v_4 \end{pmatrix}$$

と書くことができるので，A が対称行列であることを使うと

$$\sum_{j=1} u_j' v_j' = (u_1', u_2', u_3', u_4') \begin{pmatrix} v_1' \\ v_2' \\ v_3' \\ v_4' \end{pmatrix} = (u_1, u_2, u_3, u_4) \frac{1}{2}A \cdot \frac{1}{2}A \begin{pmatrix} v_1 \\ v_2 \\ v_3 \\ v_4 \end{pmatrix}$$

$$= (u_1, u_2, u_3, u_4) \begin{pmatrix} v_1 \\ v_2 \\ v_3 \\ v_4 \end{pmatrix}$$

そこで系 5.15 を使って式(5.12)の右辺を書き換える．

$$\sum_{m_1,m_2,m_3,m_4\in\frac{1}{2}\mathbb{Z}}{}' \mathbf{e}\left(\frac{1}{2}\left(\sum_{k=1}^{4} m_k^2\right)\tau+\sum_{k=1}^{4} m_k x_k\right)$$
$$=\sum_{n_1,n_2,n_3,n_4\in\mathbb{Z}} \mathbf{e}\left(\frac{1}{2}\left(\sum_{k=1}^{4} n_k^2\right)\tau+\sum_{k=1}^{4} n_k y_k\right)$$

が成り立ち，この右辺は

$$\prod_{j=1}^{4}\theta_{00}(\tau,y_j)$$

の展開式に他ならない．したがって次の定理が証明された．

定理 5.16（リーマンの関係式）

$$\prod_{j=1}^{4}\theta_{00}(\tau,x_j)+\prod_{j=1}^{4}\theta_{01}(\tau,x_j)+\prod_{j=1}^{4}\theta_{10}(\tau,x_j)+\prod_{j=1}^{4}\theta_{11}(\tau,x_j)$$
$$=2\prod_{j=1}^{4}\theta_{00}(\tau,y_j) \tag{5.18}$$

このリーマンの関係式からテータ関数の関係式に関するたくさんの重要な結果を得ることができる．x_1 を x_1+1 に置き換えると式(5.15)より y_j は $y_j+\frac{1}{2}$, $j=1,2,3,4$ に変わる．また

$$\theta_{00}(\tau,z+1)=\theta_{00}(\tau,z),\quad \theta_{01}(\tau,z+1)=\theta_{01}(\tau,z),$$
$$\theta_{10}(\tau,z+1)=-\theta_{10}(\tau,z),\quad \theta_{11}(\tau,z+1)=-\theta_{11}(\tau,z)$$

および

$$\theta_{00}\left(\tau,z+\frac{1}{2}\right)=\theta_{01}(\tau,z)$$

が成り立つので，リーマンの関係式(5.18)の x_1 を x_1+1 に変えると

$$\prod_{j=1}^{4}\theta_{00}(\tau,x_j)+\prod_{j=1}^{4}\theta_{01}(\tau,x_j)-\prod_{j=1}^{4}\theta_{10}(\tau,x_j)-\prod_{j=1}^{4}\theta_{11}(\tau,x_j)=2\prod_{j=1}^{4}\theta_{01}(\tau,y_j) \tag{5.19}$$

が成り立つ．

テータ関数の無限積展開を示すためにリーマンの関係式を書き換えておく必要がある．x_2 を $x_2+\dfrac{1}{2}$，x_3 を $x_3+\dfrac{1}{2}\tau$，x_4 を $x_4+\dfrac{1}{2}+\dfrac{1}{2}\tau$ に置き換えると y_1 は $y_1+\dfrac{1}{2}+\dfrac{1}{2}\tau$ に，y_2 は $y_2-\dfrac{1}{2}\tau$ に，y_3 は $y_3-\dfrac{1}{2}$ に変わり，y_4 は変わらない．一方，

$$\theta_{00}\left(\tau, z+\frac{1}{2}\right)=\theta_{01}(\tau, z),\quad \theta_{01}\left(\tau, z+\frac{1}{2}\right)=\theta_{00}(\tau, z)$$

$$\theta_{10}\left(\tau, z+\frac{1}{2}\right)=\theta_{11}(\tau, z),\quad \theta_{11}\left(\tau, z+\frac{1}{2}\right)=-\theta_{10}(\tau, z)$$

$$\theta_{00}\left(\tau, z+\frac{1}{2}\tau\right)=e^{-\frac{1}{4}\pi i\tau-\pi iz}\theta_{10}(\tau, z),$$

$$\theta_{01}\left(\tau, z+\frac{1}{2}\tau\right)=e^{\frac{3}{2}\pi i-\frac{1}{4}\pi i\tau-\pi iz}\theta_{11}(\tau, z),$$

$$\theta_{10}\left(\tau, z+\frac{1}{2}\tau\right)=e^{-\frac{1}{4}\pi i\tau-\pi iz}\theta_{00}(\tau, z),$$

$$\theta_{11}\left(\tau, z+\frac{1}{2}\tau\right)=e^{\frac{3}{2}\pi i-\frac{1}{4}\pi i\tau-\pi iz}\theta_{01}(\tau, z)$$

$$\theta_{00}\left(\tau, z+\frac{1}{2}+\frac{1}{2}\tau\right)=e^{\frac{3}{2}\pi i-\frac{1}{4}\pi i\tau-\pi iz}\theta_{11}(\tau, z),$$

$$\theta_{01}\left(\tau, z+\frac{1}{2}+\frac{1}{2}\tau\right)=e^{-\frac{1}{4}\pi i\tau-\pi iz}\theta_{10}(\tau, z),$$

$$\theta_{10}\left(\tau, z+\frac{1}{2}+\frac{1}{2}\tau\right)=e^{\frac{3}{2}\pi i-\frac{1}{4}\pi i\tau-\pi iz}\theta_{01}(\tau, z),$$

$$\theta_{11}\left(\tau, z+\frac{1}{2}+\frac{1}{2}\tau\right)=-e^{-\frac{1}{4}\pi i\tau-\pi iz}\theta_{00}(\tau, z)$$

が成り立つので，リーマンの関係式(5.18)で x_2 を $x_2+\dfrac{1}{2}$，x_3 を $x_3+\dfrac{1}{2}\tau$，x_4 を $x_4+\dfrac{1}{2}+\dfrac{1}{2}\tau$ に置き換えると関係式

$$\begin{aligned}
&\theta_{00}(x_1)\theta_{01}(\tau, x_2)\theta_{10}(\tau, x_3)\theta_{11}(\tau, x_4)\\
&\qquad+\theta_{01}(\tau, x_1)\theta_{00}(\tau, x_2)\theta_{11}(\tau, x_3)\theta_{10}(\tau, x_4)\\
&\qquad+\theta_{10}(\tau, x_1)\theta_{11}(\tau, x_2)\theta_{00}(\tau, x_3)\theta_{01}(\tau, x_4)\\
&\qquad+\theta_{11}(\tau, x_1)\theta_{10}(\tau, x_2)\theta_{01}(\tau, x_3)\theta_{00}(\tau, x_4)\\
&\quad=2\theta_{11}(\tau, y_1)\theta_{10}(\tau, y_2)\theta_{01}(\tau, y_3)\theta_{00}(\tau, y_4)
\end{aligned}\tag{5.20}$$

を得る.

5.4 テータ零値

テータ関数のみならずテータ零値 $\theta_{ab}(\tau,0)$ も τ の関数としてたいへん興味深い性質を持っている. ここではヤコビ(Jacobi)によって発見された等式を証明しよう.

定理 5.17(ヤコビの等式) テータ関数 $\theta_{ab}(\tau,z)$ に対して

$$\theta'_{11}(\tau,0) = -\pi\theta_{00}(\tau,0)\theta_{01}(\tau,0)\theta_{10}(\tau,0) \tag{5.21}$$

ただし

$$\theta'_{11}(\tau,0) = \frac{\partial}{\partial z}\theta_{11}(\tau,z)|_{z=0}$$

と定義する.

この定理を証明するために次の補題をまず示そう.

補題 5.18 等式

$$\frac{\partial^2}{\partial z^2}\theta_{ab}(\tau,z) = 4\pi i\frac{\partial}{\partial \tau}\theta_{ab}(\tau,z) \tag{5.22}$$

が成り立つ.

この微分方程式は熱方程式と呼ばれる. すなわちテータ関数は熱方程式を満たす.

[証明] 簡単のため $\theta(z)=\theta_{00}(\tau,z)$ の場合に証明する.

$$\frac{\partial^2}{\partial z^2}e^{\pi in^2\tau+2\pi inz} = 4\pi i\frac{\partial}{\partial \tau}e^{\pi in^2\tau+2\pi inz}$$

が成立する. 無限級数

$$\theta(z) = \sum_{n=-\infty}^{\infty} e^{\pi i n^2 \tau + 2\pi i n z}$$

は $\mathbb{C}\times H$ で広義一様絶対収束するので無限和と微分を交換することができる．したがって

$$\frac{\partial^2}{\partial z^2}\theta(z) = 4\pi i \frac{\partial}{\partial \tau}\theta(z)$$

が成り立つ．　　　　　　　　　　　　　　　　　　　　　　　　　　　**【証明終】**

[定理 5.17 の証明]　簡単のため $\theta_{ab}(\tau, z)$ を $\theta_{ab}(z)$ と記し

$$\theta_{ab} = \theta_{ab}(0), \quad \theta'_{ab} = \frac{\partial}{\partial z}\theta_{ab}(z)|_{z=0},$$
$$\theta''_{ab} = \frac{\partial^2}{\partial z^2}\theta_{ab}(z)|_{z=0}, \quad \theta'''_{ab} = \frac{\partial^3}{\partial z^3}\theta_{ab}(z)|_{z=0}$$

と略記する．リーマンの関係式(5.20)を各変数 x_1, …, x_4, y_1, …, y_4 について原点を中心にテイラー展開したものの最初の数項を記すと

$$\begin{aligned}
&\left(\theta_{00}+\frac{1}{2}\theta''_{00}x_1^2+\cdots\right)\left(\theta_{01}+\frac{1}{2}\theta''_{01}x_2^2+\cdots\right)\\
&\quad\times\left(\theta_{10}+\frac{1}{2}\theta''_{10}x_3^2+\cdots\right)\left(\theta'_{11}x_4+\cdots\right)\\
&\quad+\left(\theta_{01}+\frac{1}{2}\theta''_{01}x_1^2+\cdots\right)\left(\theta_{00}+\frac{1}{2}\theta''_{00}x_2^2+\cdots\right)\\
&\quad\quad\times\left(\theta'_{11}x_3+\cdots\right)\left(\theta_{10}+\frac{1}{2}\theta''_{10}x_4^2+\cdots\right)\\
&\quad+\left(\theta_{10}+\frac{1}{2}\theta''_{10}x_1^2+\cdots\right)\left(\theta'_{11}x_2+\cdots\right)\\
&\quad\quad\times\left(\theta_{00}+\frac{1}{2}\theta''_{00}x_3^2+\cdots\right)\left(\theta_{01}+\frac{1}{2}\theta''_{01}x_4^2+\cdots\right)\\
&\quad+\left(\theta'_{11}x_1+\frac{1}{6}\theta'''_{11}x_1^3+\cdots\right)\left(\theta_{10}+\frac{1}{2}\theta''_{10}x_2^2+\cdots\right)\\
&\quad\quad\times\left(\theta_{01}+\frac{1}{2}\theta''_{00}x_3^2+\cdots\right)\left(\theta_{00}+\frac{1}{2}\theta''_{00}x_4^2+\cdots\right)\\
&=2\left(\theta'_{11}y_1+\frac{\theta'''_{11}}{6}y_1^3+\cdots\right)\left(\theta_{10}+\frac{1}{2}\theta''_{10}y_2^2+\cdots\right)\\
&\quad\quad\times\left(\theta_{01}+\frac{1}{2}\theta''_{00}y_3^2+\cdots\right)\left(\theta_{00}+\frac{1}{2}\theta''_{00}y_4^2+\cdots\right)
\end{aligned}$$

となる．この等式で $x_2=x_3=x_4=0$ とおくと

$$
\begin{aligned}
&\left(\theta'_{11}x_1+\frac{1}{6}\theta'''_{11}x_1^3+\cdots\right)\theta_{10}\theta_{01}\theta_{00}\\
&\quad=2\left(\theta'_{11}\frac{x_1}{2}+\frac{1}{6}\theta'''_{11}\left(\frac{x_1}{2}\right)^3\cdots\right)\left(\theta_{10}+\frac{1}{2}\theta''_{10}\left(\frac{x_1}{2}\right)^2+\cdots\right)\\
&\qquad\times\left(\theta_{01}+\frac{1}{2}\theta''_{01}\left(\frac{x_1}{2}\right)^2+\cdots\right)\left(\theta_{00}+\frac{1}{2}\theta''_{00}\left(\frac{x_1}{2}\right)^2+\cdots\right)
\end{aligned}
$$

が成り立つことが分かる．そこで x_1^3 の係数を比較することによって

$$
\begin{aligned}
\frac{1}{6}\theta'''_{11}\theta_{10}\theta_{01}\theta_{00} &= \frac{1}{24}\theta'''_{11}\theta_{10}\theta_{01}\theta_{00}+\frac{1}{8}\theta'_{11}\theta''_{10}\theta_{01}\theta_{00}\\
&\quad+\frac{1}{8}\theta'_{11}\theta_{10}\theta''_{01}\theta_{00}+\frac{1}{8}\theta'_{11}\theta_{10}\theta_{01}\theta''_{00}
\end{aligned}
$$

を得る．これを書き換えると

$$
\frac{\theta'''_{11}}{\theta'_{11}}-\frac{\theta''_{00}}{\theta_{00}}-\frac{\theta''_{01}}{\theta_{01}}-\frac{\theta''_{10}}{\theta_{10}}=0 \tag{5.23}
$$

が成り立つことが分かる．ここで補題 5.18 を使うと

$$
\theta''_{ab}=4\pi i\frac{\partial}{\partial\tau}\theta_{ab},\quad \theta'''_{ab}=4\pi i\frac{\partial}{\partial\tau}\theta'_{ab}
$$

が成り立つので，上の等式(5.23)より

$$
\frac{\partial}{\partial\tau}\left(\log\theta'_{11}-\log\theta_{00}-\log\theta_{01}-\log\theta_{10}\right)=0
$$

が成り立つ．これは τ の関数として

$$
\frac{\theta'_{11}}{\theta_{00}\theta_{01}\theta_{10}}
$$

が定数であることを意味する．この定数を見出すためにはテータ零値で $\tau=is$ とおいて $s\to+\infty$ の挙動を調べればよい．

$$
\theta_{00}(\tau,0)=\sum_{n\in\mathbb{Z}}e^{\pi in^2\tau}
$$

より $\mathrm{Im}\,\tau>0$ であることに注意すれば $n\neq0$ であれば $s\to+\infty$ のとき $e^{\pi in^2(is)}\to0$ である．したがって $n=0$ の項だけ残って

$$\lim_{s\to+\infty}\theta_{00}(is,0)=1$$

また

$$\theta_{01}(\tau,0)=\sum_{n\in\mathbb{Z}}e^{\pi in^2\tau+\pi in}$$

であるので

$$\lim_{s\to+\infty}\theta_{01}(is,0)=1$$

であることが分かる．一方，

$$\theta_{10}(\tau,0)=\sum_{n\in\mathbb{Z}}e^{\pi i\left(n+\frac{1}{2}\right)^2\tau}$$

であるので両辺に $e^{-\pi i\tau/4}$ を掛けることによって τ を含まない項が 2 個出てくる（n=0 および -1 の項）ので

$$\lim_{\tau=is,s\to+\infty}e^{-\frac{\pi i\tau}{4}}\theta_{10}(is,0)=2$$

が成り立つことが分かる．また

$$\frac{\partial}{\partial z}\theta_{11}(\tau,z)=\sum_{n\in\mathbb{Z}}2\pi i\left(n+\frac{1}{2}\right)e^{\pi i\left(n+\frac{1}{2}\right)^2\tau+2\pi i\left(n+\frac{1}{2}\right)\left(z+\frac{1}{2}\right)}$$

より

$$\theta'_{11}=\sum_{n\in\mathbb{Z}}2\pi i\left(n+\frac{1}{2}\right)e^{\pi i\left(n+\frac{1}{2}\right)^2\tau+\pi i\left(n+\frac{1}{2}\right)}$$

が成り立つ．$e^{\pm\pi i/2}=\pm i$ であることに注意すると

$$\lim_{\tau=is,s\to+\infty}e^{-\frac{\pi i\tau}{4}}\theta'_{11}=-2\pi$$

が成立する．これより

$$\lim_{\tau=is,s\to+\infty}\frac{\theta'_{11}}{\theta_{00}\theta_{01}\theta_{10}}=-\pi$$

であることが分かった．ところで $\dfrac{\theta'_{11}}{\theta_{00}\theta_{01}\theta_{10}}$ は定数であったので

$$\frac{\theta'_{11}}{\theta_{00}\theta_{01}\theta_{10}}=-\pi$$

であることが示された.　**【証明終】**

5.5　テータ関数の無限積展開

まずテータ関数 $\theta(\tau,z)=\theta_{00}(\tau,z)$ の特徴づけを行おう.

定理 5.19　複素平面で正則な関数 $f(z)$ が

$$f(z+1)=f(z)$$
$$f(z+\tau)=e^{-\pi i\tau-2\pi iz}f(z)$$

を満たせば $f(z)$ はテータ関数 $\theta(\tau,z)$ の定数倍である.

[証明]　正則写像 $w=e^{2\pi iz}$ を考えると複素 z 平面は複素 w 平面の原点を除いた領域に写像される. 複素平面で正則な関数 $f(z)$ が $f(z+1)=f(z)$ なる性質を満たせば $f(z)$ は $w=e^{2\pi iz}$ の関数と考えることができ, $g(w)=f(z)$ は原点を除いて正則である. したがって原点を中心としてローラン展開ができる.

$$g(w)=\sum_{n=-\infty}^{\infty}a_nw^n$$

すなわち

$$f(z)=\sum_{n=-\infty}^{\infty}a_ne^{2\pi inz}$$

と書くことができる. さらに $f(z+\tau)=e^{-\pi i\tau-2\pi iz}f(z)$ から

$$\sum_{n=-\infty}^{\infty}a_ne^{2\pi in(z+\tau)}=e^{-\pi i\tau-2\pi iz}\sum_{n=-\infty}^{\infty}a_ne^{2\pi inz}$$

が成り立つことが分かる. 両辺を整理すると

$$\sum_{n=-\infty}^{\infty}a_ne^{2\pi in\tau}e^{2\pi inz}=\sum_{n=-\infty}^{\infty}a_ne^{-\pi i\tau}e^{2\pi i(n-1)z}$$

となる. 両辺の $e^{2\pi inz}$ の係数を比較して

$$a_ne^{2\pi in\tau}=a_{n+1}e^{-\pi i\tau}$$

が成り立つことが分かる．これを書き換えると

$$a_{n+1} = a_n e^{\pi i(2n+1)\tau} \tag{5.24}$$

がすべての整数 n に対して成り立つことが分かる．したがって

$$a_1 = a_0 e^{\pi i\tau}, \quad a_2 = a_1 e^{3\pi i\tau} = a_0 e^{2^2\pi i\tau}$$

が成り立ち，n に関する数学的帰納法によって $n \geq 1$ のとき

$$a_n = a_0 e^{\pi i n^2 \tau}$$

が成り立つことが分かる．また $n \geq 1$ のとき(5.24)より

$$a_{-n} = a_{-n+1} e^{\pi i(2n-1)\tau}$$

が成り立つので同様に

$$a_{-n} = a_0 e^{\pi i(-n)^2\tau}$$

が成り立つことが分かる．以上の考察によって

$$f(z) = a_0 \sum_{n=-\infty}^{\infty} e^{\pi i n^2 + 2\pi i n z} = a_0 \theta(\tau, z)$$

が成り立つことが示された．　**【証明終】**

次に

$$p(\tau, z) = \prod_{m=0}^{\infty} \left\{ \left(1+e^{2\pi i\left(m+\frac{1}{2}\right)\tau - 2\pi i z}\right) \left(1+e^{2\pi i\left(m+\frac{1}{2}\right)\tau + 2\pi i z}\right) \right\} \tag{5.25}$$

とおく．任意の正数 c, d に対して $|\operatorname{Im} z| \leq c$, $\operatorname{Im}\tau \geq d$ とすると

$$\left| e^{2\pi i\left(m+\frac{1}{2}\right)\tau \pm 2\pi i z} \right| \leq e^{2\pi c} e^{-(2m+1)\pi d}$$

が成り立つ．

$$\sum_{m=0}^{\infty} e^{-(2m+1)\pi d}$$

は収束するので $p(\tau, z)$ は $\mathbb{C} \times H$ 上で広義一様収束することが示された．

補題 5.20

$$p(\tau, z+1) = p(\tau, z)$$
$$p(\tau, z+\tau) = e^{-\pi i\tau - 2\pi iz} p(\tau, z)$$

［証明］　$p(\tau, z+1)=p(\tau, z)$ は定義より明らか．2番目の式は次のように示される．

$$\begin{aligned}
&p(\tau, z+\tau)\\
&= \prod_{m=0}^{\infty} \left\{ \left(1+e^{2\pi i\left(m+\frac{1}{2}\right)\tau - 2\pi i(z+\tau)}\right) \left(1+e^{2\pi i\left(m+\frac{1}{2}\right)\tau + 2\pi i(z+\tau)}\right) \right\}\\
&= \prod_{m=0}^{\infty} \left\{ \left(1+e^{2\pi i\left(m-1+\frac{1}{2}\right)\tau - 2\pi iz}\right) \left(1+e^{2\pi i\left(m+1+\frac{1}{2}\right)\tau + 2\pi iz}\right) \right\}\\
&= \prod_{m=0}^{\infty} \left(1+e^{2\pi i\left(m+\frac{1}{2}\right)\tau - 2\pi iz}\right) \left(1+e^{-\pi i\tau - 2\pi iz}\right) \prod_{m=1}^{\infty} \left(1+e^{2\pi i\left(m+\frac{1}{2}\right)\tau + 2\pi iz}\right)\\
&= \prod_{m=0}^{\infty} \left(1+e^{2\pi i\left(m+\frac{1}{2}\right)\tau - 2\pi iz}\right) e^{-\pi i\tau - 2\pi iz} \left(1+e^{\pi i\tau + 2\pi iz}\right) \prod_{m=1}^{\infty} \left(1+e^{2\pi i\left(m+\frac{1}{2}\right)\tau + 2\pi iz}\right)\\
&= e^{-\pi i\tau - 2\pi iz} \prod_{m=0}^{\infty} \left\{ \left(1+e^{2\pi i\left(m+\frac{1}{2}\right)\tau - 2\pi i(z+\tau)}\right) \left(1+e^{2\pi i\left(m+\frac{1}{2}\right)\tau + 2\pi i(z+\tau)}\right) \right\}\\
&= e^{-\pi i\tau - 2\pi iz} p(\tau, z)
\end{aligned}$$

【証明終】

定理 5.21　テータ関数 $\theta(\tau, z)$（式(5.6)）は次のように無限積に展開できる．

$$\begin{aligned}
&\theta(\tau, z)\\
&= \prod_{m=1}^{\infty} \left(1-e^{2\pi im\tau}\right) p(\tau, z)\\
&= \prod_{m=1}^{\infty} \left(1-e^{2\pi im\tau}\right) \prod_{m=0}^{\infty} \left\{ \left(1+e^{2\pi i\left(m+\frac{1}{2}\right)\tau - 2\pi iz}\right) \left(1+e^{2\pi i\left(m+\frac{1}{2}\right)\tau + 2\pi iz}\right) \right\}
\end{aligned} \tag{5.26}$$

［証明］　補題 5.20 および定理 5.19 より $p(\tau, z)$ はテータ関数 $\theta(\tau, z)$ の定数倍である．ただし，この定数は τ に依存する．そこで

$$\theta(\tau,z)=c(\tau)p(\tau,z)$$

とおく．この式と補題 5.9 より

$$\theta_{01}(\tau,z)=c(\tau)\prod_{m=0}^{\infty}\left\{\left(1-e^{2\pi i\left(m+\frac{1}{2}\right)\tau-2\pi iz}\right)\left(1-e^{2\pi i\left(m+\frac{1}{2}\right)\tau+2\pi iz}\right)\right\}$$
$$\theta_{10}(\tau,z)=c(\tau)e^{\frac{\pi i\tau}{4}}e^{\pi iz}\left(1+e^{-2\pi iz}\right)\prod_{m=1}^{\infty}\left\{\left(1+e^{2\pi i(m\tau-z)}\right)\left(1+e^{2\pi i(m\tau+z)}\right)\right\}$$
$$\theta_{11}(\tau,z)=ic(\tau)e^{\frac{\pi i\tau}{4}}e^{\pi iz}\left(1-e^{-2\pi iz}\right)\prod_{m=1}^{\infty}\left\{\left(1-e^{2\pi i(m\tau-z)}\right)\left(1-e^{2\pi i(m\tau+z)}\right)\right\}$$

と書くことができる．これより

$$\theta_{00}(\tau,0)=c(\tau)\prod_{m=0}^{\infty}\left(1+e^{2\pi i\left(m+\frac{1}{2}\right)\tau}\right)^2$$
$$\theta_{01}(\tau,0)=c(\tau)\prod_{m=0}^{\infty}\left(1-e^{2\pi i\left(m+\frac{1}{2}\right)\tau}\right)^2$$
$$\theta_{10}(\tau,0)=2c(\tau)e^{\frac{\pi i\tau}{4}}\prod_{m=1}^{\infty}\left(1+e^{2\pi m\tau}\right)^2$$

を得る．一方，$\theta_{11}(\tau,0)=0$ であるので $\theta'_{11}(\tau,0)$ を計算する．

$$h(z)=ic(\tau)e^{\frac{\pi i\tau}{4}}\prod_{m=1}^{\infty}\left\{\left(1-e^{2\pi i(m\tau-z)}\right)\left(1-e^{2\pi i(m\tau+z)}\right)\right\}$$

とおくと

$$\theta_{11}(\tau,z)=\left(e^{\pi iz}-e^{-\pi iz}\right)h(z)$$

が成り立つ．この式を z で微分して $z=0$ とおくと

$$\theta'_{11}(\tau,0)=\left\{\left(e^{\pi iz}-e^{-\pi iz}\right)'h(z)+\left(e^{\pi iz}-e^{-\pi iz}\right)h'(z)\right\}\Big|_{z=0}=2\pi ih(0)$$

を得る．したがって

$$\theta'_{11}(\tau,0)=-2\pi c(\tau)e^{\frac{\pi i\tau}{4}}\prod_{m=1}^{\infty}\left(1-e^{2\pi im\tau}\right)^2$$

が成り立つ．以上の計算結果をヤコビの等式(5.21)に代入すると

$$
\begin{aligned}
&-2\pi c(\tau) e^{\frac{\pi i \tau}{4}} \prod_{m=1}^{\infty} \left(1-e^{2\pi i m \tau}\right)^2 \\
&\qquad = -2\pi c(\tau)^3 e^{\frac{\pi i \tau}{4}} \prod_{m=1}^{\infty} \left(1+e^{2\pi i m \tau}\right)^2 \prod_{m=0}^{\infty} \left(1-e^{2\pi i (2m+1)\tau}\right)^2
\end{aligned}
$$

を得る．これより

$$
\begin{aligned}
c(\tau)^2 &= \left(\frac{\prod_{m=1}^{\infty} \left(1-e^{2\pi i m \tau}\right)}{\prod_{m=1}^{\infty} \left(1+e^{2\pi i m \tau}\right) \prod_{m=0}^{\infty} \left(1-e^{2\pi i (2m+1)\tau}\right)} \right)^2 \\
&= \left(\frac{\prod_{m=1}^{\infty} \left(1-e^{4\pi i m \tau}\right)}{\prod_{m=1}^{\infty} \left(1+e^{2\pi i m \tau}\right)} \right)^2 \\
&= \left(\frac{\prod_{m=1}^{\infty} \left(1-e^{2\pi i m \tau}\right)\left(1+e^{2\pi i m \tau}\right)}{\prod_{m=1}^{\infty} \left(1+e^{2\pi i m \tau}\right)} \right)^2 \\
&= \prod_{m=1}^{\infty} \left(1-e^{2\pi i m \tau}\right)^2
\end{aligned}
$$

を得る．したがって

$$
c(\tau) = \pm \prod_{m=1}^{\infty} \left(1-e^{2\pi i m \tau}\right)
$$

であることが分かる．ところで

$$
\lim_{\operatorname{Im}\tau \to +\infty} \theta_{00}(\tau, 0) = 1
$$

$$
\lim_{\operatorname{Im}\tau \to +\infty} p(\tau, 0) = 1
$$

であるので

$$
\lim_{\operatorname{Im}\tau \to +\infty} c(\tau) = 1
$$

でなければならない．一方，

$$\lim_{\operatorname{Im}\tau\to+\infty}\prod_{m=1}^{\infty}\left(1-e^{2\pi im\tau}\right)=1$$

であるので

$$c(\tau)=\prod_{m=1}^{\infty}\left(1-e^{2\pi im\tau}\right)$$

でなければならないことが分かる．　**【証明終】**

上の証明で $q=e^{\pi i\tau}$，$w=e^{\pi iz}$ とおき，$m=0$ からの積を $m=1$ からの積に書き換えることによって次の系が得られる．

系 5.22

$$\theta_{00}(\tau,z)=\prod_{m=1}^{\infty}\left(1-q^{2m}\right)\prod_{m=1}^{\infty}\left(1+q^{2m-1}w^{2}\right)\left(1+q^{2m-1}w^{-2}\right) \tag{5.27}$$

$$\theta_{01}(\tau,z)=\prod_{m=1}^{\infty}\left(1-q^{2m}\right)\prod_{m=1}^{\infty}\left(1-q^{2m-1}w^{2}\right)\left(1-q^{2m-1}w^{-2}\right) \tag{5.28}$$

$$\theta_{10}(\tau,z)=q^{\frac{1}{4}}\left(w+w^{-1}\right)\prod_{m=1}^{\infty}\left(1-q^{2m}\right)\prod_{m=1}^{\infty}\left(1+q^{2m}w^{2}\right)\left(1+q^{2m}w^{-2}\right) \tag{5.29}$$

$$\theta_{11}(\tau,z)=iq^{\frac{1}{4}}\left(w-w^{-1}\right)\prod_{m=1}^{\infty}\left(1-q^{2m}\right)\prod_{m=1}^{\infty}\left(1-q^{2m}w^{2}\right)\left(1-q^{2m}w^{-2}\right) \tag{5.30}$$

系 5.23

$$\theta_{00}(\tau,0)=\prod_{m=1}^{\infty}\left(1-q^{2m}\right)\prod_{m=1}^{\infty}\left(1+q^{2m-1}\right)^{2} \tag{5.31}$$

$$\theta_{01}(\tau,0)=\prod_{m=1}^{\infty}\left(1-q^{2m}\right)\prod_{m=1}^{\infty}\left(1-q^{2m-1}\right)^{2} \tag{5.32}$$

$$\theta_{10}(\tau,0)=2q^{\frac{1}{4}}\prod_{m=1}^{\infty}\left(1-q^{2m}\right)\prod_{m=1}^{\infty}\left(1+q^{2m}\right)^{2} \tag{5.33}$$

テータ関数 $\theta(\tau,z)$ の無限級数による定義式(5.6)と無限積(5.26)で $q=e^{\pi i\tau}$，$w=e^{\pi iz}$ とおくことによってヤコビの三重積公式が得られる．

定理 5.24（ヤコビの三重積公式）

$$\sum_{m=-\infty}^{\infty} q^{m^2} w^{2m} = \prod_{m=1}^{\infty} (1-q^{2m})(1+q^{2m-1}w^2)(1+q^{2m-1}w^{-2}) \tag{5.34}$$

［証明］　テータ関数の定義式(5.6)より

$$\theta(\tau, z) = \sum_{m=-\infty}^{\infty} e^{\pi i m^2 \tau + 2\pi i m z} = \sum_{m=-\infty}^{\infty} q^{m^2} w^{2m}$$

と書き直すことができる．一方，

$$\prod_{m=1}^{\infty} \left(1-e^{2\pi i m\tau}\right) \prod_{m=0}^{\infty} \left\{ \left(1+e^{2\pi i\left(m+\frac{1}{2}\right)\tau - 2\pi i z}\right) \left(1+e^{2\pi i\left(m+\frac{1}{2}\right)\tau + 2\pi i z}\right) \right\}$$
$$= \prod_{m=1}^{\infty} (1-q^{2m})(1+q^{2m-1}w^{-2})(1+q^{2m-1}w^2)$$

と書き直すことができるので，ヤコビの三重積公式が成り立つことが定理5.21より分かる．　**【証明終】**

注意 5.1　ヤコビの三重積公式の左辺，右辺とも $|q|<1$, $w\neq 0$ であれば広義一様絶対収束して，q, w の正則関数を定義する．

ヤコビの三重積公式で w に $iq^{1/4}$, q に $q^{3/2}$ を代入することによってオイラーの五角数公式を得る．

定理 5.25（オイラーの五角数公式）

$$\prod_{m=1}^{\infty} (1-q^m) = \sum_{m=-\infty}^{\infty} (-1)^m q^{m(3m+1)/2} \tag{5.35}$$

［証明］　ヤコビの三重積公式の左辺の w に $iq^{1/4}$, q に $q^{3/2}$ を代入すると

$$\sum_{m=-\infty}^{\infty} (q^{3/2})^{m^2} (iq^{1/4})^{2m} = \sum_{m=-\infty}^{\infty} (-1)^m q^{3m^2/2+m/2}$$
$$= \sum_{m=-\infty}^{\infty} (-1)^m q^{m(3m+1)/2}$$

を得る．一方，ヤコビの三重積公式の右辺の w に $iq^{1/4}$, q に $q^{3/2}$ を代入すると

$$\begin{aligned}\prod_{m=1}^{\infty}&(1-(q^{3/2})^{2m})(1-q^{-1/2}(q^{3/2})^{(2m-1)})(1-q^{1/2}(q^{3/2})^{(2m-1)})\\&=\prod_{m=1}^{\infty}(1-q^{3m})(1-q^{3m-2})(1-q^{3m-1})\\&=\prod_{m=1}^{\infty}(1-q^{m})\end{aligned}$$

を得る．　【証明終】

5.6　算術幾何平均とテータ関数

算術幾何平均とテータ関数との関係を見るためにテータ零値の新たな関係式を求める．そのために1と τ を擬周期とするテータ関数を考える．定理5.19と同様に次の定理が示される．

定理 5.26　複素平面上の正則関数 $f(z)$ で

$$f(z+1)=f(z),\quad f(z+\tau)=e^{-2\pi i\tau-4\pi iz}f(z)\qquad(*)$$

を満足するもの全体は複素数 $\mathbb{C}$ 上2次元の線型空間をなす．すなわち(*)を満たす任意の正則関数 $f(z)$ は(*)を満たす2個の正則関数 $f_0(z)$, $f_1(z)$ によって

$$f(z)=c_0f_0(z)+c_1f_1(z),\quad c_0,c_1\in\mathbb{C}$$

と一意的に表すことができる．

[証明]　$f(z+1)=f(z)$ より $f(z)$ は $u=e^{2\pi iz}$ の関数と考えることができ，原点を中心とするローラン展開

$$f(z)=\sum_{n=-\infty}^{\infty}a_nu^n$$

ができる．$f(z+\tau)=e^{-2\pi i\tau-4\pi iz}f(z)$ より

$$a_n e^{2\pi i(n+1)\tau} = a_{n+2}$$

が成り立つ．したがって a_0, a_1 の値が決まると $f(z)$ は一意的に決まってしまう．そこで $a_0=0$, $a_1=1$ と決めてできる関数を $f_0(z)$, $a_0=1$, $a_1=0$ と決めてできる関数を $f_1(z)$ とおくと，他の $f(z)$ は $f_0(z)$, $f_1(z)$ を使って $c_0f_0(z)+c_1f_1(z)$, $c_0, c_1 \in \mathbb{C}$ と表すことができる．　**【証明終】**

そこで $g(z)=\theta_{00}(2\tau, 2z)$ を考えると上の定理の条件 $g(z+1)=g(z)$, $g(z+\tau)=e^{-2\pi\tau-4\pi z}g(z)$ を満たしている．

さらに補題 5.10 より $\theta_{00}(\tau, z)^2$, $\theta_{01}(\tau, z)^2$ も定理の条件を満たしている．この 3 個の関数の間には上の定理より線型関係式がなければならない．したがって

$$\theta_{00}(2\tau, 2z) = c_1\theta_{00}(\tau, z)^2 + c_2\theta_{01}(\tau, z)^2$$

なる関係がある．

次の定理が成り立つ．

定理 5.27

$$\theta_{00}(2\tau, 2z) = \frac{\theta_{00}(\tau, z)^2 + \theta_{01}(\tau, z)^2}{2\theta_{00}(2\tau, 0)}$$

[証明]　上で示したように定理 5.26 より

$$\theta_{00}(2\tau, 2z) = c_1\theta_{00}(\tau, z)^2 + c_2\theta_{01}(\tau, z)^2$$

なる関係がある．この等式に $z+\dfrac{1}{2}$ を代入すると θ_{00} と θ_{01} が入れ替わり

$$\theta_{00}(2\tau, 2z) = c_1\theta_{01}(\tau, z)^2 + c_2\theta_{00}(\tau, z)^2$$

が成り立つ．したがって $c_1=c_2$ である．また系 5.12 より $\theta_{01}\left(\tau, \dfrac{\tau}{2}\right)=0$ が成り立つので

$$c_1 = \frac{\theta_{00}(2\tau, \tau)}{\theta_{00}\left(\tau, \dfrac{\tau}{2}\right)^2}$$

が成り立つ．さらに補題 5.9 より

$$c_1 = \frac{\theta_{10}(2\tau, 0)}{\theta_{10}(\tau, 0)^2}$$

と書き直すことができる．ここで等式(5.33)を使うと

$$\begin{aligned}
\theta_{10}(\tau,0)^2 &= 4q^{\frac{1}{2}} \prod_{m=1}^{\infty} \left(1-q^{2m}\right)^2 \prod_{m=1}^{\infty} \left(1+q^{2m}\right)^4 \\
&= 4q^{\frac{1}{2}} \left\{ \prod_{m=1}^{\infty} \left(1-q^{2m}\right)^2 \prod_{m=1}^{\infty} \left(1+q^{2m}\right)^2 \right\} \prod_{m=1}^{\infty} \left(1+q^{2m}\right)^2 \\
&= 4q^{\frac{1}{2}} \prod_{m=1}^{\infty} \left(1-q^{4m}\right)^2 \prod_{m=1}^{\infty} \left(1+q^{2m}\right)^2 \\
&= 4q^{\frac{1}{2}} \prod_{m=1}^{\infty} \left(1-q^{4m}\right)^2 \prod_{m=1}^{\infty} \left\{ \left(1+q^{4m}\right)^2 \left(1+q^{4m-2}\right)^2 \right\} \\
\theta_{10}(2\tau,0) &= 2q^{\frac{1}{2}} \prod_{m=1}^{\infty} \left(1-q^{4m}\right) \prod_{m=1}^{\infty} \left(1+q^{4m}\right)^2
\end{aligned}$$

を得る．したがって

$$c_1 = \frac{1}{2 \displaystyle\prod_{m=1}^{\infty} \left(1-q^{4m}\right) \prod_{m=1}^{\infty} \left(1+q^{4m-2}\right)^2}$$

を得るが，分母は等式(5.31)より $2\theta_{00}(2\tau, 0)$ に他ならない．　**【証明終】**

定理 5.28

$$\theta_{00}(2\tau,0)^2 = \frac{1}{2}(\theta_{00}(\tau,0)^2 + \theta_{01}(\tau,0)^2) \tag{5.36}$$

$$\theta_{01}(2\tau,0)^2 = \theta_{01}(\tau,0)\theta_{00}(\tau,0) \tag{5.37}$$

［証明］　定理 5.27 の等式に $z=0$ とおくことによって最初の等式が得られる．また(5.31)，(5.32)より簡単な計算で(5.37)を得る．　**【証明終】**

そこで，任意に与えられた $a, b \in \mathbb{C}$ に対して $\mu \in \mathbb{C}$ を適当にとると

$$a = \mu\theta_{00}(\tau, 0)^2, \quad b = \mu\theta_{01}(\tau, 0)^2$$

が成り立つように $\tau \in H$ がとれたと仮定する．すると上の定理 5.28 から 2.3 節の算術幾何平均の記号を使うと

$$a_1 = \mu\theta_{00}(2\tau, 0)^2, \quad b_1 = \mu\theta_{01}(2\tau, 0)^2$$
$$a_2 = \mu\theta_{00}(4\tau, 0)^2, \quad b_2 = \mu\theta_{01}(4\tau, 0)^2$$
$$\cdots\cdots$$
$$a_n = \mu\theta_{00}(2^n\tau, 0)^2, \quad b_n = \mu\theta_{01}(2^n\tau, 0)^2$$

が成り立つ．また $\mathrm{Im}\,\tau > 0$ より

$$\lim_{n\to\infty} e^{\pi i 2^n \tau} = 0$$

が成り立つので系 5.23 より

$$\lim_{n\to\infty} \theta_{00}(2^n\tau, 0)^2 = 1, \quad \lim_{n\to\infty} \theta_{01}(2^n\tau, 0)^2 = 1$$

を得る．これより

$$M(a, b) = \lim_{n\to\infty} a_n = \lim_{n\to\infty} b_n = \mu = \frac{a}{\theta_{00}(\tau, 0)^2}$$

を得る．したがって

$$\frac{1}{a} M(a, b) = M\left(1, \frac{b}{a}\right) = \frac{1}{\theta_{00}(\tau, 0)^2} \tag{5.38}$$

が成り立つ．以上によって定理 2.1 を拡張した次の定理の証明がほとんど完了した．

定理 5.29（ガウス）　$\mathrm{Im}\,\tau > 0$ である複素数 τ に対して

$$k'(\tau) = \frac{\theta_{01}(\tau, 0)^2}{\theta_{00}(\tau, 0)^2}, \quad k(\tau)^2 = 1 - k'(\tau)^2$$

および

$$K(\tau)=\frac{\pi}{2}\theta_{00}(\tau,0)^2=\int_0^1\frac{dx}{\sqrt{(1-x^2)(1-k(\tau)^2x^2)}}$$

とおくと

$$M(1,k'(\tau))=\frac{\pi}{2K(\tau)}=\frac{1}{\theta_{00}(\tau,0)^2} \tag{5.39}$$

が成り立つ.

5.7　テータ関数と楕円関数

この節ではすべての楕円関数はテータ関数を使って表示できることを示そう．$\varphi(z)$ は周期 1 と $\tau\in H$ を持つ楕円関数とする．すなわち $\varphi(z)$ は複素平面で有理型関数であり,

$$\varphi(z+m+n\tau)=\varphi(z),\quad m,n\in\mathbb{Z}$$

である．まず次の事実に注目する.

a_j, b_j に L の元を足してできる点も a_j, b_j と略記して

$$\sum_{j=1}^m a_j=\sum_{j=1}^m b_j \tag{5.40}$$

が成り立つようにすることができる.

そこで

$$F(z)=\frac{\theta_{11}(\tau,z-a_1)\theta_{11}(\tau,z-a_2)\cdots\theta_{11}(\tau,z-a_m)}{\theta_{11}(\tau,z-b_1)\theta_{11}(\tau,z-b_2)\cdots\theta_{11}(\tau,z-b_m)}$$

とおくと，テータ関数の擬周期性

$$\theta_{11}(\tau,z+1)=-\theta_{11}(z),\quad \theta_{11}(\tau,z+\tau)=-e^{-\pi i\tau-2\pi iz}\theta_{11}(z)$$

より

$$F(z+1)=F(z),\quad F(z+\tau)=F(z)$$

であることが分かる．これより $F(z)$ は楕円関数であることが分かる．また

$\theta_{11}(\tau,z)$ は L の各点で1位の零点を持ち，他では0にならないので $F(z)$ と $\varphi(z)$ の零点と極は位数も込めて一致することが分かる．これは $\varphi(z)/F(z)$ が全平面で正則な楕円関数であることを意味し，定数であることが分かる．以上の議論によって次の定理が証明された．

> **定理 5.30** 基本周期 $1, \tau$ の楕円関数 $\varphi(z)$ の零点と極の完全代表系を重複度を込めてそれぞれ $a_1, a_2, \ldots, a_m, b_1, b_2, \ldots, b_m$ と記すと
>
> $$\varphi(z) = C\cdot\frac{\theta_{11}(\tau,z-a_1)\theta_{11}(\tau,z-a_2)\cdots\theta_{11}(\tau,z-a_m)}{\theta_{11}(\tau,z-b_1)\theta_{11}(\tau,z-b_2)\cdots\theta_{11}(\tau,z-b_m)}$$
>
> と書くことができる．ここで C は定数である．

この定理を使ってワイエルシュトラスのペー関数 $\wp(z)$ をテータ関数を使って表示したいが，ペー関数 $\wp(z)$ の零点が分からない．そこで，一歩譲って $\varphi(z)=\wp(z)-\wp(w)$ を考える．w を当面，固定して考える．すると $\varphi(z)$ の独立な零点は $\pm w$ の2点となり（$2w\in L$ のときは w, $-w=w$ と重複する），原点で2位の極を持つので独立な極は0, 0となる．したがって定理5.30より

$$\wp(z)-\wp(w) = C\cdot\frac{\theta_{11}(\tau,z-w)\theta_{11}(\tau,z+w)}{\theta_{11}(\tau,z)^2} \tag{5.41}$$

と書くことができる．そこで定数 C を求めてみよう．等式(5.41)の両辺を $z=0$ でローラン展開すると左辺は $1/z^2$ から始まる．一方，$\theta_{11}(\tau,0)=0$ であるので

$$\theta_{11}(\tau,z) = \theta_{11}'(\tau,0)z + z\ \text{の 2 次以上の項}$$

とテイラー展開できる．ここで $\theta_{11}'(\tau,z)$ は z に関する微分を表す．したがって右辺のローラン展開の最低次の項は

$$C\cdot\frac{\theta_{11}(\tau,-w)\theta_{11}(\tau,w)}{\theta_{11}'(\tau,0)^2}\cdot\frac{1}{z^2}$$

である．また $\theta_{11}(\tau,z)$ は z の奇関数であるので（演習問題5.3）

$$-C\frac{\theta_{11}(\tau,w)^2}{\theta_{11}'(\tau,0)^2} = 1$$

が成り立つことが分かる．すなわち

$$\wp(z)-\wp(w) = -\frac{\theta'_{11}(\tau,0)^2}{\theta_{11}(\tau,w)^2}\cdot\frac{\theta_{11}(\tau,z-w)\theta_{11}(\tau,z+w)}{\theta_{11}(\tau,z)^2} \tag{5.42}$$

が成り立つことが分かる．この等式の左辺と右辺の形から，z, w の 2 変数の複素有理型関数としても等式(5.42)が正しいことが分かる．ところで $\wp'(z)$ は奇関数であるので

$$\wp'\left(\frac{1}{2}\right)=0, \quad \wp'\left(\frac{\tau}{2}\right)=0, \quad \wp'\left(\frac{1}{2}+\frac{\tau}{2}\right)=0$$

が成り立つ．そこで

$$e_1=\wp\left(\frac{1}{2}\right), \quad e_2=\wp\left(\frac{1}{2}+\frac{\tau}{2}\right), \quad e_3=\wp\left(\frac{\tau}{2}\right) \tag{5.43}$$

とおくと

$$\wp'(z)^2 = 4\wp(z)^3-g_2(\tau)\wp(z)-g_3(\tau) = 4(\wp(z)-e_1)(\wp(z)-e_2)(\wp(z)-e_3) \tag{5.44}$$

が成り立つことが分かる．一方(5.42)より

$$\wp(z)-e_1 = -\frac{\theta'_{11}(\tau,0)^2}{\theta_{11}\left(\tau,\dfrac{1}{2}\right)^2}\cdot\frac{\theta_{11}\left(\tau,z-\dfrac{1}{2}\right)\theta_{11}\left(\tau,z+\dfrac{1}{2}\right)}{\theta_{11}(\tau,z)^2}$$

$$\wp(z)-e_2 = -\frac{\theta'_{11}(\tau,0)^2}{\theta_{11}\left(\tau,\dfrac{1}{2}+\dfrac{\tau}{2}\right)^2}\cdot\frac{\theta_{11}\left(\tau,z-\dfrac{1}{2}-\dfrac{\tau}{2}\right)\theta_{11}\left(\tau,z+\dfrac{1}{2}+\dfrac{\tau}{2}\right)}{\theta_{11}(\tau,z)^2}$$

$$\wp(z)-e_3 = -\frac{\theta'_{11}(\tau,0)^2}{\theta_{11}\left(\tau,\dfrac{\tau}{2}\right)^2}\cdot\frac{\theta_{11}\left(\tau,z-\dfrac{\tau}{2}\right)\theta_{11}\left(\tau,z+\dfrac{\tau}{2}\right)}{\theta_{11}(\tau,z)^2}$$

ところで

$$\theta_{11}\left(\tau, z-\frac{1}{2}\right) = \theta_{10}(\tau, z)$$
$$\theta_{11}\left(\tau, z+\frac{1}{2}\right) = -\theta_{10}(\tau, z)$$

が成り立つので

$$\wp(z)-e_1 = \left(\frac{\theta'_{11}(\tau,0)}{\theta_{10}(\tau,0)}\cdot\frac{\theta_{10}(\tau,z)}{\theta_{11}(\tau,z)}\right)^2 \tag{5.45}$$

が成り立つことが分かる．同様に

$$\wp(z)-e_2 = \left(\frac{\theta'_{11}(\tau,0)}{\theta_{00}(\tau,0)}\cdot\frac{\theta_{00}(\tau,z)}{\theta_{11}(\tau,z)}\right)^2 \tag{5.46}$$

$$\wp(z)-e_3 = \left(\frac{\theta'_{11}(\tau,0)}{\theta_{01}(\tau,0)}\cdot\frac{\theta_{01}(\tau,z)}{\theta_{11}(\tau,z)}\right)^2 \tag{5.47}$$

であることが分かる*6．これから $\sqrt{\wp(z)-e_k}$ を一価有理型関数として定義できることも示される（演習問題 5.4 を参照のこと）．

5.8　ヤコビの虚変換

この節では，ゼータ関数の関数等式を証明するときに重要な役割をしたヤコビの虚変換

$$\theta(-1/\tau) = \sqrt{\frac{\tau}{i}}\theta(\tau), \quad \theta(\tau) = \theta_{00}(\tau, 0) \tag{5.48}$$

を留数計算を使って証明しよう．この節ではさらに，一般的に次の定理を証明しよう．

---

*6　脚注*4 の記号を使うと

$$\wp(z)-e_k = \left(\frac{\vartheta'_1(0)}{\vartheta_{k+1}(0)}\cdot\frac{\vartheta_{k+1}(z)}{\vartheta_1(z)}\right)^2$$

と書くことができる．ただし $\vartheta_4(z)=\vartheta_0(z)$ と考える．また

$$\sqrt{\wp(z)-e_k} = \frac{\vartheta'_1(0)}{\vartheta_{k+1}(0)}\cdot\frac{\vartheta_{k+1}(z)}{\vartheta_1(z)}$$

が成り立つ．

定理 5.31　テータ関数 $\theta_{00}(\tau,z)$ に対して次の関数等式が成立する．

$$\theta_{00}(-1/\tau, z/\tau) = \sqrt{\frac{\tau}{i}}e^{\frac{\pi i z^2}{\tau}}\theta_{00}(\tau,z) \tag{5.49}$$

等式(5.49)に $z=0$ を代入すればヤコビの虚変換(5.48)が直ちに得られる．

以下，記号を簡単にするために以前と同様に $\theta_{00}(\tau,z)$ を $\theta(\tau,z)$ と記す．等式(5.49)の証明にはテータ関数の無限積展開(5.27)

$$\theta(\tau,z) = \prod_{m=1}^{\infty}(1-q^{2m})\prod_{m=1}^{\infty}(1+q^{2m-1}w^2)(1+q^{2m-1}w^{-2})$$

を使う．ここで

$$q = e^{\pi i\tau}, \quad w = e^{\pi i z}$$

とおいた．そこで

$$q^* = e^{-\pi i/\tau}, \quad w^* = e^{\pi i z/\tau}$$

とおき，上の無限積展開を使うと，等式(5.49)を証明するためには等式

$$\begin{aligned}&\prod_{m=1}^{\infty}(1-q^{*2m})\prod_{m=1}^{\infty}(1+q^{*2m-1}w^{*2})(1+q^{*2m-1}w^{*-2})\\&= \sqrt{\frac{\tau}{i}}e^{\frac{\pi i z^2}{\tau}}\prod_{m=1}^{\infty}(1-q^{2m})\prod_{m=1}^{\infty}(1+q^{2m-1}w^2)(1+q^{2m-1}w^{-2})\end{aligned} \tag{5.50}$$

を証明すればよいことになる．積のままでは取り扱いにくいので両辺の対数をとると

$$\begin{aligned}&\sum_{m=1}^{\infty}\log(1-q^{*2m})+\sum_{m=1}^{\infty}\left\{\log(1+q^{*2m-1}w^{*2})+\log(1+q^{*2m-1}w^{*-2})\right\}\\&= \frac{1}{2}\log(\tau/i)+\frac{\pi i z^2}{\tau}+\sum_{m=1}^{\infty}\log(1-q^{2m})\\&\qquad+\sum_{m=1}^{\infty}\left\{\log(1+q^{2m-1}w^2)+\log(1+q^{2m-1}w^{-2})\right\}\end{aligned} \tag{5.51}$$

を証明すればよいことが分かる．より正確には等式(5.51)は $(\mathrm{mod}\ 2\pi i)$ で成り立てば十分である．

この等式を証明するために式の変形を行う．$|x|<1$ で

$$\log(1-x)=-\sum_{k=1}^{\infty}\frac{x^k}{k}$$

であるので

$$\begin{aligned}\sum_{m=1}^{\infty}\log(1-q^{2m})&=-\sum_{m=1}^{\infty}\left(\sum_{k=1}^{\infty}\frac{q^{2mk}}{k}\right)=-\sum_{k=1}^{\infty}\frac{1}{k}\left(\sum_{m=1}^{\infty}q^{2mk}\right)\\&=-\sum_{k=1}^{\infty}\frac{1}{k}\cdot\frac{q^{2k}}{1-q^{2k}}=-\sum_{k=1}^{\infty}\frac{1}{k}\cdot\frac{1}{q^{-2k}-1}\\&=-\sum_{k=1}^{\infty}\frac{1}{k}\cdot\frac{1}{e^{-2\pi ik\tau}-1}\end{aligned}$$

と書くことができる．無限和の順序が交換できるのは無限級数が絶対収束することから証明できる．同様の計算を q^* の無限積に対して行うことによって

$$\begin{aligned}&\sum_{m=1}^{\infty}\log(1-{q^*}^{2m})-\sum_{m=1}^{\infty}\log(1-q^{2m})\\&\qquad=\sum_{k=1}^{\infty}\frac{1}{k}\left(\frac{1}{e^{-2\pi ik\tau}-1}-\frac{1}{e^{-2\pi ik/\tau}-1}\right)\end{aligned}$$

が得られる．

一方，$|x|<1$ で

$$\log(1+x)=\sum_{k=1}^{\infty}(-1)^{k-1}\frac{x^k}{k}$$

が成り立つので，上と同様の計算によって

$$\begin{aligned}\sum_{m=1}^{\infty}\log(1+q^{2m-1}w^2)&=\sum_{m=1}^{\infty}\sum_{k=1}^{\infty}\frac{(-1)^{k-1}}{k}\cdot q^{(2m-1)k}w^{2k}\\&=\sum_{k=1}^{\infty}\frac{(-1)^{k-1}}{k}\cdot w^{2k}\cdot\frac{q^{-k}}{q^{-2k}-1}\\&=\sum_{k=1}^{\infty}\frac{(-1)^{k-1}}{k}\cdot e^{2\pi ikz}\cdot\frac{e^{-\pi ik\tau}}{e^{-2\pi ik\tau}-1}\end{aligned}$$

を得る．再び同様の計算から

$$\sum_{m=1}^{\infty}\left\{\log(1+q^{2m-1}w^2)+\log(1+q^{2m-1}w^{-2})\right\}$$
$$=\sum_{k=1}^{\infty}\frac{(-1)^{k-1}}{k}\left(e^{2\pi ikz}+e^{-2\pi ikz}\right)\frac{e^{-\pi ik\tau}}{e^{-2\pi ik\tau}-1}$$

を得る．同様に

$$\sum_{m=1}^{\infty}\left\{\log(1+q^{*2m-1}w^{*2})+\log(1+q^{*2m-1}w^{*-2})\right\}$$
$$=\sum_{k=1}^{\infty}\frac{(-1)^{k-1}}{k}\left(e^{2\pi ikz/\tau}+e^{-2\pi ikz/\tau}\right)\frac{e^{-\pi ik/\tau}}{e^{-2\pi ik/\tau}-1}$$

以上の計算によって等式(5.51)は

$$\sum_{k=1}^{\infty}\frac{1}{k}\left(\frac{1}{e^{-2\pi ik\tau}-1}-\frac{1}{e^{-2\pi ik/\tau}-1}\right)$$
$$+\sum_{k=1}^{\infty}\frac{(-1)^k}{k}\left(e^{-\pi ik\tau}\cdot\frac{e^{2\pi ikz}+e^{-2\pi iz}}{e^{-2\pi ik\tau}-1}-e^{\pi ik/\tau}\cdot\frac{e^{2\pi ikz/\tau}+e^{-2\pi iz}}{e^{-2\pi ik/\tau}-1}\right)$$
$$=\log\sqrt{\frac{\tau}{i}}+\frac{\pi iz^2}{\tau} \tag{5.52}$$

と同値になる．ここでも正確にはこの等号は $(\mathrm{mod}\ 2\pi i)$ で成り立てばよい．

以下，等式(5.52)を河田 [11] §6，pp. 68–73 にならって証明する．まず(5.52)の左辺の第 1 項を留数計算によって求める．以下，複素変数 z および w と異なる複素変数 u を導入する．そのために関数

$$f(u)=\cot u\cdot\cot\frac{u}{\tau}$$

を考え

$$\nu=\left(n+\frac{1}{2}\right)\pi,\quad n=0,1,2,\ldots$$

に対して

$$F_\nu(u)=\frac{f(\nu u)}{u}$$

とおく．

$\cot u=1/\tan u$ の極は

$$\cot u = \frac{i(e^{iu}+e^{-iu})}{e^{iu}-e^{-iu}} = \frac{i(e^{2iu}+1)}{e^{2iu}-1} = i\left(\frac{2}{e^{2iu}-1}+1\right) = -i\left(\frac{2}{e^{-2iu}-1}+1\right) \tag{5.53}$$

より $\pm n\pi,\ n=1,\,2,\,3,\ldots$ で，極の位数は 1 である．また，

$$\lim_{u\to m\pi}(e^{2iu}+1)i\frac{u-m\pi}{e^{2iu}-1} = 2i\cdot\left.\frac{1}{(e^{2iu})'}\right|_{u=m\pi} = \frac{2i}{2i} = 1$$

より留数は 1 である．また $u=0$ の近傍で $\cot u$ は

$$\cot u = \frac{1}{u}-\frac{1}{3}u+\cdots$$

とローラン展開できる．したがって $F_\nu(u)$ は $u=0,\ u=\pm\dfrac{k\pi}{\nu},\ u=\pm\dfrac{k\pi\tau}{\nu},\ k=1,\,2,\ldots$ で極を持つことが分かる．それぞれの極での留数を計算する．

$u=0$ で $F_\nu(u)$ は 3 位の極を持ち

$$\frac{f(\nu u)}{u} = \frac{1}{u}\left(\frac{1}{\nu u}-\frac{1}{3}\nu u+\cdots\right)\left(\frac{\tau}{\nu u}-\frac{1}{3}\cdot\frac{\nu u}{\tau}+\cdots\right)$$

より $1/u$ の係数は

$$-\frac{1}{3}\left(\tau+\frac{1}{\tau}\right)$$

であることが分かる．

$u=\pm\dfrac{k\pi}{\nu}$ では $F_\nu(u)$ は 1 位の極を持ち，$m=\pm k$ とおくと留数は

$$\begin{aligned}\lim_{u\to\frac{m\pi}{\nu}}\left(u-\frac{m\pi}{\nu}\right)\cdot\frac{f(\nu u)}{u} &= \lim_{u\to\frac{m\pi}{\nu}}\frac{1}{u}i(e^{2i\nu u}+1)\cot\frac{\nu u}{\tau}\cdot\frac{u-\dfrac{m\pi}{\nu}}{e^{2i\nu u}-1}\\ &= \frac{\nu}{m\pi}\cdot 2i\cdot\cot\frac{m\pi}{\tau}\cdot\left.\frac{1}{2i\nu e^{2i\nu u}}\right|_{u=m\pi/\nu}\\ &= \frac{1}{m\pi}\cot\frac{m\pi}{\tau}\end{aligned}$$

より

$$\frac{1}{k\pi}\cot\frac{k\pi}{\tau}$$

である．ここで $\cot u$ は奇関数であることを使った．

同様にして $u=\pm\dfrac{k\pi\tau}{\nu}$ では 1 位の極を持ち，留数は

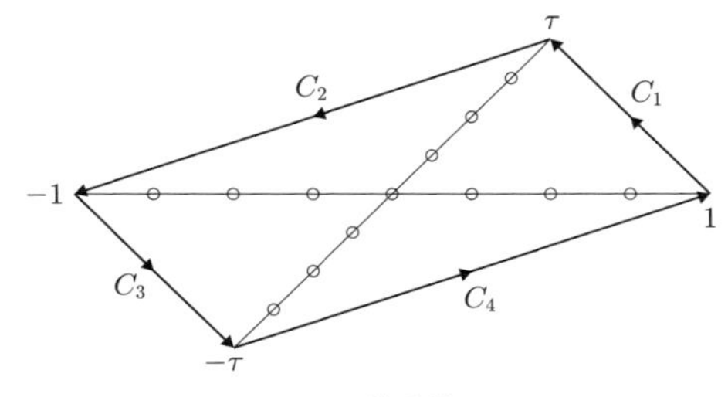

図 5.4　積分路 C.

$$\frac{1}{k\pi}\cot k\pi\tau$$

であることが分かる.

そこで図 5.4 のように 1 から出発して道 C_1, C_2, C_3, C_4 に沿って進み 1 に戻る道 C に沿った積分

$$\frac{1}{8}\int_C F_\nu(u)\,du=\int_C\frac{f(\nu u)}{8u}\,du$$

を考える. ν は半整数であるので C 上では被積分関数 $\dfrac{f(\nu u)}{8u}$ は正則である. また, C の内部では 0, $\pm\dfrac{k\pi}{\nu}$, $\pm\dfrac{k\pi\tau}{\nu}$, $k=1$, 2, 3 で極を持ち, その留数はすでに求めてあるので

$$\begin{aligned}\int_C\frac{f(\nu u)}{8u}\,du&=\frac{-2\pi i}{8\cdot 3}\left(\tau+\frac{1}{\tau}\right)+\frac{2\pi i}{8}\left\{\sum_{k=1}^{3}\frac{2}{k\pi}\left(\cot\frac{k\pi}{\tau}+\cot k\pi\tau\right)\right\}\\&=\frac{-\pi i}{12}\left(\tau+\frac{1}{\tau}\right)+\frac{\pi i}{2}\sum_{k=1}^{3}\frac{1}{k\pi}\left(\cot\frac{k\pi}{\tau}+\cot k\pi\tau\right)\end{aligned}\tag{5.54}$$

が成り立つことが分かる. そこで式(5.53)に注意すると

$$\cot\frac{k\pi}{\tau}=i\left(\frac{2}{e^{-2k\pi i/\tau}-1}+1\right),\quad \cot k\pi\tau=-i\left(\frac{2}{e^{-2k\pi i\tau}-1}+1\right)$$

が成り立つことが分かるので, これを(5.54)に代入することによって

$$\int_C\frac{f(\nu u)}{8u}\,du=\frac{-\pi i}{12}\left(\tau+\frac{1}{\tau}\right)+\sum_{k=1}^{3}\frac{1}{k}\left(\frac{1}{e^{-2k\pi i\tau}-1}-\frac{1}{e^{-2k\pi i/\tau}-1}\right)\tag{5.55}$$

が成り立つことが分かる．

そこで $n\to\infty$ に従って $\nu=n+\dfrac{1}{2}\to\infty$ のときの式(5.55)の左辺の挙動を調べよう．まず

$$\lim_{\nu\to\infty}\cot\nu u=\begin{cases}-i & (\operatorname{Im}u>0)\\ i & (\operatorname{Im}u<0)\end{cases}$$

であることに注意する．図 5.4 の C_1, C_2 上では ±1 を除いて $\operatorname{Im}u>0$ であり，C_3, C_4 上では ±1 を除いて $\operatorname{Im}u<0$ である．

したがって $u=\pm1$ 以外の点で

$$\lim_{\nu\to\infty}\cot\nu u=\begin{cases}-i & (C_1,\ C_2)\\ i & (C_3,\ C_4)\end{cases}$$

が成り立つ．一方，$\operatorname{Im}\tau>0$ であるので図 5.4 の C_1, C_4 上で $\pm\tau$ を除いて $\operatorname{Im}\dfrac{u}{\tau}<0$ であり，C_2, C_3 上で $\operatorname{Im}\dfrac{u}{\tau}>0$ である．したがって $u=\pm\tau$ 以外の点では

$$\lim_{\nu\to\infty}\cot\frac{\nu u}{\tau}=\begin{cases}-i & (C_2,\ C_3)\\ i & (C_1,\ C_4)\end{cases}$$

が成り立つ．以上をあわせて $u=\pm1$, $\pm\tau$ 以外の点で

$$\lim_{\nu\to\infty}f(\nu u)=\begin{cases}1 & (C_1,\ C_3)\\ -1 & (C_2,\ C_4)\end{cases}$$

が成り立つことが分かる．また $u=\pm1$, $\pm\tau$ では $f(\nu u)=0$ である．このことを使うと

$$\lim_{n\to\infty}\int_C\frac{f(\nu u)}{8u}\,du$$

の積分と極限操作を交換してよいことが分かる．したがって，複素平面から実軸の 0 と負の部分を除いたところで積分路 C に沿った積分を考えると

$$\begin{aligned}\lim_{n\to\infty}\int_C \frac{f(\nu u)}{8u} &= \frac{1}{8}\left(\int_1^\tau \frac{du}{u} - \lim_{\varepsilon\to 0+}\int_\tau^{-1+i\varepsilon}\frac{du}{u} + \lim_{\varepsilon\to 0+}\int_{-1-i\varepsilon}^{-\tau}\frac{du}{u} - \int_{-\tau}^{1}\frac{du}{u}\right)\\ &= \frac{1}{8}\{\log\tau - (\pi i - \log\tau) + (\log(-\tau) - (-\pi i)) - (-\log(-\tau))\}\\ &= \frac{1}{8}(2\log\tau + 2\log(-\tau)) = \frac{1}{8}(4\log\tau - 2\pi i)\\ &\equiv \frac{1}{2}\log\frac{\tau}{i}\end{aligned}$$

が成り立つ．ここで対数は主枝をとっているので $\log(-\tau)=\log\tau-\pi i$ が成り立つことに注意する．これと式(5.55)より

$$\sum_{k=1}^{\infty}\frac{1}{k}\left(\frac{1}{e^{-2k\pi i\tau}-1} - \frac{1}{e^{-2k\pi i/\tau}-1}\right) \equiv \frac{\pi i}{12}\left(\tau + \frac{1}{\tau}\right) + \log\sqrt{\frac{\tau}{i}} \pmod{2\pi i} \tag{5.56}$$

が成り立つことが分かる．以上の計算は式(5.52)の左辺第 1 項の計算をしたことになる．

続いて式(5.52)の左辺第 2 項の計算をするために，関数

$$g(u) = \operatorname{cosec} u\cdot \operatorname{cosec}\frac{u}{\tau}\cdot e^{2iuz/\tau}, \quad \operatorname{cosec} u = \frac{1}{\sin u} = \frac{2i}{e^{iu}-e^{-iu}}$$

を考え，上と同じ $\nu=\left(n+\frac{1}{2}\right)\pi$ を使って

$$G_\nu(u) = \frac{g(\nu u)}{u}$$

とおく．$u=0$ の近傍で

$$\operatorname{cosec} u = \frac{1}{u} + \frac{u}{6} + \cdots$$

とローラン展開できるので $G_\nu(u)$ は $u=0$ で

$$\begin{aligned}&\frac{1}{u}\left(\frac{1}{\nu u} + \frac{\nu u}{6} + \cdots\right)\left(\frac{\tau}{\nu u} + \frac{\nu u}{6\tau} + \cdots\right)\left(1 + 2i\frac{\nu u z}{\tau} + \frac{1}{2}(2i\nu u z/\tau)^2 + \cdots\right)\\ &= \frac{\tau}{\nu^2}\cdot\frac{1}{u^3} + \frac{2iz}{\nu}\cdot\frac{1}{u^2} + \left\{\frac{1}{6}\left(\tau + \frac{1}{\tau}\right) - \frac{2z^2}{\tau}\right\}\cdot\frac{1}{u} + \cdots\end{aligned}$$

とローラン展開できる．したがって $G_\nu(u)$ は $u=0$ で 3 位の極を持ち，留数は

$$\frac{1}{6}\left(\tau+\frac{1}{\tau}\right)-\frac{2z^2}{\tau}$$

である．また $\operatorname{cosec} u$ は $u=n\pi$, $n=0, \pm 1, \pm 2, \ldots$ で 1 位の極を持ち，留数は

$$\lim_{u\to n\pi}\frac{u-n\pi}{\sin u}=\frac{1}{\cos n\pi}=(-1)^n$$

である．したがって $G_\nu(u)$ は $u=\pm\dfrac{k\pi}{\nu}$, $k=\pm 1, \pm 2, \ldots$ で 1 位の極を持ち，留数は

$$\frac{(-1)^k}{k\pi}\operatorname{cosec}\frac{k\pi}{\tau}e^{\pm 2\pi ikz/\tau}$$

である．同様に $G_\nu(u)$ は $z=\pm\dfrac{k\pi\tau}{\nu}$ で 1 位の極を持ち，留数は

$$\frac{(-1)^k}{k\pi}\operatorname{cosec} k\pi\tau e^{\pm 2\pi ikz}$$

である．したがって図 5.4 の曲線 C に沿った積分を行うと

$$\int_C\frac{g(\nu u)}{4u}\,du=\frac{2\pi i}{4}\left[\frac{1}{6}\left(\tau+\frac{1}{\tau}\right)-\frac{2z^2}{\tau}+\frac{1}{\pi}\sum_{k=1}^{n}\frac{(-1)^k}{k}\left\{\operatorname{cosec}\frac{k\pi}{\tau}\cdot(e^{2\pi ikz/\tau}+e^{-2\pi ikz/\tau})+\operatorname{cosec} k\pi\tau\cdot(e^{2\pi ikz}+e^{-2\pi ikz})\right\}\right]$$

を得る．

ところで $\operatorname{Im} u\neq 0$, $u\neq\pm\tau$ であれば

$$\lim_{n\to\infty}\operatorname{cosec}\left(n+\frac{1}{2}\right)\pi u=0,\quad \lim_{n\to\infty}\operatorname{cosec}\left(n+\frac{1}{2}\right)\pi u/\tau=0$$

が成り立つので

$$\lim_{n\to\infty}\int_C\frac{g(\nu u)}{4u}\,du=0$$

が成り立つ．したがって

$$\sum_{k=1}^{\infty} \frac{(-1)^k}{k} \left\{ \operatorname{cosec} \frac{k\pi}{\tau} (e^{2\pi ikz/\tau} + e^{-2\pi ikz/\tau}) + \operatorname{cosec} k\pi\tau (e^{2\pi ikz} + e^{-2\pi ikz}) \right\}$$
$$= -\frac{\pi}{6} \left(\tau + \frac{1}{\tau}\right) + \frac{2\pi z^2}{\tau} \tag{5.57}$$

が成り立つことが分かる．

$$\operatorname{cosec} u = \frac{2i}{e^{iu} - e^{-iu}} = \frac{2ie^{iu}}{e^{2iu} - 1} = \frac{-2ie^{-iu}}{e^{-2iu} - 1}$$

を使うと

$$\operatorname{cosec} k\pi\tau = \frac{-2ie^{-\pi ik\tau}}{e^{-2\pi ik\tau} - 1}, \quad \operatorname{cosec} \frac{k\pi}{\tau} = \frac{2ie^{\pi ik/\tau}}{e^{2\pi ik/\tau} - 1}$$

と書くことができるので式(5.57)は

$$\sum_{k=1}^{\infty} \frac{(-1)^k}{k} \left(2ie^{\pi ik/\tau} \frac{e^{2\pi ikz/\tau} + e^{-2\pi ikz/\tau}}{e^{2\pi ik/\tau} - 1} - 2ie^{-\pi ik\tau} \frac{e^{2\pi ikz} + e^{-2\pi ikz}}{e^{2\pi ik\tau} - 1} \right)$$
$$= -\frac{\pi}{6} \left(\tau + \frac{1}{\tau}\right) + \frac{2\pi z^2}{\tau}$$

と書き直すことができる．この等式の両辺を $-2i$ で割ると

$$\sum_{k=1}^{\infty} \frac{(-1)^k}{k} \left(e^{-\pi ik\tau} \frac{e^{2\pi ikz} + e^{-2\pi ikz}}{e^{2\pi ik\tau} - 1} - e^{\pi ik/\tau} \frac{e^{2\pi ikz/\tau} + e^{-2\pi ikz/\tau}}{e^{2\pi ik/\tau} - 1} \right)$$
$$= -\frac{\pi i}{12} \left(\tau + \frac{1}{\tau}\right) + \frac{\pi iz^2}{\tau} \tag{5.58}$$

を得る．式(5.56)と(5.58)によって等式(5.52)が $2\pi i$ を法として成り立つことが分かる．これによって等式(5.49)が証明された．

この章で扱った楕円関数はガウス，アーベル，ヤコビによって積分

$$u = \int_a^v \frac{dx}{\sqrt{f(x)}}, \quad f(x) \text{ は重複解を持たない 3 次または 4 次の多項式,}\ a \text{ は適当に選んだ定数}$$

の逆関数 $v=f(u)$ として導入され，研究された．その際に v を実数のみならず複素数まで考察したことによって，広大な視野が開け複素関数論や代数関数論の世界が現れてきた．こうして得られた楕円関数は二重周期関数であったが，逆に複素平面上の二重周期関数として楕円関数を捉える考えはリューヴィ

ルに始まる．本書で言及したリューヴィルの定理（定理 4.30）はその過程で見出された．リューヴィルの考えはワイエルシュトラスによって整理されて深められた．その一端を本書で紹介した．テータ関数はヤコビによって導入され，その性質は数論とも深く関係し，数学的にたいへん興味深い．本書では紙幅の関係でヤコビの三重積公式（定理 5.24）やオイラーの五角形公式（定理 5.25）の数論への応用について述べることができなかった．興味を持たれた読者は巻末の「さらに学ぶために」に記した文献 [12] を参照されたい．

第5章　演習問題

5.1　$z_1+z_2+z_3=0$ のとき

$$\begin{vmatrix} \wp(z_1) & \wp'(z_1) & 1 \\ \wp(z_2) & \wp'(z_2) & 1 \\ \wp(z_3) & \wp'(z_3) & 1 \end{vmatrix} = 0$$

が成り立つことを示せ．

5.2　$1, \tau$ を周期として持つ楕円関数 $f(z)$ はペー関数 $\wp(z)$ とその導関数 $\wp'(z)$ の有理式で表現できることを示せ．より精密には

$$f(z) = P(\wp(z))+\wp'(z)Q(\wp(z))$$

と表現できる．ここで $P(x)$, $Q(x)$ は x の有理式である．

5.3　$\theta_{ab}(\tau, z)$ は z の関数として $(a, b)=(1, 1)$ のときは奇関数，それ以外のときは偶関数であることを示せ．

5.4　分枝を適当にとることによって

$$\sqrt{\wp(z)-e_k} = \frac{\vartheta_1'(0)}{\vartheta_{k+1}(0)} \cdot \frac{\vartheta_{k+1}(z)}{\vartheta_1(z)}$$

と考えることができることを示せ．

5.5　式（5.43）で定義された e_1, e_2, e_3 に対して

$$\sqrt{e_1-e_2} = \pi\vartheta_0(0)^2 = \pi\theta_{01}(\tau,0)^2,$$
$$\sqrt{e_1-e_3} = \pi\vartheta_3(0)^2 = \pi\theta_{00}(\tau,0)^2,$$
$$\sqrt{e_2-e_3} = \pi\vartheta_2(0)^2 = \pi\theta_{10}(\tau,0)^2$$

であることを示せ．また，この結果を使って 3 次方程式 $4x^3-g_2(\tau)x-g_3(\tau)=0$ の判別式 $\Delta(\tau)=g_2(\tau)^3-27g_3(\tau)^2$ は

$$\sqrt[4]{\Delta(\tau)} = 2\pi^3\theta_{00}(\tau,0)^2\theta_{01}(\tau,0)^2\theta_{10}(\tau,0)^2 = 2\pi\theta'_{11}(\tau,0)^2$$

と表されることを示せ.

付録　スターリングの公式

$n!$ を評価するスターリングの公式

$$n! \sim \sqrt{2\pi}n^{n+\frac{1}{2}}e^{-n}$$

は『解析編』で取り扱うことのできる話題であるが，実はガンマ関数の評価とも関係している．ここでは古典的なスターリングの公式を証明する．

$\log m$ を $\int_{m-\frac{1}{2}}^{m+\frac{1}{2}} \log x\, dx$ で近似すると，図 A.1 より

$$\int_{m-\frac{1}{2}}^{m+\frac{1}{2}} \log\ dx = \log m - \beta_m + \alpha_m$$

と書くことができる．ここで

$$\alpha_m = \int_{m}^{m+\frac{1}{2}} \log x\, dx - \frac{1}{2}\log m, \quad \beta_m = \frac{1}{2}\log m - \int_{m-\frac{1}{2}}^{m} \log x\, dx$$

である．$y=\log x$ のグラフは上に凸であるので，点 $(m, \log m)$ での接線よりはグラフは下にある．したがって図 A.1 より

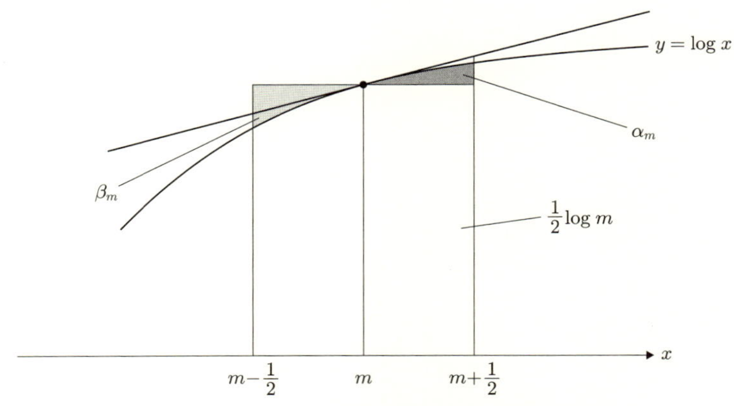

図 A.1　$\log x$ のグラフは上に凸だから，接線の下側にある．したがって $\beta_m > \alpha_m$ が成り立つ．

$$\alpha_m < \beta_m$$

であることが分かる．また図 A.2 より

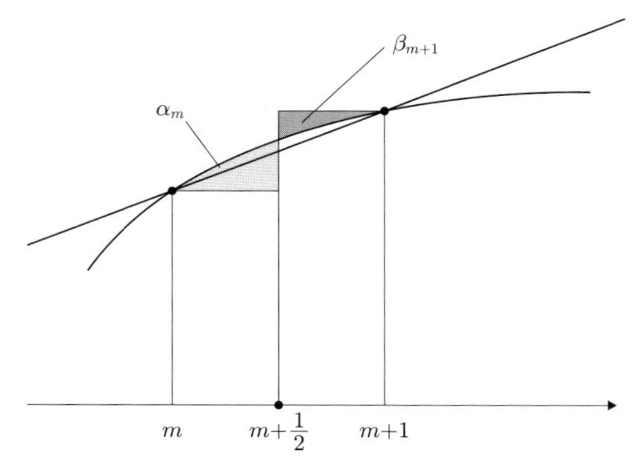

図 A.2　$\log x$ のグラフは上に凸だから，$m<x<m+1$ の範囲で点 $(m, \log m)$ と点 $(m+1, \log(m+1))$ を結ぶ線分の上にある．したがって $\alpha_m>\beta_{m+1}$ が成り立つ．

$$\alpha_m > \beta_{m+1}$$

が成り立つ．以上より

$$\delta_n = \alpha_1-\beta_2+\alpha_2-\beta_3+\cdots+\alpha_{n-1}-\beta_n$$

とおくと，これは単調増加する交代級数である．また図 A.2 より明らかに

$$\lim_{m\to\infty}\alpha_m = 0, \quad \lim_{m\to\infty}\beta_m = 0$$

が成り立つ[*1]．したがって $n\to\infty$ のとき収束する．その収束値を δ と記す．

一方，定義から

$$\int_1^n \log x\,dx = \log 2+\log 3+\cdots+\log(n-1)+\frac{1}{2}\log n+\delta_n$$

が成立する．また部分積分により

*1　次のように直接計算で示すこともできる．

$$\frac{1}{2}\log m-\frac{1}{2}\log m < \alpha_m = \int_m^{m+\frac{1}{2}}\log x\,dx-\frac{1}{2}\log m < \frac{1}{2}\log\left(m+\frac{1}{2}\right)-\frac{1}{2}\log m$$

より

$$0 < \alpha_m < \frac{1}{2}\log\left(1+\frac{1}{2m}\right)$$

となり $\underset{m\to\infty}{\log}\alpha_m=0$ が成り立つ．β_m に関しても同様．

$$\int_1^n \log x\,dx = [x\log x]_1^n - \int_1^n 1\,dx = n\log n - n + 1$$

が成り立つ．両者の式から

$$\log(n-1)! = \left(n-\frac{1}{2}\right)\log n - n + 1 - \delta_n$$

が成り立つので

$$\Gamma(n) = (n-1)! = n^{n-\frac{1}{2}}e^{-n}e^{1-\delta_n}$$

が成り立つ．

そこで

$$\delta = \delta_n + \mu(n), \quad e^{1-\delta} = a$$

とおくと

$$\Gamma(n) = an^{n-\frac{1}{2}}e^{-n}e^{\mu(n)} \tag{A.1}$$

と書くことができる．さらに $\lim\limits_{n\to\infty}\mu(n)=0$ である．定数 a を求めるためにウォリスの公式を証明しよう．まず『解析編』第4章の演習問題4.1より

$$\Gamma\left(\frac{1}{2}\right) = \sqrt{\pi}$$

が成り立つことに注意する．さらにガンマ関数に関するガウスの定理(『解析編』定理4.4, p. 156)によって

$$\begin{aligned}
\sqrt{\pi} = \Gamma(1/2) &= \lim_{n\to\infty}\frac{n^{1/2}n!}{\frac{1}{2}\left(\frac{1}{2}+1\right)\left(\frac{1}{2}+2\right)\cdots\left(\frac{1}{2}+n\right)} = \lim_{n\to\infty}\frac{\sqrt{n}n!}{\frac{1}{2}\,\frac{3}{2}\,\frac{5}{2}\cdots\frac{2n+1}{2}} \\
&= \lim_{n\to\infty}\frac{\sqrt{n}n!2^{n+1}}{1\cdot3\cdot5\cdots(2n+1)} = \lim_{n\to\infty}\frac{\sqrt{n}(n!)^2 2^{2n+1}}{(2n+1)!} \\
&= \lim_{n\to\infty}\frac{(n!)^2 2^{2n+1}}{2\left(\sqrt{n}+\frac{1}{2\sqrt{n}}\right)(2n)!} = \lim_{n\to\infty}\frac{(n!)^2 2^{2n}}{(2n)!\sqrt{n}}
\end{aligned} \tag{A.2}$$

この等式はウォリスの公式と呼ばれる．そこで式(A.1)を使うと

$$\begin{aligned}
n! &= n\Gamma(n) = an^{n+\frac{1}{2}}e^{-n}e^{\mu(n)} \\
(2n)! &= (2n)\Gamma(2n) = 2na(2n)^{2n-\frac{1}{2}}e^{-2n}e^{\mu(2n)} \\
&= 2^{2n+\frac{1}{2}}an^{2n+\frac{1}{2}}e^{-2n}e^{\mu(2n)}
\end{aligned}$$

と書くことができる．これをウォリスの公式(A.2)に代入すると

$$\sqrt{\pi} = \lim_{n\to\infty} \frac{a^2 n^{2n+1} e^{-2n} e^{2\mu(n)} 2^{2n}}{2^{2n+\frac{1}{2}} a n^{2n+\frac{1}{2}} e^{-2n} e^{\mu(2n)} \sqrt{n}} = \lim_{n\to\infty} \frac{e^{2\mu(n)} a}{\sqrt{2} e^{\mu(2n)}}$$

となるが，$n\to\infty$ のとき $\mu(n)\to 0$, $\mu(2n)\to 0$ であるので，この式より

$$a = \sqrt{2\pi}$$

であることが分かる．以上によって

$$\lim_{n\to\infty} \frac{\Gamma(n)}{\sqrt{2\pi} n^{n-\frac{1}{2}} e^{-n}} = \lim_{n\to\infty} e^{\mu(n)} = 1$$

であることが分かり，スターリングの公式が証明された．

さらに学ぶために

本書では複素数の基本的な性質から始めて複素数の微積分学である複素解析学の入門部分を述べた．ただ，従来の複素解析の教科書とは違って，高校数学からの接続を重視して述べた．複素解析の入門書として第一に挙げるべきは

［1］神保道夫『複素関数入門』岩波書店，2003.

である．複素解析学の代表的な教科書として

［2］吉田洋一『函数論』岩波全書，1965（現在オンデマンド出版）.

［3］L.V. アールフォルス，笠原乾吉訳『複素解析』現代数学社，1982（原著 L. Ahlfors: “Complex Analysis”, McGraw Hill, 1980）.

［4］H. カルタン，高橋禮司訳『複素函数論』岩波書店，1965.

［5］エリアス・M. スタイン，ラミ・シャカルチ，新井仁之・杉本充・高木啓行・千原浩之訳『複素解析』プリンストン解析学講義 2，日本評論社，2009.

を挙げておく．本書を読まれた後，これらの本のうちの 1 冊を熟読すれば複素解析学を十分に身につけることができるであろう．

さらに高度な本として日本語訳はないが，

［6］R. Remmert, “Classical Topics in Complex Function Theory”, Springer, 1998.

が好著である．著者は H. Grauert と共に多変数複素関数論の建設者の一人である．

第 5 章の楕円関数に関しては

［7］梅村浩『楕円関数論――楕円曲線の解析学』東京大学出版会，2000.

［8］A. フルヴィッツ，R. クーラント，足立恒雄・小松啓一訳『楕円関数論』数学クラッシクス，丸善出版，2012.

が参考になるであろう．また，古い本ではあるが

［9］竹内端三『楕円函数論』岩波全書，1949.

は今読んでも興味深い本である．また日本語訳はないが

［10］C.L. Siegel, “Topics in Complex Function Theory”, I, II, III, John Wiley & Sons Inc., 1969, 1971, 1973.

は楕円関数からテータ関数，多変数のモジュラー関数までを述べた名著である．また第 5 章で引用した

［11］河田敬義『ガウスの楕円函数論』上智大学数学講究録，1986.

はガウスがどのようにして楕円関数を見出し，理論を作ろうとしていたかを現代風にまとめた好著である．第 5 章と並行して読めば得るところが大であろう．

また紙幅の関係でヤコビの三重積公式(定理5.24)やオイラーの五角形公式(定理5.25)の数論への応用について述べることができなかったが,

[12] G.H. ハーディ・E.M. ライト,示野信一訳『数論入門I, II』丸善出版,2012(原著G.H. Hardy & E.M. Wright: "An Introduction to the Theory of Numbers", Oxford at the Clarendon Press, 1960).

がよい参考書である.またテータ零値と深く関係する保型関数に関しては

[13] 志賀弘典『保型関数』数学の輝き10,共立出版,2017.

たくさんの実例を与えており,本書第5章のテータ関数の議論と関係するところも多い.さらに楕円関数の理論はペー関数 $\wp(z)$ とその微分 $\wp'(z)$ が代数関係式を満たす(定理5.5)が基本となるが,この式は楕円曲線の定義式と読み直すことができ,代数的,幾何的な議論ができる.楕円曲線の初歩に関しては

[14] J.H. シルヴァーマン・J. テイト,足立恒雄・小松啓一・木田雅成・田谷久雄訳『楕円曲線論入門』丸善出版,2012(原著J.H. Silverman & J. Tate: "Rational Points on Elliptic Curves", Springer, 1992).

が参考になろう.

演習問題略解

第２章

2.1 (1) $\overline{\alpha}=\cos\dfrac{2\pi}{n}-i\sin\dfrac{2\pi}{n}=\cos\dfrac{-2\pi}{n}+i\sin\dfrac{-2\pi}{n}$，ド・モアブルの定理より

$$\alpha^k+\overline{\alpha}^k = \left(\cos\frac{2k\pi}{n}+i\sin\frac{2k\pi}{n}\right)+\left(\cos\frac{2k\pi}{n}-i\sin\frac{2k\pi}{n}\right) = 2\cos\frac{2k\pi}{n}$$

(2) $1,\ \alpha,\ \alpha^2,\ \ldots,\alpha^{n-1}$ は方程式 $z^n-1=(z-1)(z^{n-1}+z^{n-2}+\cdots+z+1)=0$ の解であるので

$$z^{n-1}+z^{n-2}+\cdots+z+1 = (z-\alpha)(z-\alpha^2)\cdots(z-\alpha^{n-1})$$

と因数分解できる．$z=1$ を代入すると，$n=(1-\alpha)(1-\alpha^2)\cdots(1-\alpha^{n-1})$ を得る．

(3) 三角関数の倍角の公式を使うと

$$\begin{aligned}
1-\alpha^k &= 1-\left(\cos\frac{2k\pi}{n}+i\sin\frac{2k\pi}{n}\right) = \left(1-\cos\frac{2k\pi}{n}\right)-i\sin\frac{2k\pi}{n}\\
&= 2\sin^2\frac{k\pi}{n}-2i\cos\frac{k\pi}{n}\sin\frac{k\pi}{n}\\
&= 2\sin\frac{k\pi}{n}\cdot(-i)\left(\cos\frac{k\pi}{n}+i\sin\frac{k\pi}{n}\right)\\
&= 2\sin\frac{k\pi}{n}\left(\cos\left(-\frac{\pi}{2}\right)+i\sin\left(-\frac{\pi}{2}\right)\right)\left(\cos\frac{k\pi}{n}+i\sin\frac{k\pi}{n}\right)\\
&= 2\sin\frac{k\pi}{n}\left(\cos\left(\frac{k\pi}{n}-\frac{\pi}{2}\right)+i\sin\left(\frac{k\pi}{n}-\frac{\pi}{2}\right)\right)
\end{aligned}$$

を得る．したがって(2)より

$$\begin{aligned}
n &= (1-\alpha)(1-\alpha^2)\cdots(1-\alpha^{n-1})\\
&= \prod_{k=1}^{n-1}\left\{2\sin\frac{k\pi}{n}\left(\cos\left(\frac{k\pi}{n}-\frac{\pi}{2}\right)+i\sin\left(\frac{k\pi}{n}-\frac{\pi}{2}\right)\right)\right\}\\
&= \left(2^{n-1}\prod_{k=1}^{n-1}\sin\frac{k\pi}{n}\right)\left\{\cos\left(\sum_{k=1}^{n-1}\left(\frac{k\pi}{n}-\frac{\pi}{2}\right)\right)+i\sin\left(\sum_{k=1}^{n-1}\left(\frac{k\pi}{n}-\frac{\pi}{2}\right)\right)\right\}
\end{aligned}$$

このとき

$$\sum_{k=1}^{n-1}\left(\frac{k\pi}{n}-\frac{\pi}{2}\right) = \frac{\pi}{n}\cdot\frac{n(n-1)}{2}-\frac{(n-1)\pi}{2} = 0$$

が成り立つので $n=2^{n-1}\displaystyle\prod_{k=1}^{n-1}\sin\frac{k\pi}{n}$ が成立する．

2.2 (1) $\operatorname{Re} a > 0$ より $\operatorname{Re} a_1 > 0$. したがって $\operatorname{Re} b_1 = \operatorname{Re}\sqrt{a_1} > 0$ であるように平方根を選ぶことができる. すると $\operatorname{Re} a_2 > 0$ である. $\operatorname{Re}\alpha > 0$ であることは $-\dfrac{\pi}{2} < \arg\alpha < \dfrac{\pi}{2}$ と同値であるので $-\pi < \arg(a_2 b_1) = \arg a_2 + \arg b_1 < \pi$ となり, $-\dfrac{\pi}{2} < \arg\sqrt{a_2 b_1} < \dfrac{\pi}{2}$ を得る. これより $\operatorname{Re} b_2 > 0$ であるように平方根を選ぶことができる. 以下, 帰納法によって $\operatorname{Re} a_n > 0$, $\operatorname{Re} b_n > 0$ が証明できる.

(2) $w = r(\cos\theta + i\sin\theta)$ と極形式をとると $e^x(\cos y + i\sin y) = r(\cos\theta + i\sin\theta)$ が成り立つように x, y を決めればよい. したがって $x = \log r = \log|z|$, $y = \theta = \arg z$ が成り立たなければならないので $z_0 = \log|z| + i\arg z$ である. $\arg z$ の不定性だけ z_0 の選び方があるので, z_0 と z_0' の違いは $2\pi i$ の整数倍の違いである.

(3) $w = e^{iz}$ とおくと $\cos z = a$ は $\dfrac{w + w^{-1}}{2} = a$ と同値である. したがって w は2次方程式 $w^2 - 2aw + 1 = 0$ の解である. 解は $a \pm \sqrt{a^2 - 1}$ で与えられる. $w = a + \sqrt{a^2 - 1}$ は0でないので(2)より $e^{iz} = w$ となる複素数 z が存在する. このような複素数はたくさん存在するが違いは 2π の整数倍である(iz に(2)を適用していることに注意). したがって $-\pi < \operatorname{Re} z \leq \pi$ の範囲で z を選ぶことができる. また $\cos(-z) = \cos z$ であるので $0 \leq \operatorname{Re} z \leq \pi$ の範囲で z を選ぶことができる. $z = x + iy$ とおくと

$$2\cos z = e^{-y}(\cos x + i\sin x) + e^{y}(\cos x - i\sin x) = (e^{y} + e^{-y})\cos x + i(e^{-y} - e^{y})\sin x$$

より $\operatorname{Re} a > 0$ であれば $0 \leq x < \dfrac{\pi}{2}$ でなければならない. このことより $x + iy$ の一意性が得られる.

(4)

$$\sin z = \frac{e^{iz} - e^{-iz}}{2i} = 2\cdot\frac{e^{iz/2} - e^{-iz/2}}{2i}\cdot\frac{e^{iz/2} + e^{-iz/2}}{2} = 2\sin\frac{z}{2}\cos\frac{z}{2}$$

$$\cos z = \frac{e^{iz} + e^{-iz}}{2} = \left(\frac{e^{iz/2} + e^{-iz/2}}{2}\right)^2 - \left(\frac{e^{iz/2} - e^{-iz/2}}{2i}\right)^2 = \cos^2\frac{z}{2} - \sin^2\frac{z}{2}$$

より倍角の公式

$$\sin z = 2\sin\frac{z}{2}\cos\frac{z}{2}, \quad \cos z = \cos^2\frac{z}{2} - \sin^2\frac{z}{2}$$

が複素数でも成り立つことが分かる(これは, 一致の定理(定理 4.10)を使えば実数の場合の結果からの必然的な結果でもある). かつ $\operatorname{Re}\cos\dfrac{z}{2^m} > 0$ であるので $0 < a < 1$ の場合の証明がそのまま通用する.

(5) 正弦関数 $\sin w$ と余弦関数 $\cos w$ のテイラー展開

$$\sin w = w - \frac{w^3}{3!} + \frac{w^5}{5!} - \cdots, \quad \cos w = 1 - \frac{w^2}{2!} + \frac{w^4}{4!} - \cdots$$

を使うと(定理3.6の証明を参照せよ)

$$\lim_{w\to 0}\frac{\sin w}{w}=1,\quad \lim_{w\to 0}\cos w=1$$

が成立することが分かるので，$0<a<1$ のときの証明がそのまま適用できる．

2.3 $f(z)=a(z-\alpha)(z-\beta)(z-\gamma)$ $(a\neq 0)$ とおく．

$$f'(z)=a\{(z-\beta)(z-\gamma)+(z-\alpha)(z-\gamma)+(z-\alpha)(z-\beta)\}$$

となる．したがって

$$\frac{f'(z)}{f(z)}=\frac{1}{z-\alpha}+\frac{1}{z-\beta}+\frac{1}{z-\gamma} \tag{1}$$

が成り立つ．$f'(z)=0$ の解 δ が $\triangle\alpha\beta\gamma$ の外側にあったと仮定する．点 δ を通り $\triangle\alpha\beta\gamma$ と交わらない直線の一つを l とする．この直線の式を

$$l: x\cos\theta+y\sin\theta=p$$

と表す．ただし $z=x+iy$ とする．$\tau=\cos\theta-i\sin\theta$ とおくと

$$\tau z=(\cos\theta-i\sin\theta)(x+iy)=(x\cos\theta+y\sin\theta)+i(y\cos\theta-x\sin\theta)$$

が成り立つ．したがって直線 l の式は $\mathrm{Re}(\tau z)=p$ と書くことができる．$\triangle\alpha\beta\gamma$ は直線 l と交わらないので，この三角形は $\mathrm{Re}(\tau z)-p>0$ または $\mathrm{Re}(\tau z)-p<0$ のいずれかの側にある．

今，三角形は $\mathrm{Re}(\tau z)-p>0$ の側にあったと仮定する．すると

$$\mathrm{Re}(\tau\alpha)-p>0,\quad \mathrm{Re}(\tau\delta)-p=0$$

が成り立つので，$\mathrm{Re}(\tau\alpha-\tau\delta)=\mathrm{Re}(\tau(\alpha-\delta))>0$ である．したがって

$$\mathrm{Re}\left\{\frac{1}{\tau(\delta-\alpha)}\right\}<0$$

が成り立つ．同様に

$$\mathrm{Re}\left\{\frac{1}{\tau(\delta-\beta)}\right\}<0,\quad \mathrm{Re}\left\{\frac{1}{\tau(\delta-\gamma)}\right\}<0$$

が成り立つ．よって(1)より

$$\mathrm{Re}\left\{\frac{1}{\tau(\delta-\alpha)}+\frac{1}{\tau(\delta-\beta)}+\frac{1}{\tau(\delta-\gamma)}\right\}=\mathrm{Re}\left\{\frac{f'(\delta)}{\tau f(\delta)}\right\}<0$$

でなければならない．しかし $f'(\delta)=0$ であるので，これは矛盾である．

まったく同様の議論で三角形は $\mathrm{Re}(\tau z)-p<0$ の側にあったと仮定しても矛盾が起こる．したがって δ は $\triangle\alpha\beta\gamma$ の外側にはない．

2.4 点 $(0,0,1)$ と球面上の点 (x_0,y_0,z_0) を結ぶ直線は $(tx_0,ty_0,tz_0+(1-t))$，$t\in\mathbb{R}$ と書くことができる．したがってこの直線と $z=0$ で定義される (x,y) 平面との交点では $tz_0+(1-t)=0$ が成り立つ．したがって $t=\dfrac{1}{1-z_0}$ である．これより交点は

$$\left(\frac{x_0}{1-z_0},\frac{y_0}{1-z_0}\right)$$

である．したがって

$$x_1=\frac{x_0}{1-z_0},\quad y_1=\frac{y_0}{1-z_0}.$$

2.5

$$(\infty,z_2;z_3,z_4)=\lim_{z_1\to\infty}\frac{(z_1-z_3)}{(z_1-z_4)}\Bigg/\frac{(z_2-z_3)}{(z_2-z_4)}=\frac{z_2-z_4}{z_2-z_3}$$

$$(z_1,z_2;z_3,\infty)=\lim_{z_4\to\infty}\frac{(z_1-z_3)}{(z_1-z_4)}\Bigg/\frac{(z_2-z_3)}{(z_2-z_4)}=\frac{z_1-z_3}{z_2-z_3}$$

などと定義すればよい．

2.6 $w=\overline{z}$, $w_1=\overline{z_1}$ とおくと $f(w)$ は $f(w_1)$ で複素微分可能であるので

$$\lim_{z\to z_1}\frac{\overline{f(\overline{z})}-\overline{f(\overline{z_1})}}{z-z_1}=\lim_{z\to z_1}\frac{\overline{f(\overline{z})-f(\overline{z_1})}}{\overline{\overline{z}-\overline{z_1}}}=\lim_{w\to w_1}\overline{\left(\frac{f(w)-f(w_1)}{w-w_1}\right)}=\overline{f'(w_1)}$$

第3章

3.1 (1) 発散，　(2) 絶対収束，　(3) 条件収束

3.2 (1) 0，　(2) ∞，　(3) 1

3.3 (1) $|z|<r'<r$ であれば $\dfrac{1}{r'}>\varlimsup_{n\to\infty}\sqrt[n]{|a_n|}$ が成り立つ．したがって $n\geq N$ であれば $\sqrt[n]{|a_n|}<1/r'$ が成り立つような N が存在する．すなわち $|a_nz^n|<|z|^n/r'^n$ が $n\geq N$ であれば成り立つような N が存在する．$|z|<r'$ であったので $\sum_{n=1}^{\infty}|z|^n/r'^n$ は収束する．したがって $\sum_{k=N}^{\infty}|a_k||z|^k$ は収束し，元のベキ級数は $|z|<r'$ で絶対収束する．

(2) $|z|>r$ であれば $1/|z|<\varlimsup_{n\to\infty}\sqrt[n]{|a_n|}$ であるので部分列 $a_{n_1}, a_{n_2}, \ldots$ を $n=n_k$ のとき $1/|z|<\sqrt{|a_n|}$ が成り立つように選ぶことができる．これは $|a_{n_k}z^{n_k}|>1$ を意味するが，このような項が無限にあるので z でベキ級数は収束しない．

3.4 $\lim_{n\to\infty}b_n=\beta$ とする．任意の $\varepsilon>0$ に対して $n\geq N$ であれば $|b_n-\beta|<\varepsilon$ が成り立つような N を選ぶことができる．このときすべての $n\geq N$ に対して $b_n<\beta+\varepsilon$ が成り立つ．したがって $n\geq N$ であれば $c_n=\sup\{b_n,b_{n+1},b_{n+2},\ldots\}\leq\beta+\varepsilon$ が成り立つ．ε は任意に選ぶことができたので $\lim_{n\to\infty}c_n\leq\beta$ が成り立つことが分かる．

また同じ ε とそれより決まる N に対して $n \geq N$ であれば $\beta-\varepsilon<b_n$ が成り立つので $\beta-\varepsilon<c_n=\sup\{b_n, b_{n+1}, b_{n+2}, \ldots\}$ が成り立つ．ε は任意に選ぶことができたので $\beta \leq \lim_{n\to\infty} c_n$ が成り立つ．したがって $\limsup_{n\to\infty} b_n = \lim_{n\to\infty} b_n$ が成り立つ．

3.5 (1) 上極限の定義より $1/r'>1/r$ であれば，ある番号 N より大きな n に対して常に $1/r'>\sqrt[n]{|a_n|}$ が成り立つ．あとは問題 3.3 (1)の証明と同じである．

(2) 上極限の定義より $1/r'<1/r$ であれば $1/r'<\sqrt[n]{|a_n|}$ が成り立つような n は無数に存在することが分かる．あとは問題 3.3 (2)の証明と同様にできる．

3.6 ベキ級数は $D_r(a)=\{z \mid |z-a|<r\}$ の各点で絶対収束する．したがって，$|z-a|<r-|b-a|$ のときベキ級数

$$\sum_{n=0}^{\infty} |a_n|(|z-b|+|b-a|)^n = \sum_{n=0}^{\infty} |a_n| \left(\sum_{k=0}^{n} \binom{n}{k} |z-b|^k |b-a|^{n-k} \right)$$

も収束する．そこで

$$\alpha_{pq} = \begin{cases} a_p \binom{p}{q} (b-a)^{p-q} (z-b)^q, & p \geq q \\ 0, \quad p<q \end{cases}$$

とおくと上の無限和の部分和である

$$S_q = \sum_{p=0}^{\infty} |\alpha_{pq}| = \sum_{p=q}^{\infty} |a_p| \binom{p}{q} |b-a|^{p-q} |z-b|^q$$

は収束する．この和を S_q とすると $\sum_{q=0}^{\infty} S_q$ は収束して最初の無限和と一致する．したがって定理 2.9 より

$$\sum_{n=0}^{\infty} a_n(z-b+b-a)^n = \sum_{q=0}^{\infty} \sum_{p=0}^{\infty} \alpha_{pq} = \sum_{q=0} \left(\sum_{p=q}^{\infty} \binom{p}{q} (b-a)^{p-q} \right) (z-b)^q$$

が成り立ち，右辺のベキ級数の収束半径は少なくとも $r-|b-a|$ である．

3.7 ν が自然数 m であれば $n>m$ のとき $\binom{m}{n}=0$ となりベキ級数は多項式 $(1+z)^m$ となる．また $\nu=0$ のときはベキ級数は定数 1 である．これ以外のときはベキ級数は無限級数となる．$a_n=\binom{\nu}{n}$ とおくと

$$\frac{|a_n|}{|a_{n+1}|} = \left| \frac{\nu(\nu-1)(\nu-2)\cdots(\nu-n+1)/(n!)}{\nu(\nu-1)(\nu-2)\cdots(\nu-n+1)(\nu-n)/((n+1)!)} \right| = \left| \frac{n+1}{\nu-n} \right|$$

より

$$\lim_{n\to\infty} \frac{|a_n|}{|a_{n+1}|} = 1$$

となり，収束半径は 1 である．$f(z)=(1+z)^{1/m}$ とおくと

$$f^{(n)}(z) = \frac{1}{m} \left(\frac{1}{m}-1 \right) \left(\frac{1}{m}-2 \right) \cdots \left(\frac{1}{m}-n+1 \right) (1+z)^{(1/m-n)}$$

となる.

$$f(z)=\sum_{n=0}^{\infty}\frac{f^{(n)}(0)}{n!}z^n=\sum_{n=0}^{\infty}\binom{1/m}{n}z^n$$

とベキ級数展開できる.

第４章

4.1

$$\int_{\gamma}e^{-z^2}\,dz=\int_{\gamma_1}e^{-z^2}\,dz+\int_{\gamma_2}e^{-z^2}\,dz-\int_{\gamma_3}e^{-z^2}\,dz$$

が成り立つ. e^{-z^2} は全平面で正則であるので, 左辺の積分は 0 である. したがって

$$\int_{\gamma_3}e^{-z^2}\,dz=\int_{\gamma_1}e^{-z^2}\,dz+\int_{\gamma_2}e^{-z^2}\,dz$$

が成り立つ. まず積分路 γ_2 を考える.

$$\begin{aligned}\left|\int_{\gamma_2}e^{-z^2}\,dz\right|&=\left|\int_0^{\pi/4}e^{-R^2e^{2i\theta}}iRe^{i\theta}\,d\theta\right|=\left|\int_0^{\pi/4}e^{-R^2(\cos 2\theta+i\sin 2\theta)}iRe^{i\theta}\,d\theta\right|\\&\le\int_0^{\pi/4}\left|e^{-R^2(\cos 2\theta+i\sin 2\theta)}iRe^{i\theta}\right|\,d\theta\\&=\int_0^{\pi/4}e^{-R^2\cos 2\theta}R\,d\theta=\frac{1}{2}\int_0^{\pi/2}e^{-R^2\cos\vartheta}R\,d\vartheta,\quad \vartheta=2\theta\\&=\frac{1}{2}\int_0^{\pi/2-\varepsilon}e^{-R^2\cos\vartheta}R\,d\vartheta+\frac{1}{2}\int_{\pi/2-\varepsilon}^{\pi/2}e^{-R^2\cos\vartheta}R\,d\vartheta,\quad \varepsilon>0\end{aligned}$$

$[0,\pi/2-\varepsilon]$ では

$$\cos\vartheta>d>0,\quad \forall\vartheta\in[0,\pi/2-\varepsilon]$$

となる正数 d が存在する. このとき

$$\int_0^{\pi/2-\varepsilon}e^{-R^2\cos\vartheta}R\,d\vartheta<\int_0^{\pi/2}e^{-dR^2}R\,d\vartheta=\frac{\pi Re^{-dR^2}}{2}$$

が成り立ち, $\lim_{R\to\infty}Re^{-dR^2}=0$ であるので

$$\lim_{R\to\infty}\frac{1}{2}\int_0^{\pi/2-\varepsilon}e^{-R^2\cos\vartheta}R\,d\vartheta=0$$

である. 一方,

$$\int_{\pi/2-\varepsilon}^{\pi/2}e^{-R^2\cos\vartheta}R\,d\vartheta=\int_0^{\varepsilon}e^{-R^2\cos(\pi/2-\theta)}R\,d\theta=\int_0^{\varepsilon}e^{-R^2\sin\theta}R\,d\theta$$

が成り立つが, ε が十分小さければ $\sin\theta>\frac{1}{2}\theta$ が成り立つので

$$0 < \int_{\pi/2-\varepsilon}^{\pi/2} e^{-R^2\cos\vartheta} R\,d\vartheta < \int_0^{\varepsilon} e^{-R^2\theta/2} R\,d\theta = \left[-\frac{2}{R^2}e^{-R^2\theta/2}\right]_0^{\varepsilon}$$
$$= \frac{2}{R^2}\left(1-e^{-R^2\varepsilon/2}\right)$$

となり

$$\lim_{R\to\infty}\int_{\pi/2-\varepsilon}^{\pi/2} e^{-R^2\cos\vartheta} R\,d\vartheta = 0$$

であることが分かる．以上より

$$\lim_{R\to\infty}\int_{\gamma_2} e^{-z^2}\,dz = 0$$

であることが分かった．一方，積分路 γ_3 は

$$\gamma_3(t) = te^{\pi i/4}, \quad 0 \le t \le R$$

と表されるので，$\left(e^{\pi i/4}\right)^2 = e^{\pi i/2} = i$ に注意すると

$$\int_{\gamma_3} e^{-z^2}\,dz = \int_0^R e^{-t^2 i}e^{\pi i/4}\,dt = \int_0^R (\cos(t^2) - i\sin(t^2))\frac{1+i}{\sqrt{2}}\,dt$$
$$= \int_0^R \frac{1}{\sqrt{2}}(\cos(t^2)+\sin(t^2))\,dt + i\int_0^R \frac{1}{\sqrt{2}}(\cos(t^2)-\sin(t^2))\,dt$$

が成り立つ．したがって $R\to\infty$ をとることによって

$$\int_0^\infty e^{-x^2}\,dx = \int_0^\infty \frac{1}{\sqrt{2}}(\cos(t^2)+\sin(t^2))\,dt + i\int_0^\infty \frac{1}{\sqrt{2}}(\cos(t^2)-\sin(t^2))\,dt$$

が成り立つことが分かる．この等式の左辺は実数であるので右辺の虚部は 0 である．したがって

$$\int_0^\infty \cos(t^2)\,dt = \int_0^\infty \sin(t^2)\,dt$$

が成り立つことが分かる．

4.2　$z = e^{i\theta}$ とおくと $\dfrac{dz}{d\theta} = iz$ より

$$\int_0^{2\pi} \frac{d\theta}{1-2a\cos\theta+a^2} = \int_0^{2\pi} \frac{d\theta}{(1+a^2)-a(e^{i\theta}+e^{-i\theta})}$$
$$= \frac{1}{i}\int_{|z|=1} \frac{dz}{-az^2+(1+a^2)z-a} = \frac{1}{i}\int_{|z|=1} \frac{dz}{(1-az)(z-a)}$$

となるが，被積分関数は $|z|<1$ でただ一つの極を $z=a$ で持ち，その留数は $\dfrac{1}{1-a^2}$ である．したがって求める結果が得られる．

4.3

$$(z-z_0)^m f(z) = \alpha + a_1(z-z_0) + a_2(z-z_0)^2 + \cdots$$

と z_0 を中心とするテイラー展開ができる．両辺を $(z-z_0)^m$ で割ることによって

$$f(z) = \frac{\alpha}{(z-z_0)^m} + \frac{a_1}{(z-z_0)^{m-1}} + \frac{a_2}{(z-z_0)^{m-2}} + \cdots$$

とローラン展開できる．$\alpha \neq 0$ であるので $f(z)$ は $z=z_0$ で m 位の極を持つ．

4.4 関-ベルヌーイ数 B_n を使うと

$$\frac{te^t}{e^t-1} = \sum_{n=0}^{\infty} \frac{B_n}{n!} t^n$$

が成り立つ（『解析編』定理 5.4, p. 176，これを関-ベルヌーイ数の定義にしてもよい）．一方，

$$\cot z = \frac{\cos z}{\sin z} = \frac{\dfrac{e^{iz}+e^{-iz}}{2}}{\dfrac{e^{iz}-e^{-iz}}{2i}} = \frac{i(e^{iz}+e^{-iz})}{e^{iz}-e^{-iz}} = \frac{i(e^{2iz}+1)}{e^{2iz}-1} = 2i\left(\frac{e^{2iz}}{e^{2iz}-1} - \frac{1}{2}\right)$$

が成り立つ．したがって，$B_1 = \dfrac{1}{2}$ より

$$z\cot z = \frac{2ize^{2iz}}{e^{2iz}-1} - \frac{2iz}{2} = 1 + \sum_{n=2}^{\infty} \frac{B_n}{n!}(2iz)^n$$

が成り立つ．奇数 $n \geq 3$ に対して $B_n = 0$ であるので（『解析編』定理 5.3, p. 174）

$$z\cot z = 1 + \sum_{m=1}^{\infty} (-1)^m \frac{2^{2m} B_{2m}}{(2m)!} z^{2m}$$

したがってローラン展開は

$$\cot z = \frac{1}{z} + \sum_{m=1}^{\infty} (-1)^m \frac{2^{2m} B_{2m}}{(2m)!} z^{2m-1}$$

$e^{2iz}=1$ となるのは $z=n\pi$, $n=0, \pm1, \pm2, \ldots$ であるので $z\cot z$ の原点に一番近い極は $z=\pm\pi$ である．したがって $\cot z - 1/z$ の収束半径は π である．よってローラン展開は $0<|z|<\pi$ で収束する．また

$$\tan z = \cot z - 2\cot(2z) = \sum_{m=1}^{\infty} (-1)^{m-1} \frac{2^{2m}(2^{2m}-1)B_{2m}}{(2m)!} z^{2m-1}$$

が成り立つ．さらに

$$\operatorname{cosec} z = \cot z + \tan\frac{z}{2} = \frac{1}{z} + \sum_{m=1} (-1)^{m-1} \frac{2(2^{2m-1}-1)B_{2m}}{(2m)!} z^{2m-1}$$

を得る．$z \operatorname{cosec} z$ の原点に一番近い極は $\pm\pi$ であるので $\operatorname{cosec} z - 1/z$ の収束半径は π である．したがってローラン展開は $0<|z|<\pi$ で収束する．

4.5 $x \geq 0$ であれば $e^x \geq 1+x$ が成り立つので，すべての自然数 k に対して $a_k > 0$ であれば

$$1+\sum_{k=1}^{N} a_k \leq \prod_{k=1}^{N}(1+a_k) \leq \prod_{k=1}^{N} e^{a_k} = e^{\sum_{k=1}^{N} a_k}$$

が成り立つ．$b_N = \sum_{k=1}^{N} a_k$，$c_N = \prod_{k=1}^{N}(1+a_k)$ は単調増加数列であるので c_N が収束するための必要十分条件は b_N が収束すること，すなわち $\sum_{k=1}^{\infty} a_k$ が収束することである．ところで

$$a_n = (-1)^{n-1}\frac{1}{\sqrt{n}}$$

とおくと $\sum_{k=1}^{\infty} a_k$ は交代級数で収束するが $\prod_{k=1}^{\infty}(1+a_k)$ は 0 に発散する．なぜならば

$$\begin{aligned}
\prod_{k=1}^{2n}(1+a_k) &= 2\cdot\frac{\sqrt{2}-1}{\sqrt{2}}\cdot\frac{\sqrt{3}+1}{\sqrt{3}}\cdot\frac{\sqrt{4}-1}{\sqrt{4}}\cdot\frac{\sqrt{5}+1}{\sqrt{5}}\cdot\frac{\sqrt{6}-1}{\sqrt{6}}\cdots\frac{\sqrt{2n}-1}{\sqrt{2n}} \\
&= 2\cdot\frac{\sqrt{2}-1}{\sqrt{2}}\cdot\frac{\sqrt{2}+1}{\sqrt{2}+1}\cdot\frac{\sqrt{3}+1}{\sqrt{3}}\cdot\frac{\sqrt{4}-1}{\sqrt{4}}\cdot\frac{\sqrt{4}+1}{\sqrt{4}+1}\cdot\frac{\sqrt{5}+1}{\sqrt{5}}\cdot\frac{\sqrt{6}-1}{\sqrt{6}} \\
&\quad \cdot\frac{\sqrt{6}+1}{\sqrt{6}+1}\cdots\cdot\frac{\sqrt{2n}-1}{\sqrt{2n}}\cdot\frac{\sqrt{2n}+1}{\sqrt{2n}+1} \\
&= 2\cdot\frac{1}{\sqrt{2}(\sqrt{2}+1)}\cdot\frac{\sqrt{3}+1}{\sqrt{3}}\cdot\frac{3}{\sqrt{4}(\sqrt{4}+1)}\cdot\frac{\sqrt{5}+1}{\sqrt{5}} \\
&\quad \cdot\frac{5}{\sqrt{6}(\sqrt{6}+1)}\cdots\frac{2n-1}{\sqrt{2n}(\sqrt{2n}+1)} \\
&= \frac{1+1}{\sqrt{2}(\sqrt{2}+1)}\cdot\frac{\sqrt{3}(\sqrt{3}+1)}{\sqrt{4}(\sqrt{4}+1)}\cdot\frac{\sqrt{5}(\sqrt{5}+1)}{\sqrt{6}(\sqrt{6}+1)}\cdots\frac{\sqrt{2n-1}(\sqrt{2n-1}+1)}{\sqrt{2n}(\sqrt{2n}+1)} \\
&< \sqrt{\frac{1\cdot 3\cdot 5\cdots(2n-1)}{2\cdot 4\cdot 6\cdots 2n}} \quad \left(\frac{\sqrt{m}+1}{\sqrt{m+1}+1} < 1 \text{ を使う}\right)
\end{aligned}$$

が成り立ち

$$\lim_{n\to\infty}\frac{1\cdot 3\cdot 5\cdots(2n-1)}{2\cdot 4\cdot 6\cdots 2n} = 0$$

が成り立つからである．一方，

$$a_{2n-1} = \frac{1}{\sqrt{n}}, \quad a_{2n} = \frac{1}{n}-\frac{1}{\sqrt{n}}$$

とおくと $\sum_{N=1}^{\infty}\frac{1}{\sqrt{n}}$ は発散するが

$$\prod_{k=1}^{n}\left(1+\frac{1}{\sqrt{k}}\right)\left(1+\frac{1}{k}-\frac{1}{\sqrt{k}}\right)=\prod_{k=1}^{n}\left(1+\frac{1}{k^{3/2}}\right)$$

は $\sum_{k=1}^{n}\frac{1}{k^{3/2}}$ が収束するので収束する．

4.6 $|z|<1$ のとき

$$|z|+\sum_{k=1}^{\infty}|z|^{2^k}\le|z|+\sum_{k=1}^{\infty}|z|^{2k}=|z|+\frac{|z|^2}{1-|z|^2}$$

であるので無限積

$$(1+|z|)\prod_{k=1}^{\infty}(1+|z|^{2^k})$$

は問題 4.5 により収束する．また数学的帰納法によって

$$(1-z)(1+z)(1+z^2)(1+z^4)\cdots(1+z^{2^n})=1-z^{2^{n+1}}$$

が簡単に示される．さらに $|z|<1$ のとき，$\lim_{n\to\infty}(1-z^{2^{n+1}})=1$ が成り立つので

$$(1-z)\{(1+z)(1+z^2)(1+z^4)\cdots(1+z^{2^n})\cdots\}=1.$$

4.7 $\log i=\frac{\pi i}{2}+2n\pi i,\ n=0,\ \pm1,\ \ldots$ であるので

$$i^i=e^{i\log i}=e^{-\pi/2-2n\pi},\quad n=0,\pm1,\pm2,\ldots.$$

第5章

5.1

$$F(z)=\begin{vmatrix}\wp(z_1)&\wp'(z_1)&1\\\wp(z_2)&\wp'(z_2)&1\\\wp(z)&\wp'(z)&1\end{vmatrix}=\begin{vmatrix}\wp'(z_1)&1\\\wp'(z_2)&1\end{vmatrix}\wp(z)-\begin{vmatrix}\wp(z_1)&1\\\wp(z_2)&1\end{vmatrix}\wp'(z)+\begin{vmatrix}\wp(z_1)&\wp'(z_1)\\\wp(z_2)&\wp'(z_2)\end{vmatrix}$$

とおくと $F(z)$ は 3 位の極を格子点でのみ持つ．したがって $F(z)$ は基本平行四辺形内に重複度を込めて 3 個の零点を持つ．行列式の形から z_1，z_2 は零点であるので他の零点を z_3 とすると，定理 5.6 より $z_1+z_2+z_3=0$ であるように z_3 をとることができる．

5.2 楕円関数 $f(z)$ に対して $g(z)=\frac{f(z)+f(-z)}{2}$，$h(z)=\frac{f(z)-f(-z)}{2}$ とおくと，これらも 1 と τ を周期に持つ楕円関数であり，$g(z)$ は偶関数，$h(z)$ は奇関数なので，$f(z)=g(z)+h(z)$ と記すことができる．ペー関数の導関数 $\wp'(z)$ も奇関数であるので $j(z)=h(z)/\wp'(z)$ は偶関数となる．したがって偶関数である楕円関数は $\wp(z)$ の有理式で表せることを示せばよい．

そこで $f(z)$ は 1, τ を周期とする楕円関数で，かつ偶関数であると仮定する．このと

き $f(z)-c$ の零点がすべて 1 位であるような c が無数に存在する．もし a が $f(z)-c$ の $m(\geq 2)$ 位の零点とすると

$$f(z)-c = a_m(z-a)^m + a_{m+1}(z-a)^{m+1} + \cdots$$

と点 a のまわりでテイラー展開できる．すると $\varepsilon \neq 0$ が 0 に近ければ $f(z)-(c+\varepsilon)$ は $z=a$ の近くで m 個の 1 位の零点を持つ．このことをすべての 2 位以上の零点で考察することによって，最初の c を少し変えることによってすべての零点が 1 位であるようにできる．そこで $c \neq d$ に対して $f(z)-c$, $f(z)-d$ の零点はすべて 1 位であるとしてよい．$f(z)-c$ の零点の完全代表系(mod Λ, $\Lambda = \mathbb{Z}\cdot 1 + \mathbb{Z}\cdot\tau$ で異なるすべての零点)を $z_1, z_2, \ldots, z_m$ とする．このとき $z_j \not\equiv -z_j$ (mod Λ) が成り立つ．なぜならば，もし $z_j \equiv -z_j$ (mod Λ) とすると，任意の複素数 h に対して $f(z_j+h) = f(-z_j+h)$ であるが $f(z)$ は偶関数と仮定したので $f(z_j+h) = f(-z_j+h) = f(z_j-h)$ が成り立つ．h に関して微分することによって $f'(z_j+h) = -f'(z_j-h)$ が成り立ち，$h=0$ とおくことによって $f'(z_j) = -f'(z_j)$ が成り立つことが分かるが，これは $f'(z_j)=0$ を意味し，z_j は $f(z)-c$ の 2 位以上の零点となって仮定に反する．したがって $f(z)-c$ の零点の完全代表系として $z_1, -z_1, z_2, -z_2, \ldots, z_k, -z_k$ を選べることが分かる．同様に $f(z)-d$ の零点の完全代表系として $w_1, -w_1, w_2, -w_2, \ldots, w_k, -w_k$ を選ぶことができる．すると $\dfrac{f(z)-c}{f(z)-d}$ と

$$\frac{(\wp(z)-\wp(z_1))(\wp(z)-\wp(z_2))\cdots(\wp(z)-\wp(z_k))}{(\wp(z)-\wp(w_1))(\wp(z)-\wp(w_2))\cdots(\wp(z)-\wp(w_k))}$$

は同じ零点と極を持つ．したがってこの二つの関数の商は正則な楕円関数となり定理 5.1 より定数である．よって

$$\frac{f(z)-c}{f(z)-d} = C\cdot\frac{(\wp(z)-\wp(z_1))(\wp(z)-\wp(z_2))\cdots(\wp(z)-\wp(z_k))}{(\wp(z)-\wp(w_1))(\wp(z)-\wp(w_2))\cdots(\wp(z)-\wp(w_k))}$$

となる定数 C が存在する．

5.3

$$\begin{aligned}
\theta_{11}(\tau,-z) &= \sum_{n=-\infty}^{\infty} e^{\pi i(n+1/2)^2\tau + 2\pi i(-z+1/2)(n+1/2)} \\
&= \sum_{n=-\infty}^{\infty} e^{\pi i(-n-1/2)^2\tau + 2\pi i(z-1/2)(-n-1/2)} \\
&= \sum_{n=-\infty}^{\infty} e^{\pi i(n-1/2)^2\tau + 2\pi i(z-1/2)(n-1/2)} \quad (n \text{ を } -n \text{ に替える}) \\
&= \sum_{n=-\infty}^{\infty} e^{\pi i(n+1/2)^2\tau + 2\pi i(z+1/2-1)(n+1/2)} \quad (n \text{ を } n+1 \text{ に替える})
\end{aligned}$$

$$= \sum_{n=-\infty}^{\infty} e^{\pi i(n+1/2)^2\tau+2\pi i(z+1/2)(n+1/2)-2\pi i(n+1/2)}$$
$$= -\sum_{n=-\infty}^{\infty} e^{\pi i(n+1/2)^2\tau+2\pi i(z+1/2)(n+1/2)}$$
$$= -\theta_{11}(\tau, z)$$

よって $\theta_{11}(\tau, z)$ は z に関して奇関数である．他も同様の計算で示される．

5.4 5.2 節の脚注＊4 の記号を使うと

$$\wp(z)-e_k = \left(\frac{\vartheta_1'(0)}{\vartheta_{k+1}(0)}\cdot\frac{\vartheta_{k+1}(z)}{\vartheta_1(z)}\right)^2$$

と書くことができる(5.7 節脚注＊6 を参照のこと)．ただし $\vartheta_4(z)=\vartheta_0(z)$ と考える．したがって $\sqrt{\wp(z)-e_k}$ を

$$\frac{\vartheta_1'(0)}{\vartheta_{k+1}(0)}\cdot\frac{\vartheta_{k+1}(z)}{\vartheta_1(z)}$$

と考えることができ，こう定義すると $\sqrt{\wp(z)-e_k}$ は全複素平面で一価有理型である．

5.5 $e_1=\wp\left(\dfrac{1}{2}\right)$ であるので問題 5.4 より

$$\sqrt{e_1-e_2} = \frac{\theta_{11}'(\tau,0)\theta_{00}\left(\tau,\dfrac{1}{2}\right)}{\theta_{00}(\tau,0)\theta_{11}\left(\tau,\dfrac{1}{2}\right)}$$

であるが，ヤコビの等式(定理 5.17)

$$\theta_{11}'(\tau,0) = -\pi\theta_{00}(\tau,0)\theta_{01}(\tau,0)\theta_{10}(\tau,0)$$

およびテータ関数の定義より

$$\theta_{11}\left(\tau,\frac{1}{2}\right) = -\theta_{10}(\tau,0),\quad \theta_{00}\left(\tau,\frac{1}{2}\right) = \theta_{01}(\tau,0)$$

が成り立つので

$$\sqrt{e_1-e_2} = \frac{-\pi\theta_{00}(\tau,0)\theta_{01}(\tau,0)\theta_{10}(\tau,0)\theta_{01}(\tau,0)}{-\theta_{00}(\tau,0)\theta_{10}(\tau,0)} = \pi\theta_{01}(\tau,0)^2$$

となる．他の等式も同様に示される．

上野健爾

1945 年生まれ．1968 年東京大学理学部数学科卒業．
現在，四日市大学関孝和数学研究所所長．京都大学
名誉教授．専門は複素多様体論．

数学者的思考トレーニング　複素解析編

2018 年 6 月 8 日　第 1 刷発行

著　者　上野健爾（うえのけんじ）

発行者　岡 本　厚

発行所　株式会社 岩波書店
〒101-8002 東京都千代田区一ツ橋 2-5-5
電話案内 03-5210-4000
http://www.iwanami.co.jp/

印刷製本・法令印刷

ISBN 978-4-00-006331-9　Printed in Japan